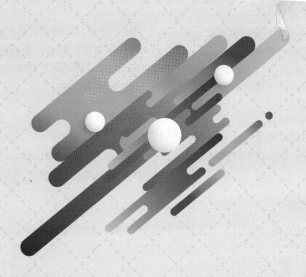

Python

从入门到项目实践(超值版)

聚慕课教育研发中心　编著

清华大学出版社

北京

内容简介

本书采取"基础知识→核心技术→核心应用→高级应用→项目实践"结构和"由浅入深，由深到精"的模式进行讲解。全书共 5 篇 23 章。首先讲解 Python 快速入门，Python 编程基础，数字和字符串类型，Python 列表、元组与字典等；深入讲解了如何使用 Python 字符串及运算符，控制流程和控制语句，函数，文件与文件目录，数据格式化，Python 类的使用，Python 模块的使用等；详细讲解了如何用 Pillow 库处理图片，正则表达式，Python 线程和进程，Python 异常处理，程序测试与打包，数据结构基础，数据库编程等；然后介绍了网络编程，Web 网站编程技术，基于 tkinter 的 GUI 界面编程以及其他高级技术等；在实践环节讲解了游戏开发飞机大战和网上购物系统两个实战案例，介绍了完整的 Python 系统开发流程。全书不仅融入了作者丰富的工作经验和多年使用 Python 的心得，还提供了大量实例，具有较强的实战性和可操作性。

本书旨在从多角度、全方位帮助读者快速掌握软件开发技能，构建从高校到社会的就职桥梁，让有志于从事软件开发的读者轻松步入职场。另外，本书还赠送大量资源，由于赠送的资源比较多，我们在本书前言部分做了详细说明。

本书适合 Python 入门者，也适合 Python 数据库管理员以及想全面学习 Python 数据库技术以提升实战技能的人员阅读，还可作为正在进行软件专业毕业设计的学生以及大专院校和培训学校的参考用书。

图书在版编目（CIP）数据

Python 从入门到项目实践：超值版 / 聚慕课教育研发中心编著. —北京：清华大学出版社，2019（2020.11重印）

（软件开发魔典）

ISBN 978-7-302-53469-3

Ⅰ. ①P… Ⅱ. ①聚… Ⅲ. ①软件工具—程序设计 Ⅳ. ①TP311.561

中国版本图书馆 CIP 数据核字（2019）第 179482 号

责任编辑：张　敏　薛　阳
封面设计：杨玉兰
责任校对：徐俊伟
责任印制：刘海龙

出版发行：清华大学出版社
　　　　　网　　　址：http://www.tup.com.cn, http://www.wqbook.com
　　　　　地　　　址：北京清华大学学研大厦 A 座　　邮　　编：100084
　　　　　社 总 机：010-62770175　　邮　　购：010-83470235
　　　　　投稿与读者服务：010-62776969, c-service@tup.tsinghua.edu.cn
　　　　　质量反馈：010-62772015, zhiliang@tup.tsinghua.edu.cn
印 装 者：北京嘉实印刷有限公司
经　　销：全国新华书店
开　　本：203mm×260mm　　印　张：25　　字　数：738 千字
版　　次：2019 年 11 月第 1 版　　印　次：2020 年 11 月第 2 次印刷
定　　价：89.90 元

产品编号：075016-01

前言
PREFACE

丛书说明

本套"软件开发魔典"系列图书，是专门为编程初学者量身打造的编程基础学习与项目实践用书。

本套丛书针对"零基础"和"入门"级读者，通过案例引导读者深入技能学习和项目实践。为满足初学者在基础入门、扩展学习、编程技能、行业应用、项目实战五个方面的职业技能需求。特意采用"基础知识→核心技术→核心应用→高级应用→项目实践"结构和"由浅入深，由深到精"的模式进行讲解。

Python 最佳学习模式

本书以 Python 最佳的学习模式来分配内容结构，第 1～4 篇可帮助读者掌握 Python 基础知识、应用技能，第 5 篇可帮助读者积累多个行业项目开发经验。读者如果遇到问题，可扫码观看本书同步微视频，也可以通过在线技术支持让老程序员答疑解惑。

本书内容

全书共分为 5 篇 23 章。

第 1 篇（第 1～4 章）为基础知识，主要讲解 Python 的基础知识，Python 编程基础，数字和字符串类型，Python 列表、元组与字典等。读者在学完本篇后，将会熟悉 Python 的基本概念，掌握 Python 的基本操作及应用方法，为后面更好地学习 Python 编程打好基础。

第 2 篇（第 5～11 章）为核心技术，主要讲解程序中如何使用字符串及运算符，程序的控制结构，函数，文件与文件目录，数据格式化，Python 类，模块等。通过本篇的学习，读者将对使用 Python 进行基础编程有了一定的了解。

第 3 篇（第 12～18 章）为核心应用，主要讲解用 Pillow 库处理图片，正则表达式，Python 线程和进程，Python 异常处理，程序测试与打包，数据结构基础，数据库编程等。学完本篇，读者将对 Python 管理、操作以及使用 Python 进行综合性应用有了一定的了解。

第 4 篇（第 19～21 章）为高级应用，主要讲解 Python 网络编程，Web 网站编程，基于 tkinter 的 GUI 界面编程等。学好本篇内容读者可以进一步提高运用 Python 进行网络编程和 GUI 界面编程的能力。

第 5 篇（第 22～23 章）为项目实践，通过游戏开发飞机大战和网上购物系统两个实战案例，介绍了完整的 Python 项目开发流程。通过本篇的学习，读者将对 Python 编程在项目开发中的实际应用拥有切身的体会，为日后进行软件开发积累下项目管理及实践开发经验。

全书不仅融入了作者丰富的工作经验和多年使用 Python 的心得，还提供了大量实例，具有较强的实战性和可操作性。系统学习本书后读者可以掌握 Python 基础知识，具备全面的 Python 编程能力、优良的团队协同技能和丰富的项目实战经验。编写本书的目标就是让初学者、应届毕业生快速成长为一名合格的初级程序员，通过演练积累项目开发经验和团队合作技能，在未来的职场中获取一个高的起点，并能迅速融入软件开发团队中。

本书特色

1. 结构科学、易于自学

本书在内容组织和范例设计中都充分考虑了初学者的特点，讲解由浅入深，循序渐进。无论读者是否接触过 Python，都能从本书中找到最佳的起点。

2. 视频讲解、细致透彻

为降低学习难度，提高学习效率，本书录制了同步微视频（模拟培训班模式），通过视频学习，除了能轻松学会专业知识外，还能获取老师的软件开发经验，学习变得更轻松有效。

3. 超多、实用、专业的范例和实战项目

本书结合实际工作中的应用范例，逐一讲解 Python 的各种知识和技术，在项目实践篇中更以两个项目实践来总结、贯通本书所学，使读者在实践中掌握知识，轻松拥有项目开发经验。

4. 随时检测自己的学习成果

每章首页均提供了"学习指引"和"重点导读"，以指导读者重点学习及学后检查；每章后的"就业面试技巧与解析"根据当前最新求职面试（笔试）精选而成，读者可以随时检测自己的学习成果，做到融会贯通。

5. 专业创作团队和技术支持

本书由聚慕课教育研发中心编著和提供在线服务。读者在学习过程中遇到任何问题，均可登录 www.jumooc.com 网站或加入读者（技术支持）服务 QQ 群（529669132），进行提问，作者和资深程序员会为读者在线答疑。

本书附赠超值王牌资源库

本书附赠了以下极为丰富、超值的王牌资源库。

（1）王牌资源 1：随赠本书"配套学习与教学"资源库，提升读者学习 Python 的效率。
- 本书同步 293 节教学微视频录像（支持扫描二维码观看），总时长 35 学时。
- 本书中两个大型项目案例以及本书实例源代码。
- 本书配套上机实训指导手册及本书教学 PPT 课件。

（2）王牌资源 2：随赠"职业成长"资源库，突破读者职业规划与发展瓶颈。
- 求职资源库：100 套求职简历模板库、600 套毕业答辩与 80 套学术开题报告 PPT 模板库。
- 面试资源库：程序员面试技巧、400 道求职常见面试（笔试）真题与解析。
- 职业资源库：程序员职业规划手册、软件工程师技能手册、100 例常见错误及解决方案、开发经验

及技巧集、100 套岗位竞聘模板。

（3）王牌资源 3：随赠"Python 软件开发魔典"资源库，拓展读者学习本书的深度和广度。

- 案例资源库：100 个实例及源码注释。
- 项目资源库：5 个项目开发策划案。
- 程序员测试资源库：计算机应用测试题库、编程基础测试题库、编程逻辑思维测试题库、编程英语水平测试题库。
- 软件开发文档模板库：10 套八大行业软件开发文档模板库、40 套 Python 项目案例库。
- 软件学习及电子书资源库：Python 标准库查询手册电子书、Python 常见函数查询手册电子书、Python 关键字速查手册电子书、Python 语法速查手册电子书、Python 模块速查手册电子书、Python 疑难问题速查手册电子书。

（4）王牌资源 4：编程代码优化纠错器。

- 本纠错器能让软件开发更加便捷和轻松，无须安装配置复杂的软件运行环境即可轻松运行程序代码。
- 本纠错器能一键格式化，让凌乱的程序代码更加规整美观。
- 本纠错器能对代码精准纠错，让程序查错不再困难。

资源获取及使用方法

注意：由于本书不配送光盘，因此书中所用及上述资源均须借助网络下载才能使用。

1. 资源获取

采用以下任意途径，均可获取本书所附赠的超值王牌资源库。

（1）加入本书微信公众号"聚慕课 jumooc"或 QQ 群，下载资源或者咨询关于本书的任何问题。

（2）登录网站 www.jumooc.com，搜索本书并下载对应资源。

（3）加入本书读者（技术支持）服务 QQ 群（529669132），读者可以打开群"文件"中对应的 word 文件，获取网络下载地址和密码。

qq 服务群

（4）通过电子邮件：zhangmin2@tup.tsinghua.edu.cn 与我们联系，获取本书相应资源。

2. 使用资源

读者可通过以下途径学习和使用本书微视频和资源。

（1）通过计算机、手机 App 和微信学习本书微视频。

（2）将本书资源下载到本地硬盘，根据学习需要选择性使用。

本书适合哪些读者阅读

本书非常适合以下人员阅读。

- 没有任何 Python 基础的初学者。
- 有一定的 Python 基础，想精通 Python 编程的人员。
- 有一定的 Python 编程基础，没有项目实践经验的人员。
- 正在进行软件专业相关毕业设计的学生。
- 大中专院校及培训机构的教师和学生。

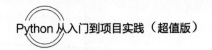

创作团队

本书由聚慕课教育研发中心编著，主要参与本书编写的人员有：王康利、张雪年、涂文奇、王湖芳、张开保、贾文学、张翼、白晓阳、李正刚、刘静如、陈梦、杨栋豪等。

在编写过程中，我们竭尽所能地将最好的讲解呈现给读者，但书中也难免有疏漏和不妥之处，敬请广大读者不吝指正。若读者在学习中遇到困难或疑问，或有任何建议，可发邮件至 zhangmin2@tup.tsinghua.edu.cn。另外，也可以登录网站 http://www.jumooc.com 与我们进行交流以及免费下载学习资源。

作 者

目录 CONTENTS

第1篇

基础知识

只有具备了牢固的基础知识，才能更快地掌握高级的技术。本篇内容为 Python 快速入门，通过对 Python 编程基础、Python 数据类型、Python 列表、元组与字典等知识的讲解，为读者以后更深入地学习 Python 奠定扎实的基础。

- 第 1 章　Python 快速入门
- 第 2 章　Python 编程基础
- 第 3 章　数字和字符串类型
- 第 4 章　Python 列表、元组与字典

第1章

Python 快速入门

学习指引

当下无论是大数据、人工智能还是机器学习，Python 都是最热门的首选语言。本章具体讲解 Python 语言的由来、优缺点、应用领域以及发展，Python 开发环境配置、运行等内容，最后讲述 Python 解释器和集成开发环境以及程序运行流程，为读者后续学习打下坚实基础。

重点导读

- 了解 Python 语言基础知识。
- 掌握 Python 程序开发环境的建立。
- 熟悉 Python 解释器与集成开发环境的使用。

1.1　走进 Python 语言

欢迎来到 Python 的"编程"世界，很荣幸您能选择本书作为开启 Python 编程世界大门的钥匙。Python 是一种优雅而健壮的编程语言，崇尚优美、明确、简单，是一种优秀并广泛使用的语言，它继承了传统编译语言的强大性和通用性，同时也借鉴了简单脚本和解释语言的易用性。它可以帮您完成任意想完成的工作，只有想不到，没有 Python 做不到。

Python 的创始人为吉多·范罗苏姆（Guido van Rossum），人称"龟叔"，于 1989 年年底发明 Python，第一个公开发行版发行于 1991 年。像 Perl 语言一样，Python 源代码同样遵循 GPL（GNU General Public License，GNU 通用公共授权协议），如图 1-1 所示。

图 1-1　Python 语言创始人

Python 作为一门高级编程语言，它的诞生虽然很偶然，但是它得到程序员的喜爱却是必然之路。"龟叔"给 Python 的定位是"优雅""明确""简单"，所以 Python 程序看上去非常简单易懂，初学者学 Python 语言，不但入门容易，如果深入地研究下去，可以轻松编写出非常复杂和功能强大的程序。

Python 的设计具有很强的可读性，相比其他语言经常使用英文关键字、其他语言的一些标点符号，它具有比其他语言更有特色的语法结构。

- Python 是一种解释型语言：这意味着开发过程中没有了编译这个环节。类似于 PHP 和 Perl 语言。
- Python 是交互式语言：这意味着可以在一个 Python 提示符下直接互动执行编写程序。
- Python 是面向对象语言：这意味着 Python 支持面向对象的风格或代码封装在对象的编程技术。
- Python 是初学者的语言：Python 对初级程序员而言，是一种伟大的语言，它支持广泛的应用程序开发，从简单的文字处理到 WWW 浏览器再到游戏。

1.1.1　Python 语言的前世今生

1989 年，为了打发圣诞节假期，Guido 开始编写 Python 语言的编译器。Python 这个名字来自 Guido 所挚爱的电视剧 Monty Python's Flying Circus。他希望这种新的语言叫作 Python 语言，能符合他的理想：创造一种 C 和 Shell 之间，功能全面，易学易用，可拓展的语言。

1991 年，第一个 Python 编译器诞生。它是用 C 语言实现的，并能够调用 C 语言的库文件。从一开始，Python 就已经具有了类、函数、异常处理、包含表和词典在内的核心数据类型以及模块等为基础的拓展系统。当前 Python 的最新版本为 3.6。Python 语言的版本中 2.X 和 3.X 是个较大的跳跃和隔离，它突破了大多数软件向低版本兼容的特性。3.X 版本不再兼容 2.X 版本程序，并且有了较大的改动，是一次里程碑的跳跃。Python 版本演进如表 1-1 所示。

表 1-1　Python 软件版本发布年代

软 件 版 本	发 布 日 期	软 件 版 本	发 布 日 期
Python 1.0	1994 年 1 月发布	Python 3.1	2009 年 6 月 27 日发布
Python 2.0	2000 年 10 月 16 日发布	Python 3.2	2011 年 2 月 20 日发布
Python 2.4	2004 年 11 月 30 日发布	Python 3.3	2012 年 9 月 29 日发布
Python 2.5	2006 年 09 月 19 日发布	Python 3.4	2014 年 3 月 16 日发布
Python 2.6	2008 年 10 月 01 日发布	Python 3.5	2015 年 9 月 13 日发布
Python 2.7	2010 年 03 月 07 日发布	Python 3.6	2016 年 12 月 23 日发布
Python 3.0	2008 年 12 月 03 日发布	Python 3.7	预计 2018 年 6 月 15 日发布

1.1.2　Python 语言的优缺点

通过上面的介绍，可以了解到 Python 是一种动态解释性的语言。那么这种语言具有哪些优缺点呢？

1. Python 语言的优点

Python 语言具有如下优点。

1）易学

Python 的定位是"优雅""明确""简单"，所以 Python 程序看上去总是简单易懂，初学者学 Python，不但入门容易，而且将来深入下去，可以编写非常复杂的程序。

2）开发效率高

Python 有非常强大的第三方库，基本上用户想通过计算机实现的任何功能，Python 官方库里都有相应的模块进行支持，直接下载调用后，在基础库的基础上再进行开发，可大大降低开发周期，避免重复造轮子。

3）高级语言

使用 Python 语言编写程序的时候，无须考虑诸如如何管理程序使用内存一类的底层细节。

4）可移植性

由于 Python 的开源本质，Python 已经被移植在许多平台上（经过改动使它能够工作在不同平台上）。如果避免使用依赖于系统的特性，那么所有 Python 程序无须修改就几乎可以在市场上所有的系统平台上运行。

5）可扩展性

如果需要一段关键代码运行得更快或者希望某些算法不公开，可以把部分程序用 C 或 C++编写，然后在 Python 程序中使用它们。

6）可嵌入性

可以把 Python 嵌入 C/C++程序中，从而向程序用户提供脚本功能。

2. Python 语言的缺点

Python 语言具有如下缺点。

1）速度慢

Python 的运行速度相比 C 语言确实慢很多，跟 Java 相比也要慢一些。其实这里所指的运行速度慢，在大多数情况下用户是无法直接感知到的，必须借助测试工具才能体现出来。例如用 C 运行一个程序花了 0.01s，用 Python 是 0.1s，这样 C 语言直接比 Python 快了 10 倍，算是非常夸张了，但是人们是无法直接通过肉眼感知的。其实在大多数情况下，Python 已经完全可以满足人们对程序速度的要求，除非要写对速度要求极高的搜索引擎等，在这种情况下，当然还是建议用 C 去实现。

2）代码不能加密

因为 Python 是解释型语言，它的源码都是以明文形式存放的，不过这并不算是一个缺点，如果项目要求源代码必须是加密的，那一开始就不应该用 Python 去实现。

3）线程不能利用多 CPU 问题

这是 Python 被人们诟病最多的一个缺点，GIL（Global Interpreter Lock，全局解释器锁）是计算机程序设计语言解释器用于同步线程的工具，使得任何时刻仅有一个线程在执行。Python 的线程是操作系统的原生线程，在 Linux 上为 Pthread，在 Windows 上为 Win thread，完全由操作系统调度线程的执行。一个 Python 解释器进程内有一条主线程，以及多条用户程序的执行线程。即使在多核 CPU 平台上，由于 GIL 的存在，所以禁止多线程的并行执行。

1.1.3 Python 语言的应用领域

Python 越来越受欢迎，用户数量每年都大幅度增长的原因在于 Python 逐渐成为所有 IT 技术的首选语言。几乎所有的 IT 领域，包括 Web 研发、云计算（AWS、OpenStack、VMware、Google 云、Oracle 云等）、基础设施自动化、软件测试、移动端测试、大数据和 Hadoop、数据科学等，都将 Python 作为首选编程语言。像神经网络、智能算法、数据分析、图像处理、科学计算等更需要金字塔式顶尖人才！目前 Python 的主要应用领域如图 1-2 所示。

Python 可以应用于众多领域，如数据分析、组件集成、网络服务、图像处理、数值计算和科学计算等。目前，业内几乎所有大中型互联网企业都在使用 Python，如 YouTube、Dropbox、BT、Quora、豆瓣、知乎、Google、Yahoo!、Facebook、NASA、百度、腾讯以及美团等。

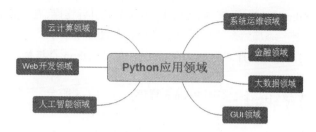

图 1-2　Python 应用领域

1.2　建立 Python 程序开发环境

因为 Python 具有跨平台运行的特性，可以运行在 Windows、Mac 和各种 Linux/UNIX 系统上。在 Windows 上写 Python 程序，放到 Linux 上也是能够运行的。要开始学习 Python 编程，首先就需要把 Python 安装到计算机里。完成安装后，会得到 Python 解释器（就是负责运行 Python 程序的），一个命令行交互环境，还有一个简单的集成开发环境。本节将详细讲解在 Windows 系统上建立 Python 语言开发环境的步骤及方法。

1.2.1　安装 Python 语言

目前，Python 有两个版本，一个是 2.X 版，一个是 3.X 版，这两个版本是不兼容的。由于 3.X 版越来越普及，本书的内容将以 Python 3.6.3 版本为基础。请确保自己的计算机上已经安装的 Python 版本是最新的 3.6.3，这样才能保证和本书的操作具有一致性。

在浏览器地址栏中输入 Python 下载页面（www.python.org/downloads）的地址，进入 Python 下载主页面。在下载主页面中显示提供适合 Windows 环境的 3.6.3 和 2.7.14 版本的"下载"按钮，以及提供适合 Linux/UNIX、Mac OS X 和其他环境的版本链接，如图 1-3 所示。

图 1-3　Python 下载界面

根据操作系统不同可以选择对应的软件版本安装。在图 1-3 中，Download Python 3.6.3 按钮的位置是 Python 当前最新最稳定的版本，本书将以 Windows 操作系统为软件运行环境，当前最新的 Python 3.6.3 版本为例讲解 Python 语言。具体软件安装操作过程如下。

【例 1-1】安装 Python 语言环境。

步骤 1：单击 Download Python 3.6.3 按钮，下载 Python 语言环境安装包（Python 3.6.3.exe）。

步骤 2：双击所下载的 Python 3.6.3.exe 文件，启动 Python 安装引导程序，在该安装页面中勾选 Add Python 3.6 to PATH（Python 的安装路径添加到系统路径）复选框，如图 1-4 所示。

注意：如果 Add Python 3.6 to PATH 不勾选，在 cmd 下输入 python 会报错，提示 python 不是内部或外部命令，也不是可运行的程序。

步骤 3：单击 Install Now 按钮，开始安装 Python 程序，如图 1-5 所示。

图 1-4　安装程序启动页面

步骤 4：软件安装完成后，安装界面将显示安装成功页面，单击 Close 按钮关闭程序安装界面，便完成了 Python 语言开发环境的安装，如图 1-6 所示。

步骤 5：Python 完成安装后，将在系统中安装一批与 Python 开发和运行相关的环境程序，其中最重要的两个程序分别是 Python 集成开发环境（IDLE）和 Python 命令行，如图 1-7 所示。

图 1-6　程序安装完成界面

图 1-7　Python 软件及环境

步骤 6：测试安装是否成功。执行"运行"命令，在"运行"文本框中输入 cmd 命令，如图 1-8 所示，单击"确定"按钮，进入命令提示符。

步骤 7：在命令符下输入 python 命令并按 Enter 键确认，验证是否安装成功，会出现以下两种情况。

情况一：进入 Python 交互式环境界面。

如果能看到如图 1-9 所示的 Python 交互式环境界面，就说明 Python 安装成功。

情况二：得到一个错误提示。

看到如图 1-10 所示的 Python 错误提示界面，提示"Python 不是内部或外部命令，也不是可运行的程序或批处理文件。"

图 1-8　"运行"对话框

图 1-9　Python 交互式环境

这是因为 Windows 会根据一个 Path 的环境变量设定的路径去查找 python.exe，如果没找到，就会报错。如果在安装时漏掉了勾选 Add Python 3.6 to PATH 复选框，那就需要手动将 python.exe 所在的路径添加到 Path 中。

步骤 8：手动添加 Python 所在的路径到 Path 中，右击"计算机"→"属性"→"高级系统设置"→"高级"→"环境变量"→ Administrator 的用户变量，单击"新建"按钮，新建 Path 变量名及变量值（浏览目录选择 python.exe 文件），最后单击"确定"按钮完成变量新建操作，如图 1-11 所示。

图 1-11　添加 Python 路径

图 1-10　Python 错误提示界面

如果不知道怎么修改环境变量，建议把 Python 安装程序重新运行一遍，务必勾选 Add Python 3.6 to PATH 复选框。

步骤 9：在>>>命令提示符中输入"exit()"并按 Enter 键，就可以退出 Python 交互式环境（直接关掉命令行窗口也可以）。接下来便可踏上 Python 的编程之路了。

1.2.2　编写第一个 Python 程序 "Hello World!"

学习了 Python 语言环境的安装，接下来就可以正式进入 Python 编程环节了。

在写代码之前，切记不要用"复制"或"粘贴"的方式将代码从页面粘贴到自己的计算机上，这样很容易出错。编写程序需要养成一个好的习惯，最好逐个地将代码输入进去，在输入代码的过程中，初学者经常会输错代码，所以需要仔细地检查、对照，才能以最快的速度掌握如何写程序。编写代码的过程也是与程序交流沟通的过程。

在 Python 交互式环境界面的命令提示符 "＞＞＞" 后直接输入代码，回车，就可以立刻得到代码执行结果。"＞＞＞" 命令提示符，这就相当于计算机在问用户需要它做什么。现在，试试输入 "300+200"，看看计算结果是不是 500。

```
>>> 300+200
500
```

Python 很简单吧？在不知不觉中已经完成了一个程序的运行。

1. "Hello World" 的由来

"Hello, World" 最早是由 Brian Kernighan 创建的。1978 年，Brian Kernighan 编写了一本名叫《C 程序设计语言》的编程书，在程序员中广为流传。他在这本书中第一次引用了 "Hello World" 程序。

实际上，这个十分简洁的程序，在功能上只是告知计算机显示 "Hello World" 这句话。程序员一般用这个程序测试一种新的系统或编程语言运行是否正常。当他们看到这两个单词显示在计算机屏幕上时，往往表示代码已经能够编译、装载以及正常运行了，这个输出结果就是为了证明这一点。

2. 运行 Python "Hello World"

在计算机行业里面，学习任何一门编程语言，大家公认的有一个惯例性的公式，即运行简单的 "Hello World" 程序。为什么称第一个程序为 "Hello World" 呢？这个程序虽小，但却已经完成了程序运行的全过程，是初学者接触编程语言的第一步。"Hello World" 的字面意思是 "你好，世界"，也就是跟世界打招呼，告诉世界，我的第一个程序在这个世界上诞生了，从此便进入了编程的世界。

使用 Python 语言编写的 "Hello World" 程序只有一行代码。

【例 1-2】 Python 语言输出 "Hello World"。

```
>>>print("Hello World")
Hello World
```

第 01 行的 "＞＞＞" 是 Python 语言运行环境的命令提示符。

Python 打印输出指定文字的操作是通过 print() 函数实现的。把希望打印的文字用单引号或者双引号括起来，但不能混用单引号和双引号。这种用单引号或者双引号括起来的文本在程序中叫字符串，以后会经常遇到。

第 02 行是 Python 语句的执行结果，输出 "Hello World"。

Python 语言非常简洁，下面再看看 C 语言的 "Hello World" 程序。

```
#include <stdio.h>
int main(void)
{
    printf("Hello World\n");
    return 0;
}
```

一般来说，实现同样功能的程序，Python 语言实现的代码行数仅相当于 C 语言的 1/5～1/10，简洁程度取决于程序的复杂度和规模。

最后，用 exit() 命令退出 Python 环境，第一个 Python 程序完成。唯一的缺憾是没有保存下来，下次运行时还要再输入一遍代码，程序的保存在后面会讲解到。

1.2.3 运行 Python 程序

运行 Python 程序有两种方式：交互式和文件模式。交互式是指 Python 解释器即时响应用户输入的每条指令代码，同时给出输出结果反馈。文件模式也称批量式，指用户将 Python 程序编写在一个或多个文件中，然后启动 Python 解释器运行程序批量执行文件中的代码。交互模式常用于少量代码的调试，文件模式则是最常用的编程模式。常用的编程语言仅有文件模式的执行方式。接下来以 Windows 操作系统中运行 "Hello World!" 程序为例，介绍交互式和文件模式的启动和执行方法。

1. 交互式运行 Python 程序

交互式启动和运行 Python 程序有两种方式可以实现，分别是执行命令行工具和启动 Python 集成开发环境（IDLE）。

（1）执行命令行工具方式。

步骤 1：执行 "运行" 命令，在 "运行" 文本框中输入 cmd 命令或启动 Windows 操作系统命令行工具（<Windows 系统安装目录>\system32\cmd.exe），在命令符下输入 python 命令并按 Enter 键确认，进入 Python 交互式窗口。

步骤 2：在 ">>>" 命令提示符中输入如下代码行。

```
print("Hello World!")
```

步骤 3：输入代码并按 Enter 键，程序便输出 "Hello World!"，如图 1-12 所示。

步骤 4：在 ">>>" 命令提示符中输入 "exit()" 或者 "quit()" 可以退出 Python 运行环境。

（2）运行 Python 集成开发环境（IDLE）。

步骤 1：在 Windows 中执行 "开始" → "程序" →Python 3.6→IDLE（Python 3.6 32-bit）菜单命令，启动 IDLE（Python 3.6 32-bit）集成开发环境。

步骤 2：在 ">>>" 命令提示符中输入如下代码行：

```
print ("Hello World!")
```

步骤 3：输入代码并按 Enter 键，程序便输出 "Hello World!" 程序运行结果，如图 1-13 所示。

图 1-12　通过命令行启动交互式 Python 运行环境

图 1-13　通过 IDLE 行启动交互式 Python 运行环境

2. 文件模式运行 Python 程序

文件模式也有两种运行方式，与交互式相对应。

（1）通过命令行运行 Python 程序文件。

步骤 1：自建 Python 文件。打开记事本或其他文本工具，按照 Python 的语法格式编写代码，并保存为.py 格式的文件。这里仍以 "Hello World!" 为例，将代码保存为 hello.py 文件，如图 1-14 所示。

步骤 2：启动 Windows 操作系统命令行工具（<Windows 系统安装目录>\system32\cmd.exe），打开 Windows 的命令行窗口并执行 "cd /" 命令进入 hello.py 文件所在的目录（本例 hello.py 文件位于 C 盘中），在命令行输入 "Python hello.py" 命令并按 Enter 键运行程序，如图 1-15 所示。

图 1-14　创建 hello.py 文件

图 1-15　通过命令行运行 Python 程序文件

（2）通过 IDLE 创建并运行 Python 程序文件。

步骤 1：启动 IDLE，在 Python 3.6.3 Shell 窗口的菜单栏中执行 File→New File 命令或者按 Ctrl + N 组合键打开新建窗口。按照 Python 的语法格式编写代码：print("Hello World!")，如图 1-16 所示。

步骤 2：保存并运行程序。将新建的程序保存到 C 盘，文件名为"hello.py"，在菜单栏中执行 Run→Run Module 命令或者按 F5 快捷键运行该文件，如图 1-17 所示。

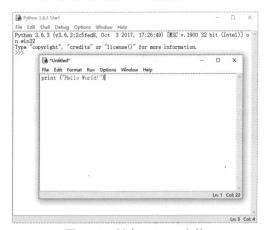

图 1-16　创建 hello.py 文件

图 1-17　通过 IDL 创建和运行 Python 程序文件

3. 推荐启动 Python 程序方法

交互式和文件运行模式共有 4 种启动和运行 Python 程序的方法，其中最常用和最重要的还是用 IDLE 的文件模式方法，该种方法也是推荐读者使用启动和运行 Python 程序的方法。

Python 所集成的 IDLE 是一个最简单和有效的集成开发环境，无论是人机交互模式还是文件模式，均能快速有效地编写和调试程序代码。

1.3　熟悉 Python 解释器与 IDE

学习 Python 编程，首先需要把 Python 软件安装到计算机中，这样就有了 Python 解释器简单的开发环境。集成开发环境（Integrated Development Environment，IDE）是用于提供程序开发环境的应用程序，一般包括代码编辑器、编译器或解释器、调试器和图形用户界面工具，同时还具有对所开发程序的运行、调试、打包、发布等功能。

举个例子，下载了一部电视剧，不同格式的视频需要具有对应解码器的播放器来播放，这个播放器就相当于"开发环境"。如果想给这个片子配上字幕，剪辑一下或再加点儿特效等操作，就需要用到功能更为强大的视频剪辑工具，而不是仅仅具有播放功能的播放器了。这种功能超强的工具，就是超强工具集，相当于"集成开发环境"。

1.3.1　Python 解释器

完成 Python 程序代码编写时，将获得以.py 为扩展名的 Python 代码文本文件。要让计算机读懂并运行这些代码，就需要在 Python 解释器的帮助下执行.py 文件。安装 Python 软件后，就直接获得了一个官方版本的解释器：CPython 解释器。这个解释器是用 C 语言开发的，所以叫 CPython。在命令行下运行 Python 就是启动 CPython 解释器。CPython 是使用最广的 Python 解释器。

由于 Python 语言从规范到解释器都是开源的，所以理论上，只要水平够高，任何人都可以编写 Python 解释器来执行 Python 代码（当然难度很大）。事实上，确实除了 CPython 解释器外还存在多种 Python 解释器，常见的还有如下解释器。

1. IPython 解释器

IPython 是基于 CPython 之上的一个交互式解释器，比默认的 Python Shell 好用很多，支持变量自动补全，自动缩进，支持 bash shell 命令，内置了许多很有用的功能和函数。IPython 只是在交互方式上有所增强，但是执行 Python 代码的功能和 CPython 是完全一样的。好比很多浏览器虽然外观不同，但内核其实都是调用了 IE。

2. PyPy 解释器

PyPy 是另一个 Python 解释器，执行速度快。PyPy 采用 JIT 技术，对 Python 代码进行动态编译（注意不是解释），所以可以显著提高 Python 代码的执行速度。PyPy 比 CPython 更加灵活，易于使用和试验，以制定具体的功能在不同情况的实现方法，可以很容易实施。

虽然绝大部分 Python 代码都可以在 PyPy 下运行，但是 PyPy 和 CPython 有一些是不同的，这就导致相同的 Python 代码在两种解释器下执行可能会有不同的结果。如果代码要放到 PyPy 下执行，就需要了解 PyPy 和 CPython 的不同点。

3. Jython 解释器

Jython 是运行在 Java 平台上的 Python 解释器，可以直接把 Python 代码编译成 Java 字节码执行。它是一个 Python 语言在 Java 中的完全实现。Jython 也有很多从 CPython 中继承的模块库。Jython 不仅提供了 Python 的库，还提供了所有的 Java 类。

4. IronPython 解释器

IronPython 和 Jython 类似，只不过 IronPython 是运行在微软.NET 平台上的 Python 解释器，可以直接把 Python 代码编译成.NET 的字节码。

Python 的解释器很多，但使用最广泛的还是 CPython。如果要与 Java 或.NET 平台交互，最好的办法不是用 Jython 或 IronPython，而是通过网络调用来进行交互，确保各程序之间的独立性。

1.3.2　Python 集成开发环境

Python 是一种功能强大、语言简洁的编程语言。Python 包括高效的数据结构，提供简单且高效的面向对象编程。

Python 的学习过程少不了代码编辑器或者集成的开发编辑器（IDE）。高效的代码编辑器或者 IDE 通常会提供插件、工具等，用于帮助开发者提高使用 Python 开发的速度，提高效率。Python 软件常用集成开发环境如表 1-2 所示。

表 1-2　Python 软件常用集成开发环境

名　　称	网　　址	功 能 特 性
PyDev	http://pydev.org	PyDev 适合开发 Python Web 应用。其特征包括自动代码完成、语法高亮、代码分析、调试器以及内置的交互浏览器
Komodo Edit	http://komodoide.com/komodo-edit	Komodo Edit 是一个免费开源专业的 Python IDE，其特征是非菜单的操作方式，开发高效
Vim	http://www.vim.org/download.php	Vim 是一个简洁、高效的工具，适合做 Python 开发
Sublime Text	http://sublimetext.com	SublimeText 虽然仅仅是一个编辑器，但是它有丰富的插件，使得对 Python 开发的支持非常到位
Emacs	http://gnu.org/software/emacs	Emacs 是一个可扩展的文本编辑器，同样支持 Python 开发。Emacs 本身以 Lisp 解释器作为其核心，而且包含大量的扩展插件
Wing	https://wingware.com	Wing 是一个 Python 语言的超强 IDE，适合做交互式的 Python 开发。同样支持自动代码完成、代码错误检查、开发技巧提示等，也支持多种操作系统，包括 Windows、Linux 和 Mac OS X
PyScripter	https://code.google.com/p/pyscripter	PyScripter 是一个开源的 Python 集成开发环境，很富有竞争力，同样有诸如代码自动完成、语法检查、视图分割、文件编辑等功能

1.3.3　安装 PyCharm IDE

为了使读者对 IDE 有个感性认识，在这里选择 PyCharm 集成开发环境进行基本介绍。PyCharm 是一个跨平台的 Python 开发工具，是 JetBrains 公司的产品。其特征包括：自动代码完成、集成的 Python 调试器、括号自动匹配、代码折叠。PyCharm 支持 Windows、Mac OS 以及 Linux 等系统，而且可以远程开发、调试、运行程序等。安装使用 PyCharm 请执行如下操作。

【例 1-3】安装 PyCharm IDE。

步骤 1：在浏览器中打开 http://www.jetbrains.com/pycharm/download 下载页面。提供 Professional 专业版（需购买注册或者使用免费 30 天）和 Community 社区版（免费）两个版本，在功能方面有所差异。根据自己的需求下载（这里以 Windows 专业版为例），如图 1-18 所示。

图 1-18　PyCharm 下载页面

步骤 2：直接双击下载好的 pycharm-professional-2017.2.4.exe 文件进行安装，如图 1-19 所示。

步骤 3：单击 Next 按钮，在设置软件安装路径文本框中使用默认或者选择指定新的安装路径后，单击 Next 按钮继续安装，如图 1-20 所示。

图 1-19　PyCharm 安装界面

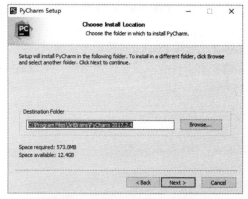

图 1-20　设置 PyCharm 安装路径

步骤 4：在新的安装界面中，复选创建桌面快捷方式模式和设置关联文件的扩展名文件。单击 Next 按钮继续安装，如图 1-21 所示。

步骤 5：单击 Next 或 Install 按钮就可以完成软件的安装，如图 1-22 所示。

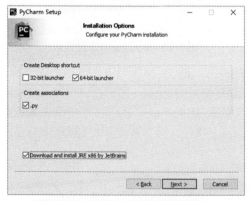

图 1-21　设置 PyCharm 安装选项

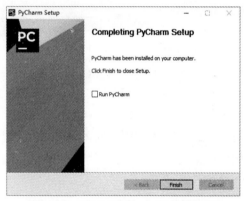

图 1-22　完成 PyCharm 软件的安装

1.3.4　运行 PyCharm IDE

完成 PyCharm 软件的安装后，需要进行必要的设置和项目新建才能运行。具体操作方法如下。

【例 1-4】运行 PyCharm IDE 开发环境。

步骤 1：首次启动 PyCharm 软件，可以在应用菜单或桌面中单击 PyCharm 图标。初次启动软件会显示一个提示界面，询问是否导入前一版本的 PyCharm 设置。由于是初次安装，直接使用默认选项单击 OK 按钮即可，如图 1-23 所示。

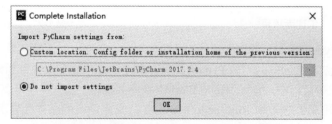

图 1-23　初次启动 PyCharm 软件提示界面

步骤 2：进入 PyCharm 软件激活界面。如果暂时还没有购买该软件，可以先免费试用 30 天，如图 1-24 所示。

步骤 3：选择 PyCharm 预设的快捷键方案，如 Eclipse、Visual Studio 等；也可以设置 PyCharm 主题，包括字体、背景颜色这些等。如果没有特别偏好的主题，也可以直接单击 OK 按钮接受系统默认设置，如图 1-25 所示。

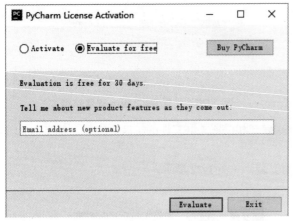

图 1-24　试用 PyCharm 软件

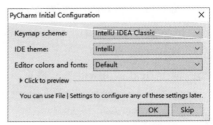

图 1-25　PyCharm 主题设置

步骤 4：创建新项目。单击 Create New Project 创建新项目项，如图 1-26 所示。

步骤 5：在"新建项目"窗口中，设置项目文件夹的位置与使用的 Python 解释器。根据工作需要可能计算机中安装不止一个版本的 Python 运行环境，在这里可以管理、选择不同的 Python 环境来开发或调试程序。这里选择在 D:\pythonCode 文件中创建新项目，单击 Create 按钮，接下来就可以创建新项目了，如图 1-27 所示。

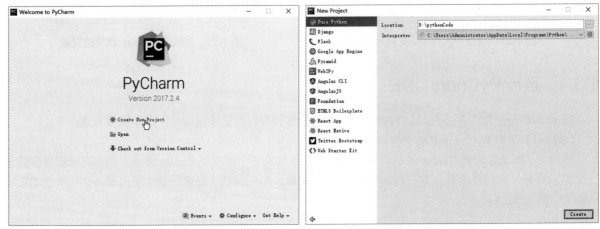

图 1-26　创建新项目　　　　　　　　　　　　　图 1-27　创建新项目

步骤 6：新建一个 Python 文件。右击刚建好的项目文件夹，在弹出的快捷菜单中执行 New→Python File 菜单命令，创建一个名称为"hello.py"的 Python 文件，单击 OK 按钮完成文件新建，如图 1-28 所示。

步骤 7：在新文件代码窗口中，编写"Hello World"程序并执行。执行程序可以单击文件名右侧的 ▶ 按钮或右击，在弹出的快捷菜单中选择 Run 'hello'菜单命令，程序运行的结果会显示在下面的窗体中，如图 1-29 所示。

步骤 8：至此，便完成了在 PyCharm 中完整文档的新建及运行操作。

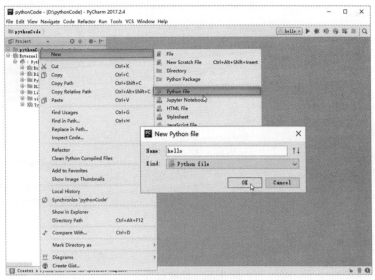

图 1-28　创建新文件

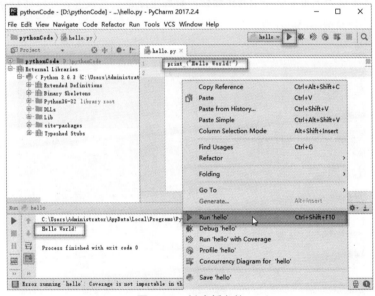

图 1-29　创建新文件

1.3.5　设置 PyCharm IDE

完成 PyCharm 的安装后，可以根据自己的喜好对界面风格、主题色彩、字体、颜色以及 Python 文档模板等进行设置。

1. 设置背景主题

背景主题的具体设置方法如下。

在菜单栏中执行 File→Settings 菜单命令打开设置对话框，并展开 Appearance & Behavior→Appearance 选项。在打开的外观设置对话框中，单击 UI Options 下 UI 选项栏下 Theme 主题对应的下拉菜单，选择一个喜欢的主题，如图 1-30 所示。

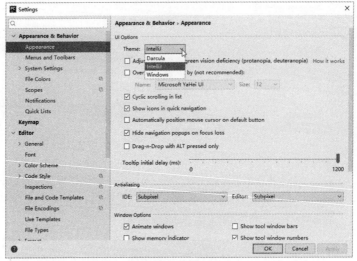

图 1-30　外观设置

注意：此时位于对话框右上角有一个 Reset 按钮，如果想撤销当前设置，可以通过单击这个按钮来恢复之前的设置。同时当光标移动至 Apply 按钮时，它将变为可用状态，如图 1-31 所示。

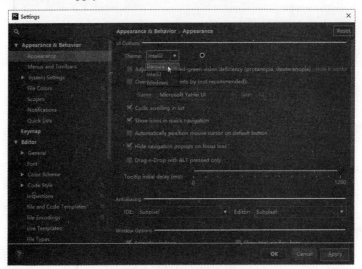

图 1-31　应用主题设置

在该外观设置对话框中，也可以更改其他外观选项的设置，例如，字体和字号、窗口属性等。

2. 设置新建模板默认信息

在 PyCharm 使用过程中，对于正式文档需要有声明行和关于代码编写者的一些个人信息，使用模板的方式可以实现方便快捷填写。具体设置方法如下。

步骤 1：在菜单栏中执行 File→Settings 菜单命令打开设置对话框。选择 Editor→Color Style→File and Templates→Python-Script 菜单项，如图 1-32 所示。

步骤 2：在 Python-Script 代码区域，可以根据自己的需要输入和编辑内容。完成设置后单击 OK 按钮，确认设置，如图 1-33 所示。

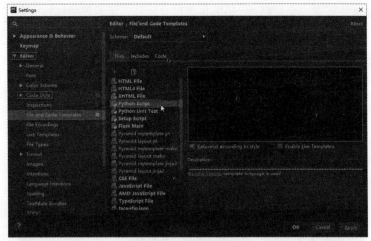

图 1-32 应用主题设置

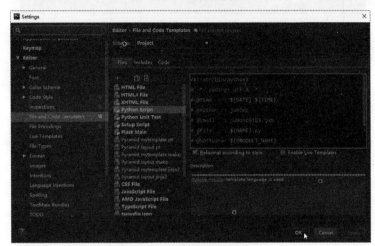

图 1-33 设置模板变量信息

常见预定义模板文件变量如表 1-3 所示。

表 1-3 预定义模板文件变量

名　　称	说　　明	名　　称	说　　明
#!/usr/bin/python3	shebang 行	$ {MONTH}	获取当前月份
$ {PROJECT_NAME}	获取当前项目的名称	$ {DAY}	获取当前月的当天
$ {NAME}	获取"新建文件"设定的文件名称	$ {HOUR}	获取当前的小时数据
$ {USER}	获取当前用户的登录名	$ {MINUTE}	获取当前分钟数据
$ {DATE}	获取当前的系统日期	$ {PRODUCT_NAME}	获取创建文件的 IDE 的名称
$ {TIME}	获取当前的系统时间	$ {MONTH_NAME_SHORT}	获取月份名称的前 3 个字母
$ {YEAR}	获取当前年日期	$ {MONTH_NAME_FULL}	获取一个月的全名

步骤 3：在 PyCharm 中新建一个文档，代码区域便可自动显示所设置的模板变量信息，如图 1-34 所示。

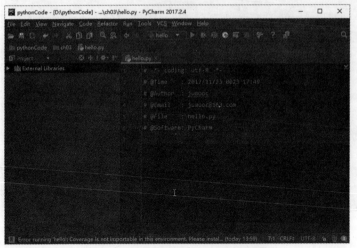

图 1-34　新建文档显示模板变量信息

1.4　就业面试技巧与解析

面试官：什么是 Python？使用 Python 有什么好处？

应聘者：Python 是一种编程语言，它有对象、模块、线程、异常处理和自动内存管理。它简洁、简单、方便、容易扩展，有许多自带的模块，而且它开源。

第 2 章

Python 编程基础

学习指引

本章重点学习 Python 中的一些语法元素结构和运算符，和学习其他语言一样，Python 也有自己的一些语法规则。作为开发人员，我们要遵循这些规则，开发起来才更加高效。Python 语言采用严格的"缩进"来表明程序的格式框架。缩进指每一行代码开始前的空白区域，用来表示代码之间的包含和层次关系。

重点导读

- 程序设计语言基础。
- 了解 Python 语言基础知识。
- 掌握 Python 程序开发环境的建立。
- 熟悉 Python 解释器与集成开发环境的使用。
- 熟悉程序运行流程。

2.1 编程基础知识

软件是按照需求事先设计并按照指定顺序执行的数据和指令的序列集合，是计算机系统中与硬件相互依存的部分。按功能划分软件可分为：系统软件和应用软件。系统软件是指用于控制计算机运行、管理计算机的各种资源，并为应用软件提供支持和服务的一类软件，如操作系统、数据库管理系统、设备驱动程序等；应用软件是指以实现某一专门的应用目的或特定服务而开发的计算机软件，如办公软件、视频软件、游戏以及财务管理软件等。

2.1.1 软件开发流程

软件开发流程即软件设计思路和方法实现的一般过程。一个软件的开发的完整过程，始于软件开发计划，止于软件运营维护，其中还包括设计软件的功能和实现的算法和方法、软件的总体结构设计和模块设计、编程和调试、程序联调和测试以及编写、提交程序等。

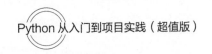

2.1.2 程序的运行流程

软件的运行过程就是模拟人类解决问题的思路、方法和手段并通过编译以计算机能够识别的形式告诉计算机，使得计算机能够根据人的指令一步一步去工作，完成某种特定的任务。这种运算交流的过程就是软件运行流程。程序运行通常是数据运算的过程，数据运算包括三个重要要素：输入数据（获取数据）、处理数据和输出数据，如图 2-1 所示。

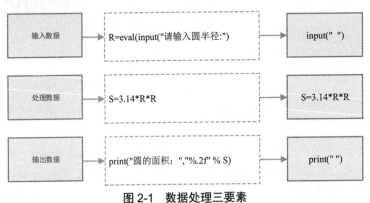

图 2-1　数据处理三要素

下面是一个非常简单的 Python 计算圆面积的程序。

【例 2-1】 输入圆半径求圆面积。

```
R=eval(input("请输入圆半径:"))        #运行程序提示"请输入圆半径："
S=3.14*R*R                            #将圆的半径值输入圆的面积公式中并计算
print("圆的面积: ","%.2f" % S)        #输出圆的面积并保留两位小数
```

程序运行流程中比较简单的有数据存取，加减乘除，逻辑运算，复杂的向量运算等。如果将各种运算叠加起来，就可以实现各种复杂的运算功能。各种游戏都是从最基本的简单运算开始一步一步到复杂运算来实现的。

1.输入数据

输入数据（Input）是一个程序的开始。程序要处理的数据有多种来源，形成了多种输入方式，包括文件输入、网络输入、控制台输入、交互界面输出、随机数据输入、内部参数输入等。

2.处理数据

处理数据（Process）是程序对输入数据进行计算产生输出结果的过程。计算问题的处理方法统称为"算法"，它是程序最重要的组成部分。可以说，算法是一个程序的灵魂。

3.输出数据

输出数据（Output）是程序展示运算成果的方式。程序的输出方式包括：控制台输出、图形输出、文件输出、网络输出、操作系统内部变量输出等。

2.2　Python 程序元素构成

用 Python 编写的程序与其他编程语言一样，也有自己的基本结构和写法规范。

【例 2-2】 程序元素构成。

```
num=int(input("输入一个数字: "))
if num%2==0:        #判断该数字能否整除2,成立则执行下面的语句,否则则执行对应外层else后的语句
  if num%5==0:      #如果该数字能整除2,二次判断能否整除5
    print ("你输入的数字可以整除 2 和 5")
  else:
     print ("你输入的数字可以整除 2,但不能整除5")
else:
  if num%5==0:      #如果该数字不能整除2,则判断能否整除5,成立则执行下面的语句,否则执行else后的语句
    print ("你输入的数字可以整除 5,但不能整除 2")
  else:
    print ("你输入的数字不能整除 2 和 5")
```

在这一段 Python 程序代码中包括：注释、缩进、变量、赋值语句、输入输出语句、程序分支语句等程序元素。

2.3　Python 基本语法元素

Python 基本语法包括程序层次结构、代码注释、换行与并行、变量与保留字、字符串、程序分支语句、赋值语句和数据输入与输出等元素。下面依次介绍一下这几种元素，学习它们的使用方法和在使用过程中应该要注意哪些。

2.3.1　程序层次结构

习惯了 C 语言、C++之类的程序结构，初学 Python 者经常会被莫名奇妙的缩进错误给整迷糊，Python 必须使用正确的缩进格式。在 Python 里不能用大括号"{ }"来表示语句块，也不能用开始或结束标志符来表示，而是靠缩进来表示程序的层次结构，"缩进"不仅是为了让程序结构好看。

空白（缩进）在 Python 中是非常重要的。缩进是指每一行代码前端的空白区域，用来识别代码之间的包含和层次关系。这意味着同一层次的语句必须有相同的缩进。每一组这样的语句称为一个块。借用"缩进"的方式会使程序层次结构非常清晰，便于代码阅读。

在 Python 代码编写过程中，缩进可以通过按 Tab 键或使用多个空格（通常是 4 个空格）来实现。例如如下的一段 Python 程序代码。

【例 2-3】程序层次结构。

```
num=int(input("输入一个数字: "))
if num%2==0:
  if num%5==0:                              #单层代码缩进
    print ("你输入的数字可以整除 2 和 5")        #多层代码缩进（缩进嵌套）
  else:
     print ("你输入的数字可以整除 2,但不能整除5")
else:
  if num%5==0:
    print ("你输入的数字可以整除 5,但不能整除 2")
  else:
    print  ("你输入的数字不能整除 2 和 5")
```

在该段代码中可以发现，除第 1、2、7 行代码外都存在缩进，不需要缩进的代码顶行编写，不留空白

（缩进）。其中，第 3 行代码采用单层代码缩进，第 4 行用到了多层代码缩进（嵌套缩进）。通过缩进可以很清楚地分清哪个 if 与 else 是相匹配的条件判断。通常来说，在代码中判断、循环、函数以及类等语法形式使用缩进形式来标识代码间的包含关系，能更清晰地传达语义。但是，如果是非常简单的语句不表达包含关系，就不需要使用缩进了。

```
print ("Hello World!")
print ("I like Python.")
```

值得注意的是，处于同一级别的代码缩进量和缩进的符号（Tab 键或空格）要保持一致，这样才能保持嵌套的层次关系清晰正确。否则，由于缩进的方式不一致可能导致嵌套错误，甚至会影响程序的正确运行。另外，在 Python 的代码缩进中最好采用空格的方式，每一层向右缩进 4 个空格，通常不建议采用 Tab 键，更不能两种混合使用。

另外，现在有一些 Python 辅助开发工具可以自定义，按一次 Tab 键生成 4 个空格的代码缩进。还有一些工具可以自动实现代码缩进，这些都可以给程序编写带来极大的方便。

2.3.2　代码注释

在大多数编程语言中，注释都是一项很有用处的功能。注释是程序员在程序代码中添加的一行或多行说明信息，在编程中是很重要的部分。由于注释不是程序的组成部分，所以注释是不被计算机执行的。但是可以让程序代码更易于被其他程序员阅读，它能告诉你这段代码是干什么用的，提示代码的可读性。由于注释不被程序所执行，可以借用注释来删除或跳过一部分暂时不需要执行的代码。例如，在如下代码中，第 1 行就是一个注释，会被编译或者解释器略去，是不被计算机执行的。

【例 2-4】代码注释。

```
#下面将打印出语句"Hello World!"
print ("Hello World!")
```

Python 语言有两种使用注释的方法：单行注释和多行注释。单行注释是在每一行的前面输入"#"号，"#"号后面的内容都会被 Python 解释器忽略，如下所示。

```
#这条是注释
#这条还是注释
#这条也是注释
```

多行注释是使用三个单引号（'''）来添加多行注释，如下所示。

```
'''
这条是注释
这条还是注释
这条也是注释呓
'''
```

1．注释的意义

在程序中编写注释的目的是表明代码要做什么，以及是如何做。在项目开发期间，程序员可能对程序如何工作及原理了如指掌，但过一段时间后，部分细节问题可能会被遗忘。当然没注释的程序是可以花费时间重新研究代码来确定各个部分的工作原理，这势必会浪费很多时间和精力。但如果通过编写注释，以清晰的自然描述语言对程序解决方案进行阐述，可节省很多时间和精力。

现在编写项目程序，大多是团队合作，可能是跨部门程序员也可能是跨公司的程序员，甚至是跨国的程序员在一起开发一个项目。清晰规范的程序重要，清晰简洁的程序注释也同样重要，这样才能被别的程序员看懂程序，程序才能相互更好地融合在一起，更利于团队项目的开发和合作。

要想成为专业的程序员，或与其他程序员有良好的合作，就必须编写有意义的注释，训练有素的程序员，都希望代码中包含注释，因此在程序中添加描述性的语言注释，是新手最值得养成的习惯和素养之一。

2. 注释的主要用途

程序注释在程序开发中的用途主要表现在如下几个方面。

（1）标注软件作者及版权信息。

在每个程序源代码文件的开始前增加注释，如标记、编写代码的作者、日期、用途、版权声明等信息。根据注释内容可采用单行或多行注释。

```
# --------------------------------------------------------------------------------
# 版权所有：
# 软件名称：
# 软件版本：
# 软件功能描述：
# Author:
# 时间：
'''
================JUOOCKEJI_LICENSE================
¥%012101210106000670126003200970094007500630005901
270127003240990103010500320089009800320096009000121
012500065008801！&104010700458764009401100093009801
06007100970105010601 0&0*¥#~036006500960088012200 77
012700580&%@76200710078007101030058005700610010300
98011800%#
'''
// 其他注释信息：
# --------------------------------------------------------------------------------
```

（2）注释代码原理和用途。

在程序关键代码附近增加注释，解释核心代码的用处、原理及注意事项，增加程序的可读性。由于程序本身已经表达了功能意图，为了不影响程序阅读连贯性，程序中的注释一般采用单行注释，标记在关键行与关键代码同行。对于一段关键代码，可以在附近选择一个多行注释，或者多个单行注释，给出代码设计原理等信息。

（3）辅助程序调试。

在调试程序时，可以通过单行或多行注释，临时去掉一行或多行与当前调试无关的代码，辅助程序员找到程序发生问题的可能位置。

2.3.3　换行与并行

在 Python 程序编写过程中，有时会遇到两行代码放在同一行更易懂或者一行中过长的代码为了结构清晰易懂不适合放到同一行中。下面将探讨在 Python 中如何处理代码换行与并行的问题。

1. 代码换行

在 Python 编程中一般是一行写完所有代码，如果遇到一行写不完需要换行的情况，也允许采用代码换行的方式将一行代码分成多行编写。有如下 4 种方法供选择。

【例 2-5】代码换行。

（1）在该行代码末尾加上续行符 "\\"。

```
print ("2019年\
    我在学习\
    Python!")
```
输出结果：2019年 我在学习 Python!

（2）语句中包含()、{}、[]时分行不需要加换行符。

```
print ('2019年'
    '我在学习'
    'Python!')
```
输出结果：2019年我在学习 Python!

（3）采用三个单引号 ""。

```
print ('''2019年'''
    '''我在学习'''
    '''Python!''')
```
输出结果：2019年我在学习 Python!

（4）采用三个双引号 """"。

```
print ("""2019年"""
    """我在学习"""
    """Python!""")
```
输出结果：2019年我在学习 Python!

2. 代码并行

在 Python 代码缩进语句块中如果只有一条语句，将下句代码直接写在 "："语句后面也是正确的。

【例2-6】代码并行。

```
num=int(input("输入一个数字："))
if num%2==0:
    if num%5==0:                                    #该行不允许并到上一行
        print("你输入的数字可以整除 2 和 5")          #该行允许并到上一行
    else:
        print("你输入的数字可以整除 2,但不能整除 5")   #该行允许并到上一行
else:
    if num%5==0:                                    #该行不允许并到上一行
        print("你输入的数字可以整除 5,但不能整除 2")   #该行允许并到上一行
    else:
        print("你输入的数字不能整除 2 和 5")          #该行允许并到上一行
```

在上述程序代码的第 03 行和 08 行代码是不被允许并行到上行代码 "："语句后面的。因为第 03 行和 08 行代码后还包含一个判断语句块，不是独立的一条语句。其他代码并行后结果如下：

```
num=int(input("输入一个数字："))
if num%2==0:
    if num%5==0:print ("你输入的数字可以整除 2 和 5")
    else:print ("你输入的数字可以整除 2,但不能整除 5")
else:
    if num%5==0:print ("你输入的数字可以整除 5,但不能整除 2")
    else:print ("你输入的数字不能整除 2 和 5")
```

在 Python 代码中除了可以将 "："语句单独一条语句并行，也可以将 "；"后的语句进行并行，并支持连续的并行。

```
num1 =5;
num2 =6;        #该行允许并到上一行
```

```
print(num1+num2);
输出结果：11
```

在上述程序代码中的第 02 行代码允许并行到上行代码"；"语句的后面。并行结果如下：

```
num1 =5;num2 =6;
print(num1+num2);      #该行也允许并到上一行
输出结果：11
```

在上述程序代码中的第 02 行也允许并行到上行代码"；"语句的后面。并行结果如下：

```
num1 =5;num2 =6;print(num1+num2);
输出结果：11
```

注意： 在 C、Java、PHP 等语言的每一条语句最后加个分号，是语法要求。但是对于 Python 语言，分号是可加可不加的，因为 Python 是靠换行来区分代码语句的，这里建议最好还是不加分号。

2.3.4　变量与保留字

在 Python 程序中是通过"变量"来存储和标识具体数据值的，数据的调用和操作是通过变量的名称。这就需要给程序"变量"元素关联一个标识符（命名），并保证其唯一性。在 Python 中对"变量"命名时，需要遵守一些命名规则。违反这些规则将可能引发程序错误。请牢记下述有关变量命名的规则。

（1）变量名只允许包含字母（a~z，A~Z）、数字和下画线。变量名可以以字母或下画线开头，但第一个字符不能是数字。例如，可将变量命名为 username 或者 userName2，但不能将其命名为 2userName。

（2）变量名不允许包含空格，但可使用下画线来分隔其中的单词。例如，变量名命名为 user_name 是可行的，但命名为 user name 是不被允许的，会引发错误。

（3）在 Python 程序中对大小写是敏感的。例如，username 和 userName 是不同的变量名。

（4）变量命名应既简短又具有描述性。例如，name 比 n 好，user_name 比 u_n 好。

（5）慎用小写字母 l 和大写字母 O，因为它们可能被人错看成数字 1 和 0。另外，字母 p 的大小写也应慎用，不易区分。

（6）不要使用 Python 程序已经保留用于特殊用途的 Python 关键字和函数名作为变量名，如 print、if、for（如下所示）。

fals	none	true	and	as
assert	break	class	continue	def
del	elif	else	except	finally
for	from	global	if	import
in	is	lambda	nonlocal	not
or	pass	raise	return	try
while	with	yield		

"保留字"指在高级程序语言中已经被定义过的字，不允许使用者再将这些字作为变量名或常量名使用。

注意： 编写 Python 程序过程中，建议使用小写的 Python 变量名。在变量名中使用大写字母虽然不会导致错误，但避免使用大写字母，这样可以更利于程序代码的阅读。

2.3.5 字符串

字符串表示的是文本，通常是指要展示给别人的或者是想要从程序里"输出"的一小段字符。在 Python 中可以对文本通过双引号（""）或者单引号（"）标注来识别出字符串来。例如：

```
name = "python"或 userage = '18'
```

在本例中写的是 userage = '18'，所以 userage 就是一个字符串。但是如果写的是 userage = 18（没有引号），那么 userage 就不是一个字符串了，而变成了一个整数。

另外，在 Python 中，可以使用字符串操作符"+"（加号）实现两个字符串的连接操作。例如，字符串"python"+" is good！"和"python"+" is good！"与'python is good'所表达的字符串的值是相同的。

2.3.6 程序分支语句

在 Python 中采用 if-elif-else 描述多分支结构，是对上级 if 判断条件语句为真值情况的二次判断，甚至多次判断。语句格式如下：

```
if  <条件表达式 1>:
    语句块 1
    if <条件表达式 2>:
    语句块 2
    elif <条件表达式 3>:
     语句块 3
    else
     语句块 4
elif <条件表达式 4>:
    语句块 5
else:
    语句块 6
```

在 2.1 节的程序范例中，首先程序对所输入的数字进行与 2 整除结果判断（if num%2==0），如果条件满足再进行与 5 整除结果判断（if num%5==0），最后程序根据这两项判断条件是否成立（为真）的情况，给出所输入数字被 2 或 5 整除情况的字符串信息。

2.3.7 赋值语句

在前面的程序中运用了一条 num=int(input("输入一个数字："))语句，其中的"="在 Python 中表示"赋值"，包含"="的语句在 Python 中称为赋值语句。"="是一个赋值符号，表示将"="右边的值赋给"="左侧的变量，在本语句中表示将"="右侧获取到的输入数字赋给左侧的 num 变量。"="赋值符号和数学中的"="号的含义是不一样的。

另外，在 Python 中还有一种是同步赋值语句，该语句可以同时对多个变量赋值（先运算右侧 N 个表达式，然后同时将表达式结果赋给左侧）语法如下：

```
<变量 1>,…,<变量 N>=<表达式 1>,…,<表达式 N>
```

例如：交换变量 x 和 y

如果采用单个赋值，需要 3 行语句：

```
>>>z = x
>>>x = y
>>>y = z
```

在本例中即通过一个临时变量 z 先缓存下 x 的原始值，然后将 y 值（交换）赋给 x，最后将 x 的原始值再通过 z（交换）赋值给 y，完成变量 x 和 y 值的交换操作。

如果采用同步赋值语句的方式，不需要借用临时变量缓存数值，仅需要一行代码即可：

```
>>>x, y = y, x
```

同步赋值语句可以让赋值过程变得更便捷，减少变量的使用，使赋值语句更简洁易懂，提高程序的可读性。

另外，在 Python 程序中，赋值语句 x = y 和 y = x 的含义是不同的。例如：

```
>>>x = 3
>>>y = 9
>>>x = y
>>>print ("x 的值是：",x)
>>>print ("y 的值是：",y)
```

注意：上述代码需要一行一行地输入和执行，否则会报语法错误。

在本例中，虽然 x 的初始值是 3（在第 1 行中赋值的），但在第 03 行 x=y 的赋值语句中又把 y 的值（9）赋值给了 x，现在 x 的值已经由最初的 3 变成了 9。y 的值没有被重新赋值保持不变。所以程序执行输出的数值均为 9，如下所示。

```
x 的值是：9
y 的值是：9
```

接下来，将范例中第 03 行赋值语句修改为 y = x。范例如下：

```
>>>x = 3
>>>y = 9
>>>y = x
>>>print ("x 的值是：",x)
>>>print ("y 的值是：",y)
```

在数学运算中通常 x = y 和 y = x 有着相同的含义，然而在程序中它们的含义却发生了变化。在第 03 行通过 y=x 的赋值语句中把 x 的值（3）赋值给了 y，现在 y 的值已经由最初的 9 变成了 3。x 的值没有被重新赋值保持不变。所以程序执行输出的数值均为 3，如下所示。

```
x 的值是：3
y 的值是：3
```

2.3.8　数据输入与输出

在 Python 编程中是通过 Python 内置的 input()函数和 print()函数实现数据的输入读取和输出显示信息的。下面将学习 Python 数据的输入与输出。

1. input()函数

input()函数可以让程序暂停运行，等待用户输入数据信息。程序在获取用户输入的信息后，Python 将其存储在一个变量中，以方便后面程序的使用。

在 2.1 节的程序范例中的第 01 行就用到了 input()函数。

```
num=int(input("输入一个数字："))
```

input()函数接受一个参数，即要向用户显示的提示或说明，让用户知道该做什么。在这个范例中，Python 运行到第 01 行代码时，用户将看到提示"输入一个数字："。程序等待用户输入数字，当用户完成数字的输入并按 Enter 键后程序才继续运行。用户所输入数字存储在变量 num 中。

input()输入函数的语法如下：

```
<变量>=input(<提示性文字>)
```

在 Python 3.X 中，input()函数获得的用户输入均以字符串形式保存在变量中，参见如下范例代码。

【例 2-7】 input()输入函数。

```
>>> input_string=input("请输入: ")
请输入：我在学习 Python
>>> print (input_string)
我在学习 Python
>>> input_string=input("请输入: ")
请输入：2018
>>> print (input_string)
2018
>>>
```

无论用户输入的是数字还是字符，input()函数都统一按照字符串的类型输出显示。在例 2-7 的第 06 行输入 2018 时，input()函数以字符的形式输出。

2. print()函数

print()函数向用户或者屏幕上输出指定的字符信息。在 print()函数的括号中加上字符串，就可以向屏幕上输出指定的文字。例如输出"hello，world"，用代码实现如下。

```
>>> print(hello, world)
```

print()函数也可以接受多个字符串，用逗号","隔开，就可以连成一串输出：

```
>>> print("hello,world ","Python ","是一门优秀的编程语言! ")
hello, world Python 是一门优秀的编程语言!
```

print()会依次打印输出每个字符串，遇到逗号","会输出一个空格，因此，输出的字符串是就是这样拼起来的。

print()输出函数的语法如下：

```
print(value, …, sep=' ', end='\n', file=sys.stdout, flush=False)
```

- 参数 sep 是实现分隔符，例如多个参数输出时想要输出中间的分隔字符；
- 参数 end 是输出结束时的字符，默认是换行符\n；
- 参数 file 是定义流输出的文件，可以是标准的系统输出 sys.stdout，也可以重定义为别的文件；
- 参数 flush 是判断是否立即把内容输出到流文件，不做缓存（这里是 sys.stdout，也就是默认的显示器）。

print()输出函数中的 sep、end、file、flush 参数是 4 个可选参数。具体应用方法如下。

（1）sep 参数：在输出字符串之间插入指定字符串，默认是空格，范例代码如下。

【例 2-8】 print()输出函数中的 sep 参数。

```
>>> print("a","b","c",sep="$$")     #将默认空格分隔符修改为"$$"
a$$b$$c
```

（2）end 参数：在 print 输出语句的结尾加上指定字符串，默认是换行（\n），范例代码如下。

【例 2-9】 print()输出函数中的 end 参数。

```
>>> print("a","b","c", end="; ")     #将默认空格分隔符修改为"; "
a b c;
```

注意：print 默认是换行，即输出语句后自动切换到下一行，对于 Python 3.X 来说，如果要实现输出不换行的功能，可以设置 end=" "（Python 2 可以在 print 语句之后加"，"实现不换行的功能）。

（3）file 参数：指定文本将要发送到的文件、标准流或者其他类似文件的对象，默认是 sys.stdout，范例代码如下：

【例 2-10】print()输出函数中的 file 参数。

```
>>> print(1,2,3,sep='-',end='; \n',file=open('print.txt','a'))  #执行 4 次 print()函数
1-2-3;
1-2-3;
1-2-3;
1-2-3;
```

在本例中，file=open('print.txt','a')设置了输出文件路径，'a'设置了打开文件的方式是添加模式，所以字符串会加在文件末尾，不会重写文件。其中，sep='-'参数设置了字符写入时的分隔符（-）；end='; \n'参数设置了字符写完后的结尾符号（;）及换行（\n）。另外，执行该函数会在 Python 软件根目录中新建一个 print.txt 文本文件用于写入本例指定文本，如图 2-2 所示。

（4）flush 参数：flush 参数值为 True 或者 False，默认为 False，表示是否立刻将输出语句输入到参数 file 指向的对象中（默认是 sys.stdout），范例代码如下。

【例 2-11】print()输出函数中的 flush 参数。

```
>>>f = open('print.txt','w')
>>>print('python',file=f)    #将 python 字符文本输入到 print.txt 文本文件中
```

可以看到 print.txt 文件这时为空，只有执行 f.close()之后才将内容写进文件，如图 2-3 所示。

图 2-2　print.txt 文本文件

图 2-3　print.txt 空文本文件

在这里将 file=f 参数值修改为 True，则立刻就可以看到指定文件的输出函数内容，如图 2-4 所示。

```
>>> f = open('print.txt','w')
>>> print('python',file=f,flush=True)
```

flush 参数的功能在客户端脚本中几乎用不上，多用于服务器端。例如，在线 Web 即时聊天页面会实时显示聊天的内容，其实后台是在一直向服务器请求数据的，正常情况下是请求完毕之后才会输出相应的请求内容，但是因为是即时聊天，就需要一有信息响应就立即返回，在这里 flush 也就起作用了。

图 2-4　输出函数立即写入 print.txt 文件

2.4　就业面试技巧与解析

面试官问：什么是 PEP8？

应聘者：PEP8 是一个编程规范，是可以使程序代码整洁美观，更具可读性的建议。

第3章

数字和字符串类型

学习指引

数据类型是了解一门语言的基础过程，对于理解语言的逻辑结构有着至关重要的作用。Python 的基本数据类型和其他语言一样，主要包括数字类型和字符串类型，但相对于其他语言，Python 的数据类型也有其独特的地方。

重点导读

- 了解变量赋值的意义。
- 掌握基本的数据类型间的区别。
- 掌握数据类型的转换。
- 掌握基本的数据操作。
- 重点掌握数据的格式化操作。

3.1 数字类型

数字类型是 Python 的基础数据类型之一，主要包括整数类型、浮点数类型和复数类型。Python 的数据类型用于存储数值型数据，例如日常生活中的整数、实数和复数等。它们在赋值存储后就不可再改变了，如果要改变数值则必须创建新的对象进行赋值。

3.1.1 整数类型

整数类型即对应现实生活中的整数。整数类型的数据包括正整数、负整数和零。不同于 Python 2.X，在 Python 3.X 中没有 Long（长整型）这个类型，也就是 Python 3.X 中的整型没有限制。在 Python 中区分正整数和负整数的方式和生活中一样采用符号区分，如-100、0、-3 等。

虽然 Python 3.X 已经成为主流，但是依旧可以了解下 Python 2.X 中的长整型数据。为了标识长整型数据，一般在数据末尾添加大写或小写的 L（通常情况下小写 L 和数字 1 不易区分，因此常用大写的 L），如5623656L。

为了方便计算和书写，Python 中整数可以用多种不同的进制方式书写，其格式为 0+进制方式（通常为一个大写字母）+相应进制的数据。具体格式如表 3-1 所示。

表 3-1 进制格式

进 制 方 式	对 应 前 缀	进 制 说 明
二进制	0b/0B	对应二进制整数
八进制	0O	对应八进制整数，其数字部分范围为 0～7
十进制	无	对应十进制整数，其数字部分范围为 0～9
十六进制	0x/0X	对应十六进制整数，其数字部分范围为 0～9 和 A～F

3.1.2 整数的按位运算

按位运算仅对整数存在意义。按位运算结果的计算如同二进制补码的计算，用于计算有限位数的整数。理解上是对整数逐位的操作，其主要操作类型和操作类型如表 3-2 所示。

表 3-2 按位运算操作符

操 作	操 作 符
与运算	&
或运算	|
异或运算	^
左移运算	<<
右移运算	>>
取反运算	~

【例 3-1】运算符。

```
>>> a = 0b10101
>>> b = 0b11011
#31 的二进制表示为 11111
>>> print(a|b)
31
#17 的二进制表示为 10001
>>> print(a&b)
17
#14 的二进制表示为 1110
>>> print(a^b)
14
```

对于左移和右移运算符，其格式为 a <<或>> b，含义为将数字 a 的二进制位数左移或右移 b 位。

【例 3-2】移位运算。

```
>>> print(a<<2)
84
>>> print(a<<1)
42
>>> print(a>>1)
10
```

对于这些常见的位运算其中有几个要点需要注意。

（1）负数的移位计数为非法操作，其可能导致 ValueError 错误。

（2）左移位，低位空缺补零，高位溢出舍弃；右移位，高位空缺补零，低位溢出舍弃。

（3）左移 N 位相当于将数乘以 2 的 N 次幂；右移 N 位相当于将数除以 2 的 N 次幂。

（4）对于整型数据的操作，实际上都是对其补码的操作（Python 2.X 中 Long 型的补码相当于其补码符号位无限拓展）。

（5）位运算符和普通运算符一样存在优先级，其优先级由低到高为：

>>	<<	&	^	|
低				高

取反运算符＞左移运算符＞右移运算符＞按位与运算符＞按位异或运算符＞按位或运算符

3.1.3 浮点数

浮点数相对于整数存在小数点，由整数和小数部分组成。浮点数的写法除了日常写法外，常见的还包括科学计数法写法，例如，3e14 代表 $3×10^3$。

注意：浮点数的 0.0 和整数的 0 在逻辑运算上虽然含义是一样的，但是在 Python 中它们的存储位置却是不同的，实例如下。

【例 3-3】浮点数存储位置。

```
>>> a = 0
>>> b = 0.0
>>> print (id(a))
140724725470208
>>> print (id(b))
2112409287704
```

3.1.4 复数类型

复数类型对应英文 Complex，复数由实数部分和虚数部分构成，可以用生活中的方式 a + bj 格式表示，或者用 complex(a,b) 表示，j 可大写也可小写。

【例 3-4】复数运算。

```
>>> A = 3+4j
>>> B = 2+5j
>>> A+B
(5+9j)
>>> A = 3+4J
>>> B = 2+5J
>>> A+B
(5+9j)
```

复数的实部的内建属性为 real，复数的虚部的内建属性为 imag，可用于输出复数的实部和虚部部分。

【例 3-5】复数的实部与虚部。

```
>>> A = 78+23j
>>> A.real
78.0
>>> A.imag
23.0
```

从实部和虚部的输出格式可以清楚地看到复数的实部 a 和虚部 b 都是以浮点型数据进行存储的。

3.1.5 布尔类型

布尔类型严格意义上来讲不算数字类型，但是作为 Python 的基本数据类型之一，还是需要了解和掌握的。

布尔类型只存在两种值：True 和 False。布尔类型支持常规的运算，例如与运算、或运算和非运算。

【例 3-6】布尔运算。

```
>>> A = True
>>> B = False
>>> A|B
True
>>> A&B
False
>>> not A
False
>>> not B
True
```

和其他语言一样，Python 中的 True 和 False 同样可以和 1 与 0 等价进行常规运算。

【例 3-7】特殊布尔运算。

```
>>> A = True
>>> B = False
>>> A+1
2
>>> B+1
1
>>> A+B
1
```

3.2 数字类型的操作

在 3.1 节中了解了数字类型包括整数类型、整数的按位运算、浮点数、复数类型和布尔类型。那么在这一节中将学习数字类型的基本操作方法。

3.2.1 内置的数值操作符

在 Python 中，内置的操作运算符主要分为四种，分别是算术运算符、赋值运算符、逻辑运算符和关系运算符。其实例分别如下。

1. 算术运算符

算术运算符如表 3-3 所示。

表 3-3 算术运算符

运 算 符	运算符描述	描述及等价转换
+	加法运算	两个对象相加
−	减法运算	得到负数或是一个数减去另一个数
*	乘法运算	两个数相乘或是返回一个被重复若干次的字符串

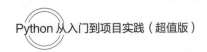

运 算 符	运算符描述	描述及等价转换
/	除法运算	X 除以 Y
%	取模运算	返回除法的余数
**	幂运算	A**B 代表 A 的 B 次方
//	整除运算	取整除，返回商的整数部分（向下取整）

具体使用及输出如下。

【例 3-8】算术运算。

```
>>> A = 2
>>> B = 3
>>> A**B
8
>>> A*B
6
>>> B/A
1.5
>>> B//A
1
>>> A%B
2
>>> A+B
5
>>> A-B
-1
```

2. 赋值运算符

赋值运算符如表 3-4 所示。

表 3-4　赋值运算符

运 算 符	运算符描述	描述及等价转换
=	赋值运算符	C=A+B 将 A+B 的运算结果赋值为 C
+=	加法赋值运算符	A+=B->A=A+B
-=	减法赋值运算符	A-=B->A=A-B
*=	乘法赋值运算符	A*=B->A=A*B
/=	除法赋值运算符	A/=B->A=A/B
%=	取模赋值运算	A%=B->A=A%B
**=	幂赋值运算符	A**B->A=A**B
//=	取整除赋值运算符	A//=B->A=A//B

具体使用及输出如下。

【例 3-9】赋值运算。

```
>>> A = 8
>>> print(A)
8
>>> A += 8
>>> print(A)
```

```
16
>>> A -= 8
>>> print(A)
8
>>> A *= 2
>>> print(A)
16
>>> A /= 2
>>> print(A)
8.0
>>> A %= 2
>>> print(A)
0.0
>>> A = 8.0
>>> A %= 3
>>> print(A)
2.0
>>> A = 3
>>> A **= 2
>>> print(A)
9
>>> A = 8
>>> A //= 3
>>> print(A)
2
```

注意：除法运算结果为浮点数，和被除数与除数的类型无关。

3. 逻辑运算符

逻辑运算符如表 3-5 所示。

表 3-5　逻辑运算符

运　算　符	运算符描述	描述及等价转换
and	并且	若两个操作数均为真，条件成立
or	或者	若任意一个操作数不为假，条件成立
not	不是	转换对象的逻辑含义

逻辑运算主要与布尔值的判断和 0、1 操作有关。

【例 3-10】逻辑运算。

```
>>> A = 1
>>> print(not A)
False
>>> A = False
>>> B = True
>>> A and B
False
>>> A or B
True
>>> A = 1
>>> print(A)
1
>>> print(not A)
False
>>> A = 0
>>> print(not A)
True
```

4. 比较运算符

比较运算符如表 3-6 所示。

表 3-6　比较运算符

运　算　符	运算符描述	描述及等价转换
==	等于	判断两个操作数是否相等
!=	不等于	判断两个操作数是否不相等
>	大于	判断左侧操作数是否大于右侧操作数
<	等于	判断左侧操作数是否小于右侧操作数
<>	不等于	判断两个操作数是否不相等
>=	大于等于	判断左侧操作数是否不大于等于右侧操作数
<=	小于等于	判断左侧操作数是否不小于等于右侧操作数

【例 3-11】比较运算。

```
>>> A = 3
>>> B = 2
>>> A == B
False
>>> A != B
True
>>> A > B
True
>>> A < B
False
>>> A >= B
True
>>> A <= B
False
```

3.2.2　内置的数值运算函数

内置的数值运算函数如表 3-7 所示。

表 3-7　内置的数值运算函数

函　　数	功　能　描　述
abs(A)	返回数字 A 的绝对值，若 A 为复数则返回复数 A 的模
bool(A)	返回与 A 等价的布尔值（True/False）
complex(real,[imag])	返回此构造的复数
id(A)	返回对象 A 的内存地址标识
int(A[,d])	返回实数，分数或者高精度实数 A 的整数部分，或把 d 进制的字符串 A 转换为十进制并返回，d 默认为十进制
round(A[,小数位数])	对 A 四舍五入，若未指定小数的位数，则返回整数
pow(x，y[,z])	计算 x 的 y 次方并对结果进行 z 取模，等价为 pow(x,y)%z

部分函数操作及其具体用法示例如下。

【例 3-12】函数运算。

```
>>> abs(A)
352.565
>>> A = -1542.11
>>> abs(A)
1542.11
```

　　函数 bool() 如果内容缺省则会返回 False；当传入内容为字符串时，若字符串部位为空返回 False，不为空则返回 True，传入的若为数字 1 或者 0 则会返回对应的布尔值。bool() 函数操作对象也可以是判断语句和计算式。

```
>>> bool(1)
True
>>> bool(0)
False
>>> bool(1==2)
False
>>> bool(5-5)
False
```

常见的函数操作中，部分函数的用法需要特殊记忆。下面列举的函数其用法虽然不广泛，但是对于理解 Python 的数据类型和存储有着较为直观的意义。

（1）函数 round() 与精度误差。

函数 round() 的作用为将浮点数 A 进行四舍五入，并指定小数的位数。关于舍入需要知道 Python 中浮点数的特征。

浮点数本身就是非精确数据。大多数十进制小数并不能完全用二进制小数来表示。因此，输入的十进制浮点数一般只能用二进制浮点数来进行近似。

例如在十进制中，对于分数 1/3，将其写成小数时只能无限近似写成 1.333…，同理，在面对十进制浮点小数例如 0.1 时，无法将其完美地换算为二进制数据，只能无限近似。Python 中存在一个近似策略，用户面对的屏幕输出的十进制数值仅是被输出的一个近似值，其真实的值以二进制数值存储在机器上。上述情况告诉我们，Python 以舍入形式进行数据的近似管理。

round() 函数在使用上实际上也很简单。

【例 3-13】round() 函数。

```
>>> round(536.4525632232,3)
536.453
```

这和人们认知中的小数近似结果一致，即四舍五入，但是有时候考虑到前面提到的存储情况时就会出现另一种状况。

【例 3-14】round() 函数精度。

```
>>> round(2.675,2)
2.67
>>> round(0.66666675,7)
0.6666667
```

可以清楚地看到，这似乎违背了四舍五入的基本法则，实际上这是由于计算机只能采用近似储存浮点数，导致精度误差所致。官方文档存在下列说明：

```
The behavior of round() for floats can be surprising: for example, round(2.675, 2) gives 2.67
instead of the expected 2.68. This is not a bug: it's a result of the fact that most decimal fractions
can't be represented exactly as a float. See Floating Point Arithmetic: Issues and Limitations for
more information.
```

可以得知数据在近似转换为 0、1 储存时被进行了截断处理，因此导致了精度误差，为此 round() 近似函数实际上只能进行对精度要求不大的近似求值。关于精确计算，Python 提供了其他选择，例如后续将要学到的 math 模块中的 ceiling 方法和将要介绍的 decimal 模块。

（2）pow()函数的使用。

pow(x,y[,z])函数看似等价于(x**y)%z。

【例 3-15】pow()函数。

```
>>> pow(4,3)
64
>>> pow(4,3,4)
0
>>> pow(4,3,5)
4
```

但是实际上，它们并不完全等价。

【例 3-16】特殊 pow()函数。

```
>>> pow(4,2.6,2.1)
Traceback (most recent call last):
  File "<pyshell#75>", line 1, in <module>
    pow(4,2.6,2.1)
TypeError: pow() 3rd argument not allowed unless all arguments are integers
```

可知，Python 不允许第三个操作数为浮点数，这与 x**y%z 存在差异，可知在使用上并不完全等价。

3.2.3　内置的数字类型转换函数

内置的数字类型转换函数如表 3-8 所示。

表 3-8　内置的数字类型转换函数

函　　数	功　能　描　述
ascii(obj)	返回一个可打印的对象字符串方式表示，如果是非 ascii 字符就会输出\x，\u 或\U 等字符来表示
int(x[,base])	将 x 转换为一个整数
float(x[,base])	将 x 转换为一个浮点数
complex(real,[imag])	返回此构造的复数
ord(x)	将 x 转换为十进制数
hex(x)	将 x 转换为十六进制数
oct(x)	将 x 转换为八进制数

函数使用举例如下。

【例 3-17】ascii()函数。

ascii()函数类似 Python 2.X 中的 repr()函数，结果为返回这个指定可打印对象的字符串表示，如果此对象为非 ascii 字符就以转义字符型输出（\x,\u 等），例如中文字符串，具体实例如下。

```
>>> ascii(A)
'33'
>>> ascii('A')
"'A'"
>>> ascii("中文")
"'\\u4e2d\\u6587'"
>>> bin(65)
```

```
'0b1000001'
>>> oct(34)
'0o42'
>>> hex(34)
'0x22'
```

其中，函数 int(x[,base])和函数 float(x[,base])内的第二个参数的含义通过以下实例来解释。

【例 3-18】int()函数。

```
>>> int("20",8)
16
>>> int("0x64AF0",16)
412400
>>> int("0o6424",8)
3348
```

通过实例可以知道，参数 base 的作用是指定第一个参数的进制类型。此时的 x 参数不可为数字，只能为字符串、数组或者将要学到的数组列表类型。

base 默认为十进制，当指定为 8 时是八进制，为 16 时是十六进制等，但注意当其为 0 的时候，依旧表示十进制。

对于函数 complex(real,[imag])，其实例如下。

【例 3-19】complex()函数。

```
>>> complex(10,20)
(10+20j)
>>> complex(10+2,20+2)
(12+22j)
>>> complex(102)
(102+0j)
>>> complex()
0j
```

可知参数 real 和 imag 也可以为计算式，如果第一个参数是一个字符串，它将被解释为一个复数，并且必须在没有第二个参数的情况下调用该函数。第二个参数不可以为字符串。每个参数可以是任何数字类型（包括复数）。如果省略 imag，则默认为零，构造函数用作 int 和 float 之类的数字转换。如果省略两个参数，则返回 0j。

3.3　字符串类型

仅有数字类型在日常生活中显然是不够的，为了更方便地对文本数据和对象进行处理，Python 中引入了我们在其他语言也熟悉的数据类型——String。

3.3.1　字符串的定义

在创建字符串时，需要用引号来进行声明。Python 提供了单引号、双引号、三引号三种方式来定义字符串。实例如下。

【例 3-20】单引号定义字符串。

```
>>> A = 'didj563'
>>> print(A)
didj563
```

```
>>> A = "didj563"
>>> print(A)
didj563
>>> A = '''didj563'''
>>> print(A)
didj563
```

另外，Python 还允许引号间的嵌套，例如，单引号可被嵌套进双引号。同时这种多引号的表达方式还可以解决某些书写的兼容问题。

【例 3-21】双引号定义字符串。

```
>>> A = "That's my book!"
>>> print(A)
That's my book!
>>> A = 'That's my book!'
SyntaxError: invalid syntax
```

在此实例中英语书写语句中的 ' 被双括号兼容但是却被单引号错误识别。因此在实际使用中，即使引号间没有区别，还是需要根据实际使用情况进行选择。

另外，三引号的使用方法也较为特殊，三引号允许换行，输出自动多行拼接。但是单引号和双引号就不允许换行，实例如下。

【例 3-22】三引号定义字符串。

```
>>> A = '''fhdjvsdv1652
4689546dfe'''
>>> print(A)
fhdjvsdv1652
4689546dfe
>>> A = "jfneikfj54575
SyntaxError: EOL while scanning string literal
```

在字符串的定义过程中，也可能遇到如下情况：

```
>>> A = "diee\nwd"
>>> print(A)
diee
wd
```

可以看到，字符串被从中间换行了。这就是接下来要介绍的"转义字符"。

在上述实例中，\n 为转义字符，代表换行。Python 的常见转义字符及其含义如表 3-9 所示。

表 3-9　转义字符

转 义 字 符	功 能 描 述	转 义 字 符	功 能 描 述
\	当位于末尾时代表转接下一行	\v	纵向制表
\\	反斜杠符号	\t	横向制表
\'	单引号符号	\r	回车
\"	双引号符号	\f	换页
\a	响铃	\000	空
\b	退格 BackSpace	\oyy	八进制数，其中，y 代表字符
\e	转义	\xyy	十六进制数，其中，yy 代表字符
\n	换行		

转义字符在书写格式上提供了很大的便利性，但是如果并不想让转义字符对应的字符起作用，而是单

纯的正常显示，可以在字符串前加上 r 或者将转义字符的\用\\替换。实例如下。

【例 3-23】屏蔽字符。

```
>>> A = "per\nfect"
>>> print(A)
per
fect
>>> A = r"per\nfect"
>>> print(A)
per\nfect
>>> A = "per\\nfect"
>>> print(A)
per\nfect
```

3.3.2　字符串格式化

不同于数字类型的操作，字符串的操作更加多样化，和其他语言一样，字符串的基本操作——格式化输出，依旧是重点。格式化输出是计算机语言必不可少的部分。

格式符存在的目的是为真实值进行占位，方便控制显示输出的格式。格式符主要有以下类别，如表 3-10 所示。

表 3-10　格式化操作符

格式化操作符	功 能 描 述	格式化操作符	功 能 描 述
%s	格式化字符串	%e	用科学计数法格式化浮点数，e 为基底
%c	格式化单个字符	%E	同上
%d	格式化十进制整数	%g	格式化十进制数或者浮点数（相当于%f 和%e）
%u	格式化无符号数	%G	同上
%o	格式化无符号八进制数	%p	用十六进制数格式化变量的地址
%x	格式化无符号十六进制数	%%	字符%
%f	格式化浮点数		

对 Python 的输出可以进一步进行控制，采用如下方式。

```
%[(name)][flags][width].[precision]typecode
```

其格式含义如下。

```
%[命名][对齐方式][显示宽度].[小数点后精度]格式化操作符
```

其中的格式参数内容如下。

- name：命名可以选择，用于指定 key。
- flags：对齐方式，表示右对齐，-表示左对齐，0 表示用 0 填充，若为空格则表示正数左侧填充空格。
- width：显示宽度。
- precision：小数点后精度。
- typecode：格式化操作符。

具体实例如下。

【例 3-24】格式化输出数值。

```
>>> print("%10.3f" % 10)
```

```
    10.000
>>> print("%04d" % 6)
0006
>>> print("%16.3f" % 3.3)
           3.300
```

Python 中内置的%操作符可用于格式化字符串操作，控制字符串的输出。Python 中还有其他的格式化字符串的方式，但%操作符是最基础最方便的。

其他的还有在后面将会讲到的 format()方法。

3.3.3 字符串内置的函数

Python 为字符串操作提供了全面而多样的内置函数，涉及字符串的替换、删除、复制、拼接、比较和查找等各个方面。下面来了解部分常用的函数。

（1）字符串的搜索和替换。

包括以下内置的函数，如表 3-11 所示。

表 3-11　字符串的搜索和替换的内置函数

函　　数	功　能　描　述
name.capitalize()	首字母大写
name.count('x')	查找某字符 x 在字符串内出现的次数
name.find('x')	查找字符 x 在字符串内第一次出现的位置，返回其下标，如不存在返回-1
name.index('x')	查找字符 x 在字符串内第一次出现的位置，返回其下标，如不存在则报错
name.replace(oldstr, newstr)	查找替换，以 newstr 替换 oldstr

使用范例如下。

【例 3-25】字符串替换函数。

```
>>> A = "duidjbvhaokkkkncad"
>>> print(A.capitalize())          #首字母大写
Duidjbvhaokkkkncad
>>> print(A.count("k"))            #查找 k 在字符串中第一次出现的位置
4
>>> print(A.find("i"))            #查找 i 在字符串中第一次出现的位置
2
>>> print(A.index("i"))
2
>>> print(A.find("z"))
-1
>>> print(A.index("z"))
Traceback (most recent call last):
  File "<pyshell#10>", line 1, in <module>
    print(A.index("z"))
ValueError: substring not found0
>>> print(A.replace("k","z"))      #用 z 替换掉字符串内部的 k
Duidjbvhaozzzzncad
```

需要注意的是，字符串的位置查找返回的下标中，字符串第一个字符的下标被定义为 0。

（2）字符串去空格。

字符串去空格的函数如表 3-12 所示。

表 3-12　字符串去空格的函数

函　　数	功　能　描　述
name.strip()	去掉字符串中的空格和换行符
name.strip('x')	去掉指定字符或字符串
name.lstrip('x')	去掉字符串左边的空格和换行符
name.rstrip('x')	去掉字符串右边的空格和换行符

因为方法简单，故不再列举实例。

（3）字符串判断。

字符串判断的函数如表 3-13 所示。

表 3-13　字符串判断的函数

函　　数	功　能　描　述
name.isalnum()	判断字符串是否全部为字母和数字，并且不为空
name.isalpha()	判断字符串是否全部为字母，并且不为空
name.isdigit()	判断字符串是否全部为数字，且不为空
name.isspace()	判断字符串是否全部为空白字符
name.islower()	判断字符串是否全部为小写字母
name.isupper()	判断字符串是否全部为大写字母
name.istitle()	判断字符串是否首字母大写

（4）字符串的分割截取。

【例 3-26】字符串分割截取。

```
#name.split()函数默认以空格进行分割字符串
>>> A = "djuf dhwd dwb"
>>> A.split()
['djuf', 'dhwd', 'dwb']
#也可以进行指定标识分割
>>> A = "djuf,dhwd,dwb"
>>> A.split(",")
['djuf', 'dhwd', 'dwb']
>>> A = "djuf1dhwd1dwb"
>>> A.split("1")
['djuf', 'dhwd', 'dwb']
```

（5）字符串的拼接。

Pyhton 提供了 str.join()方法来进行字符串的拼接操作。实例如下。

【例 3-27】字符串拼接。

```
>>> A = ['Hello',' ','World','!']
>>> print(''.join(A))
Hello World!
```

3.4　字符串格式化进阶——format

Python 的字符串格式化主要有两种方式：%格式符方式和 format 方式。在 3.3 节中已经介绍了%格式符方式，那么在本节中将主要学习 format()方法，通过一些实例来加深读者对 format()方法的了解。

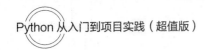

3.4.1 format()方法

从 Python 2.6 开始，新增了一个格式化字符串的函数 format()，它增强了字符串格式化的功能。

相对于前面学到的基础的格式化方法，此方法通过{}和:来代替传统%格式化方式。format()既能够用于简单的场景，也能够胜任复杂的字符串替换，而无需烦琐的字符串连接操作。Python 的内置类型 str 和 unicode 均支持使用 format()来格式化字符串。

接下来就详细地讨论 format()的具体用法。

其格式化方法格式如下：

```
[[fill]align][sign][#][0][width][,][.precision][type]
```

其参数含义如下。

- fill：可选项，用于填充空白处的字符。
- align：选项，定义对齐的方式。通常和参数 width 一起使用，其方式定义如下。
    - <：采用左对齐方式。
    - >：采用右对齐方式，此方式为默认采用的方式。
    - =：采用右对齐，且将符号位放在填充字符的左侧，只对数字类型有效。
    - ^：进行居中对齐。
- sign：可选项，决定数字符号相关。
    - +：正号表示正数加正号，负数加负号。
    - -：正数符号不变，负数加上负号，此方式为默认采用的方式。
    - 空格：正数加空格，负数加负号。
- #：可选项，显示进制，如果对二进制、八进制、十六进制加上#，会显示 0b/0o/0x，否则不显示。
- ,：可选项，用于给数字添加数学分隔符，例如 40,000。
- width：可选项，格式化占有宽度。
- .precision：可选项，指定小数点要保留的精度。
- type：可选项，格式化类型符号。

3.4.2 format()方法的实例

format()函数采用{}和:进行格式化，实例如下。

【例 3-28】填充和格式化。

```
>>> "{0:*>10}".format(6)          #右对齐
'*********6'
>>> "{0:*<10}".format(6)          #左对齐
'6*********'
>>> "{0:*^10}".format(6)          #居中对齐
'****6*****'
```

【例 3-29】精度与进制。

```
>>> "{0:.3f}".format(1/7)
'0.143'
#格式化为二进制
>>> "{0:b}".format(100)
'1100100'
#格式化为十六进制
>>> "{0:x}".format(100)
```

```
'64'
格式化为八进制
>>> "{0:o}".format(100)
'144'
```

format()允许参数位置可以自由化，通过相应的参数值来进行对应，实例如下。

【例 3-30】 位置对应。

```
>>> A = ["World","Life"]
>>> "This is our {},this is my {}".format(*A)
'This is our World,this is my Life'
>>> "This is our {1},this is my {0}".format(*A)
'This is our Life,this is my World'
>>> "This is our {0},this is my {1}".format(*A)
'This is our World,this is my Life'
>>> "This is our {1},this is my {00}".format(*A)
'This is our Life,this is my World'
>>> "This is our {1},this is my {0}{0}".format(*A)
'This is our Life,this is my WorldWorld'
```

3.5　就业面试技巧与解析

本章学习了数字类型和字符串类型。数字类型包括整数类型、整数的按位运算、浮点数、复数类型和布尔类型。在字符串类型中学习了字符串的定义、字符串的格式化和字符串内置的函数和方法。学习了这些知识，还要学会灵活运用这些知识，下面来看一下在面试中会问到哪些知识点。

3.5.1　面试技巧与解析（一）

面试官：format()方法的优点有哪些？

应聘者：

（1）无须理会数据类型的问题，在%方法中%s 只能替代字符串类型。

（2）单个参数可以多次输出，参数顺序可以不相同。

（3）填充方式十分灵活，对齐方式十分强大。

3.5.2　面试技巧与解析（二）

面试官：Python 为何会出现中文乱码？

应聘者：在 Python 中提到 unicode，一般指的是 unicode 对象，而 str 是一个字节数组，这个字节数组表示的是对 unicode 对象编码（可以是 utf-8、gbk、cp936、GB2312）后的存储的格式。这里它仅仅是一个字节流，没有其他的含义，如果想使这个字节流显示的内容有意义，就必须用正确的编码格式，解码显示。

对于 unicode 对象进行编码，编码成一个 utf-8 编码的 str —— 如 s_utf8，s_utf8 就是一个字节数组，print 语句的实现是将要输出的内容传送给操作系统，操作系统会根据系统的编码对输入的字节流进行编码，因为编码用 GB2312 去解释，其显示出来就错误了。

第 4 章

Python 列表、元组与字典

 学习指引

我们在别的编程语言中学习过数组，数组通常存储的是相同数据类型的元素，并且每个元素都是按照位置编号来顺序存取的。Python 中类似于数组功能的数据类型是序列，也将每个元素按照位置编号进行操作，而序列中的列表和元组可以存储不同的元素。Python 中的序列类型使得批量处理数据更加方便灵活。

Python 中的列表、元组均属于 Python 序列类型。它们在很多操作上具有相同之处。不同的是，列表中的元素是可变的，而元组中的数是不可变的。不同情况下，这两种类型有各自的优势。本章就一起来学习一下 Python 中的列表与元组。

 重点导读

- 认识序列。
- 认识列表。
- 认识元组。
- 熟悉序列与操作方法。
- 熟悉列表与操作方法。
- 熟悉元组与操作方法。

4.1　什么是序列

序列是一组元素的集合，Python 中的字符串、列表和元组数据类型均属于序列。序列中的每个元素都有唯一确定的位置，并且是按位置编号顺序存取的，类似于 Java、C 语言中的数组。不同的是，数组存放的都是相同类型的元素，而序列中的列表和元组可以同时存放不同类型的元素。列表和元组非常相似，不同的是，列表存放的元素是可以变动的，而元组中的元素是不可变的。

4.2　序列通用操作

我们知道了序列中有不同的集合存在，例如列表、元组、字符串都是不同的序列，但是对于所有序列而言，都有通用的操作，本节先介绍一些序列的通用操作，之后再单独介绍两个典型的序列：列表和元组。

4.2.1 序列的索引和切片

前面提到过，序列中的元素是按照位置编号顺序排序的，可以用图 4-1 来描述序列中元素与位置的关系。

	元素1	元素2	元素3	…	元素*n*
位置	0	1	2	…	*n*−1
正索引数	0	1	2	…	*n*−1
负索引数	−*n*	−*n*+1	−*n*+2	…	−1

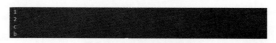

图 4-1 序列中的元素与位置

提取元素索引时使用的是索引数，查询的一般格式是：序列名[索引数]。正索引数是从左往右，从 0 开始；负索引数是从右往左，从−1 开始。因此通过索引数，可以实现正索引和负索引。注意索引数不能超过序列总长度（元素总个数）。

【例 4-1】索引。

```
list1=[1,2,3,'a','b','c']
print(list1[0])
print(list1[1])
print(list1[-1])
print(list1[-2])
```

程序运行结果如图 4-2 所示。

图 4-2 索引运行程序

切片就是提取序列中某一范围内的元素，提取的元素无论有多少，都会重新组成一个新的序列。分片的格式是：序列名[起始索引:中止索引:步长]。其中，切片从起始所引出的元素开始，到中止索引数的前一个数为止。步长是非零的整数，作为索引的间隔，当步长为正数时，从左到右提取元素，当步长为负数时，从右到左提取元素，如果没有设定步长的参数则默认为 1。若索引段中不设定起始索引或中止索引，则取全部。

【例 4-2】切片。

```
list1=[1,2,3,4,'a','b','c','d']
print(list1[0:2])
print(list1[0:4:2])
print(list1[3:])
print(list1[-3:-1])
print(list1[-1:])
print(list1[:])
```

程序运行结果如图 4-3 所示。

图 4-3 切片运行程序

4.2.2　序列计算

序列可以进行相加、相乘的运算。

使用"+"可以实现两个序列的相加、拼接，相加时的序列必须是同类型的。

使用"*"可以将序列进行重复，得到一个新的序列。

【例 4-3】序列计算。

```python
list1=[1,2,3,4,'a','b','c','d']
list2=[5,6,7]
a=list1+list2
b=list2*2
print(a)
print(b)
```

程序运行结果如图 4-4 所示。

图 4-4　序列计算运行程序

4.2.3　序列相关操作的函数

Python 中提供了一些函数方法帮助用户操作序列。

- 使用 in() 和 not in() 两个函数可以查询某元素是否在序列中，返回结果是 True 或 False；
- 使用 len() 函数可以获取序列的总长度；
- 使用 max() 和 min() 函数可以获得序列中最大和最小的元素；
- 使用 sum() 函数可以计算元素只为数值的序列的和。

【例 4-4】序列函数。

```python
list1=[1,2,3,4,5]
a=1
b=6
print(a in list1)        #in()函数
print(b in list1)
print(len(list1))        #len()函数
print(max(list1))        #max()函数/min()函数
print(min(list1))
print(sum(list1))        #sum()函数
```

程序运行结果如图 4-5 所示。

图 4-5　序列函数运行程序

4.3　列表

列表是元素按顺序排列构成的有序的集合，其中的每个元素都有各自的位置编号，方便索引操作。列表非常好的优势是，里面的元素可以是各种类型共存的，可以是数字、字符串甚至还可以是列表、元组、字典等。列表中的元素是可以被修改的。

4.3.1　直接创建列表

可以用方括号直接创建元组，括号里的元素用逗号隔开。当[ ]内不存在任何元素时，便创建了一个空列表。

【例 4-5】用方括号创建列表。

```
list1=[]
list2=[1,2,'a','b',[3,1,2],(1,2,3)]
print(list1)
print(list2)
```

程序运行结果如图 4-6 所示。

```
[]
[1, 2, 'a', 'b', [3, 1, 2], (1, 2, 3)]
```

图 4-6　创建列表运行程序

4.3.2　用 list()函数创建列表

其实，list()函数实质是把目标对象转为列表的类型。同直接创建列表的方式很像，这里是在 list()函数后面用圆括号将目标对象转为列表类型。可以在 list 的圆括号中放入建立列表需要的元素，这些元素放入时必须是一个元组对象或者是一个列表对象，不可以直接将元素列进 list()函数中的括号里，也可以将某一变量放进去，list()函数会帮助我们自动将元素转为列表的形式。同样，如果没有传入任何元素，将创建一个空的列表。

【例 4-6】用 list()函数创建列表。

```
list1=list((1,2,'a',[5,'a'],('a',1)))
tuple_1=(1,2,3)
list2=list(tuple_1)
list3=list()
a=1,2,3,4
list4=list(a)
list5=list('ABCDEFG')
print(list1)
print(type(list1))
print(list2)
print(type(list2))
print(list3)
print(type(list3))
print(list4)
print(type(list4))
print(list5)
print(type(list5))
```

程序运行结果如图 4-7 所示。

```
[1, 2, 'a', [5, 'a'], ('a', 1)]
<class 'list'>
[1, 2, 3]
<class 'list'>
[]
<class 'list'>
[1, 2, 3, 4]
<class 'list'>
['A', 'B', 'C', 'D', 'E', 'F', 'G']
<class 'list'>
```

图 4-7　创建列表运行程序

4.3.3 列表元素提取

列表中的元素都是有位置的，因此常用的元素提取方法有索引提取和列表切片操作提取。每一次通过位置进行索引访问都能得到列表中唯一对应的元素，使用切片操作则会得到一段包含对应元素的列表。

（1）索引提取元素：利用序列的索引进行元素提取的方法。通过元素的位置，提取元素，在列表对象后面使用方括号包含索引数。例如，list[0],list[1],list[2],…注意不能超过列表总长度。

如果想要从列表尾部快速索引元素，则可以使用负数，例如：list[-1],list[-2],list[-3],…

【例 4-7】索引提取元素。

```
list1=list((1,2,'a',[5,'a'],('a',1)))
print(list1[0])
print(list1[1])
print(list1[-1])
print(list1[-2])
```

程序运行结果如图 4-8 所示。

图 4-8   索引提取元素运行程序

（2）切片提取元素：使用切片提取列表的某段元素时，无须考虑超出索引范围的问题。需要注意的是，列表的切片是一个元组类型。

【例 4-8】切片提取元素。

```
list1=tuple((1,2,'a',[5,'a'],('a',1)))
list2=list1[0:2]
print(list2)
print(type(list2))
```

程序运行结果如图 4-9 所示。

图 4-9   切片提取元素运行程序

（3）列表反转：使用切片时，list[::-1]这个操作可以得到 list 列表的反转列表。

【例 4-9】列表反转。

```
list2=tuple((1,2,'a',[5,'a'],('a',1)))
list2=list1[::-1]
print(list2)
print(type(list2))
```

程序运行结果如图 4-10 所示。

图 4-10   列表反转运行程序

4.3.4 操作列表的常用函数

列表在 Python 中是可变的数据结构，因此 Python 提供很多方便的函数帮助用户对列表的元素进行操作，常见的操作有元素的增删改查等。

1. 增添元素

append()函数将在列表尾部传入一个元素：list.append(1)。

extend()函数可以将列表 1 和列表 2 拼接在一起：list1.extend(list2)。

insert()函数可以在列表中的指定位置插入一个元素：list.insert（位置，元素）。

注意：使用 append()和 insert()时，一次只能添加一个元素；使用 extend()时是将列表拼接在另一个列表尾部。

【**例 4-10**】添加元素。

```
list1=[1,2,3]
list2=[6,7,8]
list1.append(4)        #使用 append 向 list1 添加元素
print(list1)
list1.extend(list2)    #使用 extend 拼接 list1 和 list2
print(list1)
list1.insert(4,5)      #使用 insert 向 list1 添加元素
print(list1)
```

程序运行结果如图 4-11 所示。

```
[1, 2, 3, 4]
[1, 2, 3, 4, 6, 7, 8]
[1, 2, 3, 4, 5, 6, 7, 8]
```

图 4-11　添加元素运行程序

2. 删除元素

del()函数将列表中提取出的元素删除（用索引提取）：del list[0]。

pop()函数根据索引获取该元素并删除：list.pop(0)。

remove()函数将指定元素删除：list.remove(1)。

注意：使用 pop()函数时，若不指定元素位置，将默认使用索引-1；remove()删除指定元素时，只会将第一次出现的该元素删除。

【**例 4-11**】删除元素。

```
list1=[1,2,3,'a','b','c']
del list1[0]        #使用 del
print(list1)
list1.pop(0)        #使用 pop
print(list1)
list1.remove(3)     #使用 remove
print(list1)
```

程序运行结果如图 4-12 所示。

```
[2, 3, 'a', 'b', 'c']
[3, 'a', 'b', 'c']
['a', 'b', 'c']
```

图 4-12　删除元素运行程序

3. 修改元素

根据列表元素可变的特性，可以直接提取元素并进行重新赋值，从而完成修改元素的操作。提取元素根据元素地址索引进行。

4. copy 方法

有时需要在保存原来的列表数据的同时对这个列表进行变更操作，此时会用到 copy 方法。copy 方法能够创建一个完全一样的列表，虽然意思上是一样的列表，但只是元素一样，copy 后的一个列表已经是一个新的列表。

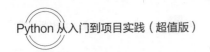

【例 4-12】copy 方法。

```
list1=[1,2,3,'a','b','c']
list2=list1.copy()
print(list2)
```

程序运行结果如图 4-13 所示。

```
[1, 2, 3, 'a', 'b', 'c']
```

图 4-13 copy 方法运行程序

5. index 查询

index 能够帮助我们快速查找某元素在该列表中的位置。

【例 4-13】index 查询。

```
list1=[1,2,3,'a','b','c']
print(list1.index('a'))
```

程序运行结果如图 4-14 所示。

```
3
```

图 4-14 index 查询运行程序

4.4 元组

还有一种序列是元组，它与列表十分类似，不同之处在于，列表中的元素可以被修改，而元组中的元素不能修改；在写法上，列表使用方括号定义，而元组使用圆括号定义。

4.4.1 直接创建元组

最基本的方法是用圆括号创建元组，括号里的元素用逗号隔开。逗号必须存在，当元组中仅有一个元素时，在其后面必须加上逗号来消除歧义。Python 中，用来定义元组的关键信息是逗号，有时圆括号都可以省略。使用圆括号时，若不向圆括号中输入任何元素，则会创建一个空元组。

【例 4-14】用圆括号创建元组。

```
tuple_1 =('hi',1,(2,3),[6,7])
tuple_2 =()
tuple_3 =1,2,3
print(tuple_1)
print(type(tuple_1))
print(tuple_2)
print(type(tuple_2))
print(tuple_3)
print(type(tuple_3))
```

程序运行结果如图 4-15 所示。

```
('hi', 1, (2, 3), [6, 7])
<class 'tuple'>
()
<class 'tuple'>
(1, 2, 3)
<class 'tuple'>
```

图 4-15 创建元组运行程序

4.4.2　用 tuple()函数创建元组

使用 tuple()函数能够将其他数据结构对象转换成元组的类型。常见的是将一个列表转换成元组，需要先创建一个列表并把元素存入其中。tuple()在使用时需要在列表最外层加入圆括号来说明转换对象。

【例 4-15】用 tuple()函数创建元组。

```
tuple_1 =tuple(['hi',1,(2,3),[6,7]])
tuple_2 =tuple()
tuple_3 =tuple((1,2,3))
print(tuple_1)
print(type(tuple_1))
```

程序运行结果如图 4-16 所示。

```
('hi', 1, (2, 3), [6, 7])
<class 'tuple'>
```

图 4-16　创建元组运行程序

4.4.3　元组元素提取

元组是不可变的元素，虽然不能和列表一样对里面的元素进行增删改，但仍然可以对元组内的元素进行索引、访问、提取和切片的操作。其中，对于元组元素的提取，可以使用元组解包简化赋值操作。

（1）索引提取元素：利用序列的索引进行元素提取。通过元素的位置提取元素，需要注意元组的长度，不能超出索引范围。

【例 4-16】索引访问元素。

```
tuple_1=(2,1,3,5,4)
print(tuple_1[0])
print(tuple_1[1])
```

程序运行结果如图 4-17 所示。

```
2
1
```

图 4-17　索引提取元素运行程序

（2）切片提取元素：获取元组的切片，无须考虑超出索引范围的问题。需要注意的是，元组的切片也是一个元组。

【例 4-17】切片访问元素。

```
tuple_1=(2,1,3,5,4)
print(tuple_1[1:2])
print(tuple_1[1:7])
```

程序运行结果如图 4-18 所示。

```
(1,)
(1, 3, 5, 4)
```

图 4-18　切片提取元素运行程序

（3）元组解包：利用 Python 语言的灵活性，将元组中的元素赋值给多个变量。

【例 4-18】元组解包。

```
tuple_1=(2,1,3,5,4)
a,b,c,d,e=tuple_1
print(a,b,c,d,e)
```

程序运行结果如图 4-19 所示。

```
2 1 3 5 4
```

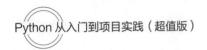

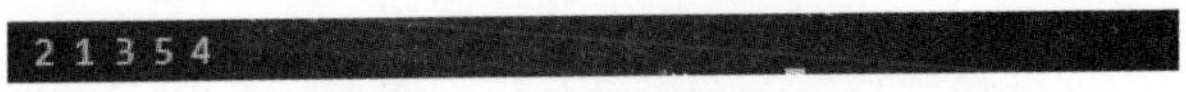

图 4-19　元组解包运行程序

4.4.4　元组常用操作方法

由于元组无法修改元素，相对于列表操作的范围就比较小，常见的仍然是对元组进行元素位置查询等操作。下面列出了一些常用于操作元组的方法。

+：将两个元组合并为一个元组。

*：重复合并同一个元组为一个更长的元组。

len：获取元组长度。

sorted：创建对元素进行排序后的列表。

tuple.count：记录某个元素在元组中出现的次数。

tuple.index：获取元素在元组当中第一次出现的位置的索引。

【例 4-19】元组的基本操作。

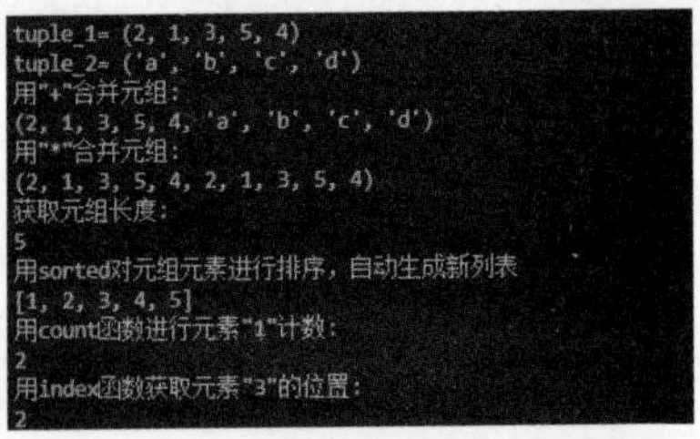

```
tuple_1=(2,1,3,5,4)
tuple_2=('a','b','c','d')
print('tuple_1=',tuple_1)
print('tuple_2=',tuple_2)
tuple_3=tuple_1+tuple_2          #用'+'合并元组
print('用"+"合并元组:')
print(tuple_3)
tuple_4=tuple_1*2                #用'*'重复元组
print('用"*"合并元组:')
print(tuple_4)
length=len(tuple_1)              #获取元组长度
print('获取元组长度:')
print(length)
list1=sorted(tuple_1)            #用 sorted 对元组元素进行排序,自动生成新列表
print('用 sorted 对元组元素进行排序,自动生成新列表')
print(list1)
sum=tuple_4.count(1)             #用 count 函数进行元素计数
print('用 count 函数进行元素"1"计数:')
print(sum)
adr=tuple_1.index(3)             #用 index 函数获取元素位置
print('用 index 函数获取元素"3"的位置:')
print(adr)
```

程序运行结果如图 4-20 所示。

```
tuple_1= (2, 1, 3, 5, 4)
tuple_2= ('a', 'b', 'c', 'd')
用"+"合并元组:
(2, 1, 3, 5, 4, 'a', 'b', 'c', 'd')
用"*"合并元组:
(2, 1, 3, 5, 4, 2, 1, 3, 5, 4)
获取元组长度:
5
用sorted对元组元素进行排序，自动生成新列表
[1, 2, 3, 4, 5]
用count函数进行元素"1"计数:
2
用index函数获取元素"3"的位置:
2
```

图 4-20　元组基本操作运行程序

4.5　字典的使用

Python 中的字典是一个无序的数据值集合，用于存储数据值，如地图。与其他只保存单个值的数据类型不同，字典保存键值对。字典中提供了键值以使其更加优化。字典中的每个键值对用冒号 ":" 分隔，而每个键用 "逗号" 分隔。

Python 中的词典与现实世界中的词典类似。Dictionary 的键必须是唯一的，并且是不可变的数据类型，如字符串、整数和元组，但键值可以重复并且可以是任何类型。

注意一下，字典中的键不允许多态性。在 Python 中，可以通过将元素序列放在 cur {}括号内来创建一个 Dictionary，用 "逗号" 分隔。Dictionary 包含一对值，一个是 Key，另一个对应的元素是 Value。字典中的值可以是任何数据类型，可以赋值，而键不能重复，必须是不可变的。

字典也可以通过内置函数 dict()创建，只需放置大括号{}就可以创建一个空字典。

注意一下，字典键区分大小写，名称相同但 Key 的不同情况将被明确区分。

4.5.1　获取字典中的值

由于字典是一种键值对的结构，所以可以通过将键作为索引去访问对应的值。代码如下：

【例 4-20】获取字典中的值。

```
dict = {'Name': 'Zara', 'Age': 7, 'Class': 'First'}
print ("dict['Name']: ", dict['Name'])
print ("dict['Age']: ", dict['Age'])
```

程序运行结果如图 4-21 所示。

图 4-21　获取字典中的值

记住，使用的索引值必须是字典中有的，如果没有则会产生错误。代码如下：

【例 4-21】如果字典中没有该索引值，则产生错误。

```
dict = {'Name': 'Zara', 'Age': 7, 'Class': 'First'};
print ("dict['Alice']: ", dict['Alice'])
```

如果这样使用将会产生如图 4-22 所示的错误。

图 4-22　错误的结果

4.5.2　更新字典中的值

可以通过添加新条目或键值对来更新字典，修改现有条目或删除现有条目，如下面给出的简单实例所示。

【例 4-22】更新字典中的值。

```
dict = {'Name': 'Zara', 'Age': 7, 'Class': 'First'}
dict['Age'] = 8;                    # 更新 age 的值
dict['School'] = "DPS School"       # 增加新的键值对
```

```
print ("dict['Age']: ", dict['Age'])
print ("dict['School']: ", dict['School'])
```

程序运行结果如图 4-23 所示。

图 4-23 运行结果

4.5.3 删除字典中的值

我们可以删除单个词典元素或清除词典的全部内容，也可以在一次操作中删除整个字典。

要显式删除整个字典，只需使用 del 语句。

【例 4-23】删除字典中的值。

```
dict = {'Name': 'Zara', 'Age': 7, 'Class': 'First'}
del dict['Name']          #移除 Name 这个键值对
dict.clear()              #移除所有的键值对
del dict                  #删除整个字典
print ("dict['Age']: ", dict['Age'])
print ("dict['School']: ", dict['School'])
```

注意如果删除之后发生错误，那么字典将不存在。运行上述代码，产生如图 4-24 所示错误。

图 4-24 错误运行结果

4.6 字典中的方法

Python 中内置了很多对字典操作的方法，下面一起来看一下。

4.6.1 遍历字典

【例 4-24】遍历字典。

```
b={'a':1,'b':2}
for k in b.keys():       #遍历 b 这个字典的所有键
  print("Got key", k, "which maps to value", b[k])
ks = list(b.keys())
print(ks)
```

通过上述代码，遍历了 b 字典的所有键，同时能根据键获取对应的值。

程序运行结果如图 4-25 所示。

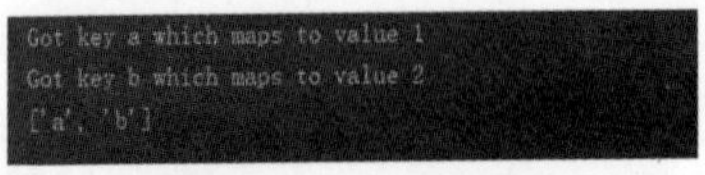

图 4-25 运行结果

【例 4-25】迭代字典中的键是很常见的，可以省略 for 循环中的键方法调用迭代遍历字典隐式迭代其键。代码如下。

```
for k in b:
    print("Got key", k)
```

下面展示几个直接获取所有值或者键的方法。

【例 4-26】将 b 字典的所有值得出转换为 list 打印。

```
>>> list(b.values())
['tres', 'dos', 'uno']
```

【例 4-27】将 b 字典的所有的键值对得出转换为 list 打印。

```
>>> list(b.items())
[('three', 'tres'), ('two', 'dos'), ('one', 'uno')]
```

【例 4-28】以键值对的方式获取 b 字典的键值对。

```
for (k,v) in b.items():
    print("Got",k,"that maps to",v)
```

程序运行结果如图 4-26 所示。

图 4-26 运行结果

4.6.2 别名与复制

与列表的情况一样，因为字典是可变的，我们需要知道别名。每当两个变量引用同一个对象时，对一个变量的更改会影响另一个。

【例 4-29】如果想要修改字典并保留原始副本，请使用复制方法。例如，opposites 是一个包含反义词的字典。

```
opposites = {"up": "down", "right": "wrong", "yes": "no"}
alias = opposites
copy = opposites.copy()    #浅拷贝
```

【例 4-30】alias 和 opposites 是指同一个对象；copy 是指同一字典的新副本。如果修改 alias，opposites 也会改变。

```
alias["right"] = "left"
opposites["right"]
```

程序运行结果如图 4-27 所示。

left

图 4-27 运行结果

如果是复制，那么 opposites 是不会改变的。

4.6.3 统计频率

Python 的字典的 api 能够帮助统计字符串中字母的频率，下面看一下它的使用方法。

【例 4-31】统计频率 1。

```
letter_counts = {}
for letter in "Mississippi":
    letter_counts[letter] = letter_counts.get(letter, 0) + 1
print(letter_counts)
```

程序运行结果如图 4-28 所示。

图 4-28　运行结果

我们从一个空字典开始。对于字符串中的每个字母，找到当前计数（可能为零）并递增它。最后，字典包含字母对和它们的频率。

按字母顺序显示频率表可能更有吸引力，可以使用 items 和 sort 方法来做到这一点。

【例 4-32】统计频率 2。

```
letter_items = list(letter_counts.items())
letter_items.sort()
print(letter_items)
```

程序运行结果如图 4-29 所示。

图 4-29　运行结果

4.6.4　字典排序

对字典进行排序？这其实是一个伪命题，首先搞清楚 Python 字典的定义，字典本身默认以 Key 的字符顺序输出显示，就像人们用的真实的字典一样，按照 ABCD 字母的顺序排列，并且本质上各自没有先后关系，是一个哈希表的结构。

但实际应用中确实有这种排序的"需求"，即按照 Values 的值"排序"输出，或者按照别的奇怪的顺序进行输出，只需要把字典转换成 list 或者 tuple，把字典每一对键值转换为 list 中的子 list 或者子 tuple 再输出，就可以达到目的。

【例 4-33】字典排序 1。

```
x={2:1,3:4,4:2,1:5,5:3}
import operator
sorted_x=sorted(x.items(),key=operator.itemgetter(0))
#按照 item 中的第一个字符进行排序，即按照 Key 排序
print(x)
print(sorted_x)
print(dict(sorted_x))
```

程序运行结果如图 4-30 所示。

图 4-30　运行结果

字典始终都按照 Key 从小到大排序，与定义过程无关，转换为 list 嵌套 tuple 这里也依然按照 Key 排序。

【例 4-34】字典排序 2。

```
x={2:1,3:4,4:2,1:5,5:3}
import operator
sorted_x=sorted(x.items(),key=operator.itemgetter(1))
    #这里改为按照 item 的第二个字符排序,即 Value 排序
print(x)
print(sorted_x)
print(dict(sorted_x))
```

程序运行结果如图 4-31 所示。

图 4-31　运行结果

字典的顺序依旧不变，但转换为 list 嵌套 tuple 格式之后，完成了按照 Value 排序的操作。

4.7　字典练习与实战

刚学完了字典的基本使用，下面来练习一下它的使用吧！

【例 4-35】简单的通讯录程序系统。

```
print('''|---欢迎进入通讯录程序---|
|---1、 查询联系人资料---|
|---2、 插入新的联系人---|
|---3、 删除已有联系人---|
|---4、 退出通讯录程序---|''')
addressBook={}#定义通讯录
while 1:
    temp=input('请输入指令代码：')
    if not temp.isdigit():
        print("输入的指令错误,请按照提示输入")
        continue
    item=int(temp)#转换为数字
    if item==4:
        print("|---感谢使用通讯录程序---|")
        break
    name = input("请输入联系人姓名:")
    if item==1:
        if name in addressBook:
            print(name,':',addressBook[name])
            continue
        else:
            print("该联系人不存在!")
    if item==2:
        if name in addressBook:
            print("您输入的姓名在通讯录中已存在-->>",name,":",addressBook[name])
            isEdit=input("是否修改联系人资料(Y/N):")
            if isEdit=='Y':
                userphone = input("请输入联系人电话：")
                addressBook[name]=userphone
                print("联系人修改成功")
                continue
```

```
            else:
                continue
        else:
            userphone=input("请输入联系人电话：")
            addressBook[name]=userphone
            print("联系人加入成功！")
            continue
    if item==3:
        if name in addressBook:
            del addressBook[name]
            print("删除成功！")
            continue
        else:
            print("联系人不存在")
```

4.8　就业面试技巧与解析

通过本章的学习，读者知道了什么是序列，序列的一些计算和相关操作的函数；在列表中创建列表的方法，操作列表的常用函数；在元组中创建元组的方法以及元组元素的提取；在字典中获取、更新、删除字典中的值和字典中的常用方法。要学会灵活运用这些知识，才能在面试中脱颖而出。

4.8.1　面试技巧与解析（一）

面试官：字典如何删除键和合并两个字典？

应聘者：del 和 update 方法。

4.8.2　面试技巧与解析（二）

面试官：负索引是什么？如何快速实现 tuple 和 list 的转换？

应聘者：Python 中的序列索引可以是正也可以是负。如果是正索引，0 是序列中的第一个索引，1 是第二个索引。如果是负索引，–1 是最后一个索引而–2 是倒数第二个索引。tuple 和 list 的转换是以 list 作为参数将 tuple 类初始化，将返回 tuple 类型；以 tuple 作为参数将 list 类初始化，将返回 list 类型。

第 2 篇

核心技术

在了解了 Python 的基本概念、基本应用之后，本篇将详细介绍 Python 的核心技术，包括使用字符串及运算符、程序的控制结构、函数、文件与文件目录、数据格式化、Python 类、模块等。通过本篇的学习，读者对 Python 的核心技术会有更深刻的理解和应用。

- 第 5 章　使用 Python 字符串及运算符
- 第 6 章　控制流程和控制语句
- 第 7 章　函数
- 第 8 章　文件与文件目录
- 第 9 章　数据格式化
- 第 10 章　Python 类的使用
- 第 11 章　Python 模块的使用

第5章

使用 Python 字符串及运算符

 学习指引

字符串就是一系列字符。在 Python 中，用引号括起来的都是字符串，其中的引号可以是单引号，也可以是双引号。字符串虽然看似简单，但是能够以很多不同的方式去使用它们。在 Python 中有许多的运算符，通过这些运算符，可以对数据进行不同的操作。

 重点导读

- Python 字符串基本操作。
- Python 格式化字符串。
- 算术运算符。
- 赋值运算符。
- 比较运算符。
- 逻辑运算符。
- 按位运算符。
- 成员运算符。
- 身份运算符。

5.1　字符串基本操作

Python 字符串的常用操作，包括字符串的替换、截取、复制、连接、比较、查找等。

在 Python 中，字符串有时候会有许多的空格，如果想去除空格，就需要以下一些方法。

【例 5-1】分别去除字符串两边的空格、字符串左边的空格和字符串右边的空格。

（1）strip()：删除字符串两边的指定字符，默认为空格。

```
a='  hello  '
b=a.strip()
print(b)
```

（2）lstrip()：删除字符串左边的指定字符，默认为空格。

```
a='  hello  '
b=a.lstrip()
print(b)
```

（3）rstrip()：删除字符串右边指定字符，默认为空格。

```
a='  hello  '
b=a.rstrip()
print(b)
```

程序运行结果如图 5-1 所示。

【例 5-2】复制字符串。

```
a='hello world'
    b=a
print(a,b)
```

程序运行结果如图 5-2 所示。

【例 5-3】连接字符串+：连接两个字符串。

```
a='hello '
b='world'
print(a+b)
```

程序运行结果如图 5-3 所示。

【例 5-4】使用 len()求给定的字符串长度。

```
a='hello world'
print(len(a))
```

程序运行结果如图 5-4 所示。

图 5-1 去除空格结果	图 5-2 复制字符串结果	图 5-3 连接字符串结果	图 5-4 求字符串长度结果

【例 5-5】字符串中字母大小写转换。

使用 lower()将字符串中的字母转换为小写，upper()将字符串中的字母转换为大写，swapcase()将字符串中的字母大小写互换，capitalize()将字符串中的首字母大写。

```
a='Hello World'        #lower() 转换为小写
print(a.lower())
a='Hello World'        #upper() 转换为大写
print(a.upper())
a='Hello World'        #swapcase() 大小写互换
print(a.swapcase())
a='Hello World'        #capitalize() 首字母大写
print(a.capitalize())
```

程序运行结果如图 5-5 所示。

【例 5-6】使用 center()方法将字符串放入中心位置，可指定长度以及位置两边字符。

```
a='hello world'
print(a.center(20,'*'))
```

程序运行结果如图 5-6 所示。

【例 5-7】使用 count()进行字符串统计，在给定的字符串中统计特定字符的个数。下面是统计字符串 a 中字符'l'的个数。

```
a='hello world'
print(a.count('l'))
```

程序运行结果如图 5-7 所示。

【例 5-8】通过[：]进行字符串切片。

```
str="0123456789"
print(str[0:3])          #截取第一位到第三位的字符
print(str[:])            #截取字符串的全部字符
print(str[6:])           #截取第七个字符到结尾
print(str[:-3] )         #截取从头开始到倒数第三个字符之间
print(str[2])            #截取第三个字符
print(str[-1] )          #截取倒数第一个字符
print(str[::-1])         #创造一个与原字符串顺序相反的字符串
print(str[-3:-1] )       #截取倒数第三位与倒数第一位之间的字符
print(str[-3:])          #截取倒数第三位到结尾
print(str[-5:-3])        #逆序截取，截取倒数第五位数与倒数第三位数之间
```

程序运行结果如图 5-8 所示。

图 5-5　字符串字母
大小写转换结果

图 5-6　字符串放入中心
位置结果

图 5-7　统计字符串结果

图 5-8　切片操作结果

5.2　格式化字符串

在编写程序的过程中，经常需要进行格式化的输出，Python 中提供了字符串格式化操作符%，非常类似 C 语言中的 printf()函数的字符串的格式化（C 语言中也使用%）。格式化字符串时，Python 使用一个字符串作为一个模板，模板中有格式符，这些格式符为真实数值预留位置，并说明真实数值应该呈现的格式。

Python 中常见的字符串格式化符号可以包含的类型见表 5-1。

表 5-1　格式符类型

格　式　符	说　　　明
%c	格式化字符及其 ASCII 码
%s	格式化字符串
%d	格式化整数
%u	格式化无符号整数
%o	格式化无符号八进制数
%x	格式化无符号十六进制数
%X	格式化无符号十六进制数（大写）
%f	格式化浮点数，可指定小数点后的精度
%e	用科学记数法格式化浮点数
%g	%e 和%f/%E 和%F 的简写
%%	输出%

通过 "%" 可以进行字符串的格式化，但是 "%" 经常会结合下面的操作辅助指令一起使用，如表 5-2 所示。

表 5-2 操作辅助符

辅 助 符 号	说 明
*	定义宽度或者小数点精度
−	用作左对齐
+	在正数前面显示加号（+）
0	显示的数字前面填充'0'而不是默认的空格
%	'%%'输出一个单一的'%'
(var)	映射变量（字典参数）
m.n.	m 是显示的最小总宽度，n 是小数点后的位数

5.2.1 格式化字符串符号的简单使用

下面一起通过对三个格式化字符串符号%s,%d,%f 的简单使用，来看看格式化字符串符号的用法。

【例 5-9】%s 字符串的简单使用。

```
string="hello"
#%s 打印时结果是 hello
print("string=%s" % string )          # output: string=hello
#%2s 意思是字符串长度为 2, 当原字符串的长度超过 2 时, 按原长度打印, 所以%2s 的打印结果还是 hello
print("string=%2s" % string )         # output: string=hello
#%7s 意思是字符串长度为 7, 当原字符串的长度小于 7 时, 在原字符串左侧补空格,
#所以%7s 的打印结果是  hello
print("string=%7s" % string )         # output: string=  hello
#%-7s 意思是字符串长度为 7, 当原字符串的长度小于 7 时, 在原字符串右侧补空格,
#所以%-7s 的打印结果是 hello
print("string=%-7s!" % string)        # output: string=hello !
#%.2s 意思是截取字符串的前两个字符, 所以%.2s 的打印结果是 he
print("string=%.2s" % string)         # output: string=he
```

程序运行结果如图 5-9 所示。

图 5-9 %s 使用结果

【例 5-10】%d 整数的简单使用。

```
num=14
#%d 打印时结果是 14
print("num=%d" % num )          # output: num=14
#%1d 意思是打印结果为 1 位整数, 当整数的位数超过 1 位时, 按整数原值打印, 所以%1d 的打印结果还是 14
print("num=%1d" % num )          # output: num=14
#%3d 意思是打印结果为 3 位整数, 当整数的位数不够 3 位时, 在整数左侧补空格, 所以%3d 的打印结果是  14
print("num=%3d" % num )          # output: num= 14
#%-3d 意思是打印结果为 3 位整数, 当整数的位数不够 3 位时, 在整数右侧补空格, 所以%-3d 的打印结果是 14_
print("num=%-3d" % num )          # output: num=14_
```

```
#%05d 意思是打印结果为 5 位整数,当整数的位数不够 5 位时,在整数左侧补 0,所以%05d 的打印结果是 00014
print("num=%05d" % num)          # output: num=00014
#%.3d 小数点后面的 3 意思是打印结果为 3 位整数,
#当整数的位数不够 3 位时,在整数左侧补 0,所以%.3d 的打印结果是 014
print("num=%.3d" % num )         # output: num=014
```

程序运行结果如图 5-10 所示。

【例 5-11】%f 浮点数的简单使用。

```
import math
#%a.bf,a 表示浮点数的打印长度,b 表示浮点数小数点后面的精度
#只是%f 时表示原值,默认是小数点后 5 位数
print("PI=%f" % math.pi)          # output: PI=3.141593
#只是%9f 时,表示打印长度为 9 位数,小数点也占一位,不够左侧补空格
print("PI=%9f" % math.pi)         # output: PI=_3.141593
#只有.没有后面的数字时,表示去掉小数输出整数,03 表示不够 3 位数左侧补 0
print("PI=%03.f" % math.pi )      # output: PI=003
#%6.3f 表示小数点后面精确到 3 位,总长度 6 位数,包括小数点,不够左侧补空格
print("PI=%6.3f" % math.pi)       # output: PI=_3.142
#%-6.3f 表示小数点后面精确到 3 位,总长度 6 位数,包括小数点,不够右侧补空格
print("PI=%-6.3f" % math.pi)      # output: PI=3.142_
```

程序运行结果如图 5-11 所示。

图 5-10　%d 使用结果

图 5-11　%f 使用结果

5.2.2　字符宽度和精度

字符宽度：转换后的值所保留的最小字符个数。

精度：对于数字转换来说，结果中应包含的小数位数；对于字符串转换来说，转换后的值所能包含的最大字符个数。

表示格式：字符宽度、精度，若给出精度，则必须包含点号。

【例 5-12】指定宽度。

```
students = [{"name":"Wilber", "age":27}, {"name":"Will", "age":28}, {"name":"June", "age":27}]
print("name: %10s, age: %10d" %(students[0]["name"], students[0]["age"]))
print("name: %-10s, age: %-10d" %(students[1]["name"], students[1]["age"]))
print("name: %*s, age: %0*d" %(10, students[2]["name"], 10, students[2]["age"]))
```

程序运行结果如图 5-12 所示。

【例 5-13】浮点数精度。

```
print('{:.4f}'.format(3.1415926))
print('{:0>10.4f}'.format(3.1415926))
```

程序运行结果如图 5-13 所示。

图 5-12　指定宽度结果

图 5-13　浮点数精度结果

5.2.3 对齐和用 0 填充

字符串对齐有多种方法，这里介绍两种方法。

第一种：字符^、<、>分别是居中、左对齐、右对齐，后面带宽度。

【例 5-14】 使用字符^、<、>进行数据的对齐。

```
print('{:>8}'.format('3.14'))
print('{:<8}'.format('3.14'))
print('{:^8}'.format('3.14'))
```

程序运行结果如图 5-14 所示。

第二种：在 Python 中打印字符串时可以调用 ljust（左对齐）、rjust（右对齐）和 center（中间对齐）来输出整齐美观的字符串。

如果希望字符串的长度固定，给定的字符串又不够长度，可以通过 rjust、ljust 和 center 三个方法来给字符串补全空格。rjust 为向右对齐，在左边补空格；ljust 为向左对齐，在右边补空格；center 为让字符串居中，在左右补空格。

【例 5-15】调用 ljust()、rjust()、center() 函数进行数据的对齐。

```
print("3.14".rjust(10))
print("3.14".ljust(10))
print("3.14".center(10))
```

程序运行结果如图 5-15 所示。

图 5-14 使用字符^、<、>对齐结果

图 5-15 调用函数对齐结果

同样，用 0 填充也有多种方法，下面介绍两种。

第一种，使用:号后面带填充的字符，只能是一个字符，若无指定则默认是用空格填充。

【例 5-16】使用:号进行 0 填充。

```
print('{:0>8}'.format('3.14'))
print('{:0>20}'.format('3.14'))
```

程序运行结果如图 5-16 所示。

第二种：zfill() 方法返回指定长度的字符串，原字符串右对齐，前面填充 0。

zfill() 方法语法：str.zfill(width)。参数 width 指定字符串的长度。原字符串右对齐，前面填充 0。返回指定长度的字符串。

【例 5-17】使用 zfill() 函数进行 0 填充。

```
str = "3.14"
print(str.zfill(8))
print(str.zfill(20))
```

程序运行结果如图 5-17 所示。

图 5-16 使用:号进行 0 填充结果

图 5-17 使用函数进行 0 填充结果

5.3 运算符

运算符包括算术运算符、赋值运算符、比较运算符、逻辑运算符、按位运算符、成员运算符和身份运算符。

5.3.1 算术运算符

算术运算符包括加、减、乘、除、取余、取整、幂运算。Python 常见的算术运算符见表 5-3。

表 5-3 算术运算符

运 算 符	说 明
+	两个对象相加
–	得到负数或是一个数减去另一个数
*	两个数相乘或是返回一个被重复若干次的字符串
/	x 除以 y
%	返回除法的余数
**	返回 x 的 y 次幂
//	返回商的整数部分（向下取整）

【例 5-18】算术运算符及表达式举例。

```
a = 21
b = 10
c = 0
c = a + b
print ("1 - c 的值为: ", c)
c = a - b
print ("2 - c 的值为: ", c )
c = a * b
print("3 - c 的值为: ", c )
c = a / b
print("4 - c 的值为: ", c )
c = a % b
print("5 - c 的值为: ", c)
a = 2          # 修改变量 a 、b 、c
b = 3
c = a**b
print("6 - c 的值为: ", c)
a = 10
b = 5
c = a//b
print("7 - c 的值为: ", c)
```

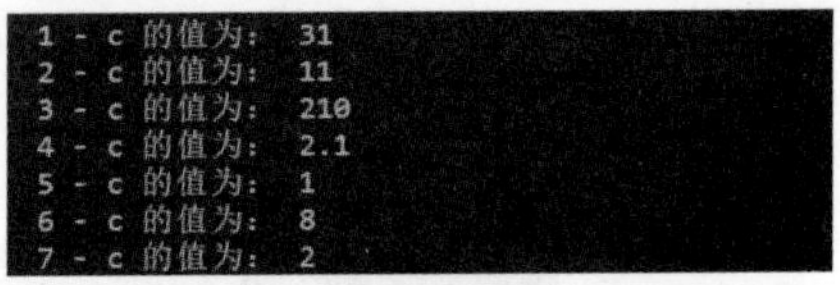

```
1 - c 的值为:   31
2 - c 的值为:   11
3 - c 的值为:   210
4 - c 的值为:   2.1
5 - c 的值为:   1
6 - c 的值为:   8
7 - c 的值为:   2
```

图 5-18 算术运算符举例结果

程序运行结果如图 5-18 所示。

5.3.2 赋值运算符

赋值运算符除了一般的赋值运算符（=）外，还包括+=、–=、*=、/=等。Python 常见的赋值运算符见表 5-4。

表 5-4 赋值运算符

运 算 符	说 明	实 例
=	简单的赋值运算符	c = a + b，将 a + b 的运算结果赋值为 c
+=	加法赋值运算符	c += a 等效于 c = c + a
-=	减法赋值运算符	c -= a 等效于 c = c - a
*=	乘法赋值运算符	c *= a 等效于 c = c * a
/=	除法赋值运算符	c /= a 等效于 c = c / a
%=	取模赋值运算符	c %= a 等效于 c = c % a
**=	幂赋值运算符	c **= a 等效于 c = c ** a
//=	取整除赋值运算符	c //= a 等效于 c = c // a

【例 5-19】赋值运算符及表达式举例。

```
a = 21
b = 10
c = 0
c = a + b
print("1 - c 的值为: ", c)
c += a
print("2 - c 的值为: ", c )
c *= a
print("3 - c 的值为: ", c )
c /= a
print("4 - c 的值为: ", c )
c = 2
c %= a
print("5 - c 的值为: ", c)
c **= a
print("6 - c 的值为: ", c)
c //= a
print("7 - c 的值为: ", c)
```

程序运行结果如图 5-19 所示。

```
1 - c 的值为:   31
2 - c 的值为:   52
3 - c 的值为:   1092
4 - c 的值为:   52.0
5 - c 的值为:   2
6 - c 的值为:   2097152
7 - c 的值为:   99864
```

图 5-19 赋值运算符举例结果

5.3.3 比较运算符

比较运算符有==、!=、>、<、>=、<=。比较运算符可以对两个数据进行比较。Python 常见的比较运算符见表 5-5（其中，a = 2，b = 3）。

表 5-5 比较运算符

运 算 符	说 明	举 例
==	比较对象是否相等	(a == b) 返回 False
!=	比较两个对象是否不相等	(a != b) 返回 True
>	比较 x 是否大于 y	(a > b) 返回 False
<	比较 x 是否小于 y	(a < b) 返回 True

运 算 符	说 明	举 例
>=	比较 x 是否大于等于 y	（a >= b）返回 False
<=	比较 x 是否小于等于 y	（a <= b）返回 True

【例 5-20】比较运算符及表达式举例。

```
a = 21
b = 10
c = 0
if a == b :
    print ("1 - a 等于 b")
else:
    print ("1 - a 不等于 b")
if a != b :
    print ("2 - a 不等于 b")
else:
    print ("2 - a 等于 b")
if a < b :
    print ("3 - a 小于 b" )
else:
    print ("3 - a 大于等于 b")
if a > b :
    print ("4 - a 大于 b")
else:
    print ("4 - a 小于等于 b")
a = 5          # 修改变量 a 和 b 的值
b = 20
if a <= b :
    print ("5 - a 小于等于 b")
else:
    print ("5 - a 大于  b")
if b >= a :
    print ("6 - b 大于等于 a")
else:
    print ("6 - b 小于 a")
```

程序运行结果如图 5-20 所示。

```
1 - a 不等于 b
2 - a 不等于 b
3 - a 大于等于 b
4 - a 大于 b
5 - a 小于等于 b
6 - b 大于等于 a
```

图 5-20 比较运算符举例结果

5.3.4 逻辑运算符

逻辑运算符有 and、or 和 not。逻辑运算符可以对两个数据逻辑运算。Python 的逻辑运算符见表 5-6（其中，a=10，b=10）。

表 5-6 逻辑运算符

运 算 符	说 明	举 例
and	如果 x 为 False，x and y 返回 False，否则返回 y 的计算值	（a and b）返回 20
or	如果 x 是非 0，返回 x 的值，否则返回 y 的计算值	（a or b）返回 10
not	如果 x 为 True，返回 False。如果 x 为 False，返回 True	not（a and b）返回 False

【例 5-21】逻辑运算符及表达式举例。

```
a = 10
b = 20
if  a and b :
   print( "1 - 变量 a 和 b 都为 true")
else:
   print ("1 - 变量 a 和 b 有一个不为 true")
if  a or b :
   print("2 - 变量 a 和 b 都为 true,或其中一个变量为 true")
else:
   print("2 - 变量 a 和 b 都不为 true")
a = 0      # 修改变量 a 的值
if  a and b :
   print("3 - 变量 a 和 b 都为 true")
else:
   print("3 - 变量 a 和 b 有一个不为 true")
if  a or b :
   print("4 - 变量 a 和 b 都为 true,或其中一个变量为 true")
else:
   print("4 - 变量 a 和 b 都不为 true")
if not( a and b ):
   print("5 - 变量 a 和 b 都为 false,或其中一个变量为 false")
else:
   print("5 - 变量 a 和 b 都为 true")
```

程序运行结果如图 5-21 所示。

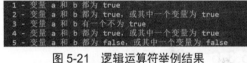

图 5-21　逻辑运算符举例结果

5.3.5　按位运算符

按位运算符是把数字看作二进制来进行计算的。

Python 的按位运算符见表 5-7。表 5-7 中变量 a 为 60，b 为 13，二进制格式如下。

```
a = 0011 1100
b = 0000 1101
a&b = 0000 1100
a|b = 0011 1101
a^b = 0011 0001
 ~a  = 1100 0011
```

表 5-7　按位运算符

运　算　符	说　　明	举　　例
&	参与运算的两个值，如果两个相应位都为 1，则该位的结果为 1，否则为 0	（a & b）输出结果 12，二进制：0000 1100
|	只要对应的两个二进制位有一个为 1 时，结果位就为 1	（a | b）输出结果 61，二进制：0011 1101
^	当两个对应的二进制位相异时，结果为 1	（a ^ b）输出结果 49 ，二进制：0011 0001
~	对数据的每个二进制位取反，即把 1 变为 0，把 0 变为 1。~x 类似于 ~x-1	（~a）输出结果-61，二进制：1100 0011

续表

运 算 符	说 明	举 例
<<	左移动运算符：运算数的各二进制位全部左移若干位，由 <<右边的数字指定了移动的位数，高位丢弃，低位补 0	a << 2 输出结果 240，二进制：1111 0000
>>	右移动运算符：把">>"左边的运算数的各二进制位全部右移若干位，>>右边的数字指定了移动的位数	a >> 2 输出结果 15，二进制：0000 1111

【例 5-22】按位运算符及表达式举例。

```
a = 60              # 60 = 0011 1100
b = 13              # 13 = 0000 1101
c = 0
c = a & b;          # 12 = 0000 1100
print("1 - c 的值为: ", c)
c = a | b;          # 61 = 0011 1101
print("2 - c 的值为: ", c)
c = a ^ b;          # 49 = 0011 0001
print("3 - c 的值为: ", c)
c = ~a;             # -61 = 1100 0011
print("4 - c 的值为: ", c)
c = a << 2;         # 240 = 1111 0000
print("5 - c 的值为: ", c)
c = a >> 2;         # 15 = 0000 1111
print("6 - c 的值为: ", c)
```

程序运行结果如图 5-22 所示。

```
1 - c 的值为:   12
2 - c 的值为:   61
3 - c 的值为:   49
4 - c 的值为:   -61
5 - c 的值为:   240
6 - c 的值为:   15
```

图 5-22 按位运算符举例结果

5.3.6 成员运算符

成员运算符有 in 和 not in，它们可以确定一个值是否是另一个值的成员。Python 的成员运算符见表 5-8。

表 5-8 成员运算符

运 算 符	说 明	举 例
in	如果在指定的序列中找到值返回 True，否则返回 False	x in y，如果 x 在 y 序列中返回 True
not in	如果在指定的序列中没有找到值返回 True，否则返回 False	x not in y，如果 x 不在 y 序列中返回 True

【例 5-23】成员运算符及表达式举例。

```
a = 10
b = 20
list = [1, 2, 3, 4, 5 ];
if ( a in list ):
   print("1 - 变量 a 在给定的列表中 list 中")
else:
   print("1 - 变量 a 不在给定的列表中 list 中")
if ( b not in list ):
   print("2 - 变量 b 不在给定的列表中 list 中")
else:
   print("2 - 变量 b 在给定的列表中 list 中")
a = 2     # 修改变量 a 的值
if (a in list ):
```

```
    print("3 - 变量 a 在给定的列表中 list 中")
else:
    print("3 - 变量 a 不在给定的列表中 list 中")
```

程序运行结果如图 5-23 所示。

```
1 - 变量 a 不在给定的列表中 list 中
2 - 变量 b 不在给定的列表中 list 中
3 - 变量 a 在给定的列表中 list 中
```

图 5-23　成员运算符举例结果

5.3.7　身份运算符

身份运算符有 is 和 is not。Python 的身份运算符见表 5-9。

表 5-9　身份运算符

运　算　符	说　　　明	举　　　例
is	判断两个标识符是不是引用自一个对象	x is y，类似 id(x)== id(y)，如果引用的是同一个对象则返回 True，否则返回 False
is not	判断两个标识符是不是引用自不同对象	x is not y，类似 id(x)!= id(y)。如果引用的不是同一个对象则返回结果 True，否则返回 False

【例 5-24】身份运算符及表达式举例。

```
a = 20
b = 20
if ( a is b ):
    print("1 - a 和 b 有相同的标识")
else:
    print("1 - a 和 b 没有相同的标识")
if ( a is not b ):
    print("2 - a 和 b 没有相同的标识")
else:
    print("2 - a 和 b 有相同的标识")
b = 30          # 修改变量 b 的值
if ( a is b ):
    print("3 - a 和 b 有相同的标识")
else:
    print("3 - a 和 b 没有相同的标识")
if ( a is not b ):
    print("4 - a 和 b 没有相同的标识")
else:
    print("4 - a 和 b 有相同的标识")
```

程序运行结果如图 5-24 所示。

```
1 - a 和 b 有相同的标识
2 - a 和 b 有相同的标识
3 - a 和 b 没有相同的标识
4 - a 和 b 没有相同的标识
```

图 5-24　身份运算符举例结果

5.3.8　Python 运算符优先级

Python 有很多运算符，这些运算符的优先级顺序是什么样的呢？表 5-10 列出了从最高到最低优先级的

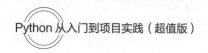

所有运算符。

表 5-10　Python 运算符优先级

运 算 符	说 明
**	指数（最高优先级）
~ + -	按位翻转、一元加号和减号（最后两个的方法名为 +@ 和 -@）
* / % //	乘、除、取模和取整除
+ -	加法、减法
>> <<	右移、左移运算符
&	位 'AND'
^ |	位运算符
<= < > >=	比较运算符
<> == !=	等于运算符
= %= /= //= -= += *= **=	赋值运算符
is is not	身份运算符
in not in	成员运算符
not and or	逻辑运算符

5.4　就业面试技巧与解析

在面试中，面试官问的问题基本上都是学过的知识，他们通常会换个方式进行提问，有的应聘者可能对这个问题感觉不是特别熟悉，但换个思路再去想想，豁然开朗。让我们来看一下下面是如何回答的吧。

5.4.1　面试技巧与解析（一）

面试官：如何用 Python 来进行查询和替换一个文本字符串？

应聘者：可以使用 sub() 方法来进行查询和替换。sub() 方法的格式为 sub(replacement,string[,count=0])，replacement 是被替换成的文本，string 是需要被替换的文本，count 是一个可选参数，指最大被替换的数量。

5.4.2　面试技巧与解析（二）

面试官：python 中"is"和"=="的区别？

应聘者：

（1）Python 中对象包含的三个基本要素分别是：id（身份标识）、type（数据类型）和 value（值）。

（2）== 比较的是 value 值。

（3）is 比较的是 id。

第 6 章

控制流程和控制语句

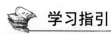 学习指引

Python 编程中对程序流程的控制主要是通过条件判断、循环控制语句及 continue、break 来完成的，其中，条件判断语句按预先设定的条件执行程序，包括 if 语句、if 嵌套语句等；而循环控制语句则可以重复完成任务，包括 while 语句和 for 语句。本章将重点学习 Python 中分支结构控制语句和循环控制语句的使用方法和技巧。

重点导读

- Python 程序的结构和流程图。
- 掌握分支结构的使用方法。
- 能熟练运用 if 语句的分支结构。
- 掌握程序循环控制语句结构。
- 熟练运用 for 语句和 while 语句实现循环结构控制。
- 能运用循环辅助语句完成程序的跳转。
- pass 语句。
- 程序的异常处理。

6.1　结构化程序设计

现实生活中的流程是多种多样的：如汽车在道路上行驶，要顺序地沿道路前进，碰到交叉路口时，驾驶员就需要判断是转弯还是直走；在环路上是继续前进，还是需要从一个出口出去，等等。

在编程世界中遇到这些状况时，要想改变程序的执行流程，就要用到流程控制和流程控制语句。

使用结构化程序设计有以下几个优点。

（1）自顶向下逐步求精的方法符合人类解决复杂问题的普遍规律，因此可以显著提高程序开发工程的成功率和生产率。

（2）用先全局后局部、先整体后细节、先抽象后具体的逐步求精过程开发出的程序有清晰的层次结构，

因此容易阅读和了解。

（3）控制结构有确定的逻辑模式，编写程序代码只限于使用很少几种直截了当的方式，因此源程序清晰流畅，易读易懂，而且容易测试。

（4）程序清晰和模块化使得修改和重新设计一个软件时可以重用的代码量最大化。

（5）程序的逻辑结构清晰，有利于程序正确性证明。

6.2　结构化的程序流程图

程序的运行顺序是通过执行程序流程控制语句实现的。在开发程序前，通常需要绘制出程序的运行流程图，通过流程图可以清晰地查看程序的执行过程。

程序流程图是用一系列图形、流程线和文字说明等方式，描述程序的基本操作和控制流程，流程图是对程序分析和过程描述的最基本方式。

6.2.1　程序流程图常用的基本元素

在绘制程序流程图的过程中，常用的流程图元素包括：起止框、判断框、处理框、输入/输出框、子程序框、流向线以及连接点等。合理规范地使用流程图的基本元素能增强流程图的易读性和流通性，如表 6-1 所示。

表 6-1　流程图常用基本元素

元 素 形 状	元 素 名 称	元 素 介 绍
⬭	起止框	程序的开始或结束都以此元素样式为准
▭	处理框	标识程序的一组处理过程、一个程序操作，也称之为一个程序节点
◇	判断框	遇到不同处理结果的情况下，采用此符号连接分支流程
▱	输入/输出框	标识数据的输入或者程序结果的输出
▯	子程序框	将流程中一部分有逻辑关系的节点合成一个子流程，方便主流频繁调用
→	流向线	用带箭头的直线或者曲线形式，标识程序的执行路径
●	连接点	用来将任意节点或多个流程图连接起来，构成一个大的流程图。常用于将大流程图分解为多个小流程图的连接工作
⌐ ---	注释框	在流程图中增加对语句、程序段的注释，使流程图更易懂

6.2.2　程序的流程图

在程序流程图中，不仅可以采用连接点将流程图分解为两个部分，还可以将程序流程中执行相同的程序功能块以子程序的形式调用，如图 6-1 所示。

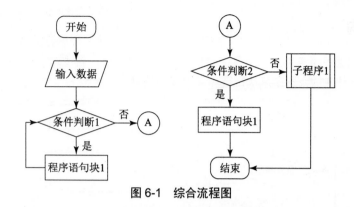

图 6-1 综合流程图

6.3 程序运行的三种基本结构

程序的运行可以理解是在执行一条一条程序语句。但是任何事情都会有不同的情况出现，就像去学校上课，不一定所有的同学都能走直线到达学校，需要选择不同的路径才能到达目的地。在 Python 中，顺序结构是程序的基础，但是单一地按照顺序结构执行程序是不能解决所有问题的，这就需要引入程序控制结构来引导程序按照需要的顺序执行。基本的处理流程包含三种结构，即顺序结构、分支结构和循环结构。为了便于理解和展示程序结构，下面分别采用流程图方式展示。

6.3.1 顺序结构

顺序结构就是程序按照线性顺序依次执行程序语句的一种程序运行方式。顺序结构是 Python 程序中最基本和最简单的运行流程的结构，如图 6-2 所示，它按照语句出现的先后顺序依次执行，首先执行语句 1，之后再执行语句 2，依次逐条执行。

6.3.2 选择分支结构

分支结构是程序根据给定的逻辑条件的不同结果而选择不同路径执行的运行方式，常见的有单向分支和双向分支。当然，单、双分支结构也会组合形成多分支结构。但程序在执行过程中都只执行其中一条分支。单向分支和双向分支结构如图 6-3 所示。

图 6-2 顺序流程图

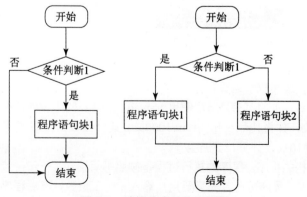

图 6-3 选择分支结构流程图

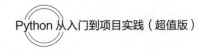

6.3.3　循环结构

循环结构即程序根据逻辑条件来判断是否重复执行某一段程序，若逻辑条件成立，则进入循环重复执行某段程序；若逻辑条件为假，则结束执行循环某段程序的操作，执行后面的程序语句，如图 6-4 所示。

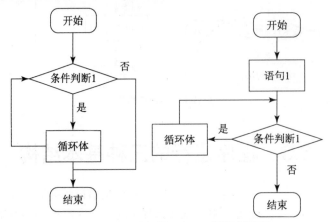

图 6-4　while 语句循环与 for 语句循环图

6.4　顺序结构程序举例

对于顺序结构而言，程序是按照语句出现的先后顺序依次执行的，下面几个例子对形成清晰的编程思路是有帮助的。

【例 6-1】输入一个三位数整数 n，输出其逆序数 m，例如，输入 n=123，输出 m=321。

```python
n=int(input("请输入一个数："))
a=n%10                          #求个位数
b=n//10%10                      #求十位数
c=n//100                        #求百位数
m=a*100+b*10+c                  #求逆序数
print("逆序数是：",m)
```

程序运行结果如图 6-5 所示。

```
请输入一个数：123
逆序数是： 321
```

图 6-5　逆序数结果

其运行的流程图如图 6-6 所示。

用户输入一个三位数，运用取余运算符"%"和整除运算符"//"实现。例如，使用 n%10 取出 n 的个位数，并将其存入 a，使用 n=n//10 去掉 n 的个位数，再用 n%10 取出原来的 n 的十位，并将其存入 b，用 n//100 取出百位数，并将其存入 c，然后使用 m=a*100+b*10+c，计算出逆序数。

该程序是一个顺序结构的程序，程序的执行过程是按照书写语句，一步一步地按顺序执行，直至程序结束。程序运行首先需要用户输入一个三位数，然后程序开始执行逆序数的计算，最后将运算结果输出。

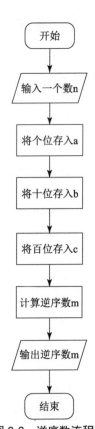

图 6-6　逆序数流程图

【**例 6-2**】已知一个圆柱体的底面半径与高，求圆柱体的体积。

```
a=int(input("请输入底面半径: "))
b=int(input("请输入高: "))
s=3.14*a*a*b
print('圆柱体的体积是: ',s)
```

程序运行结果如图 6-7 所示。

```
请输入底面半径: 2
请输入高: 3
圆柱体的体积是:  37.68
```

图 6-7　圆柱体体积结果

其运行的流程图如图 6-8 所示。

程序在运行的时候，是按照顺序执行的，先接收两个值，分别作为圆柱体的底面半径和高，传给 a 和 b，然后利用圆柱体体积公式，求出圆柱体的体积 s，然后输出圆柱体的体积 s。

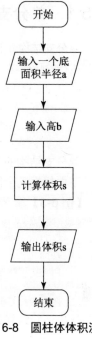

图 6-8　圆柱体体积流程图

6.5　分支结构程序举例

计算机要处理的问题往往是复杂多变的，仅采用顺序结构是不够的，还需要利用分支结构来解决实际应用中的各种问题。在 Python 中可以通过 if、elif、else 等条件判断语句来实现单分支、双分支和多分支等分支结构。

使用分支结构需要注意以下问题。

（1）每个条件后面要使用冒号（:），表示接下来是满足条件后要执行的语句块。

（2）使用缩进来划分语句块，相同缩进数的语句在一起组成一个语句块。

（3）单分支结构 if 语句，也可以并列使用多条 if 语句实现对不同条件的判断。

（4）在 Python 中没有 switch…case 语句。

if 语句的语句块只有在条件表达式的结果的布尔值为真时才执行，否则将跳过语句块执行该代码块后面的语句。

if 语句中条件部分可以使用任何能够产生 True 或 False 的语句形成判断条件，最常见的方式是采用关系操作符，Python 语言共有 6 个关系操作符。表 6-2 为 if 中常用的关系操作运算符。

表 6-2　Python 的关系操作符

操　作　符	数　学　符　号	操作符含义
<	<	小于
<=	≤	小于或等于
>	>	大于
>=	>	大于或等于
==	=	等于，比较对象是否相等
!=	≠	不等于

注意： 在 Python 中使用单等号"="表示赋值语句，而使用双等号"=="表示等于，要注意区分。

6.5.1 单分支结构

单分支结构 if 语句主要由三部分组成：关键字 if，用于判断结构真假的条件判断表达式，以及当表达式为真时执行的代码块。if 语句就是对语句中不同条件的值进行判断，进而根据不同的条件执行不同的分支语句。

在 Python 中 if 语句的语法格式如下：

```
单分支判断
    if  条件：
        条件满足时,执行语句…
```

单分支结构的流程图如图 6-9 所示。

下面根据几个简单的小例子，来进一步了解一下单分支结构。

【例 6-3】输入两个数 a 和 b，比较它们的大小，输出其中的较大数。a 与 b 不能相同。

```
a=int(input("请输入一个数 a: "))
b=int(input("请输入另一个数 b: "))
if a>b:
    print("较大数是 a:",a)
if a<b:
    print("较大数是 b:",b)
```

程序运行结果如图 6-10 所示。

其运行的流程图如图 6-11 所示。

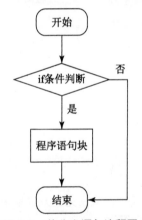

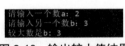

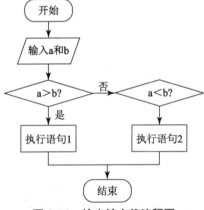

图 6-9　单分支语句流程图　　　　图 6-10　输出较大值结果　　　图 6-11　输出较大值流程图

该程序是一个 if 单分支结构的程序，在执行过程中会按照键盘输入两个不同值的大小，选择不同的语句执行。这是一个简单的二段式的单支判断。

下面再来看看另一个简单的小例子。

【例 6-4】　输入一个学生的成绩，判断其是否及格，判断标准是，如果输入的成绩大于等于 60，则属于及格，否则为不及格。使用双分支结构实现。

```
score=int(input("请输入一个学生的成绩: "))
if score>=60:
    print("恭喜你,你及格了")
if score<60:
    print("很遗憾,你不及格")
```

程序运行结果如图 6-12 所示。

有兴趣的读者，可以试试画出上面例子中程序的流程图。

图 6-12 输出成绩结果

6.5.2 双分支结构

双分支结构是有两个分支，如果条件成立，执行分支 1 语句，否则执行分支 2 语句，分支 1 语句和分支 2 语句都可以由一条或多条语句构成。在 Python 中 if…else 语句用来构成双分支结构，语法格式如下：

```
双分支判断
    if  条件：
        条件满足时,执行语句…
    else：
        条件不满足时,执行语句…
```

双分支结构的流程图如图 6-13 所示。

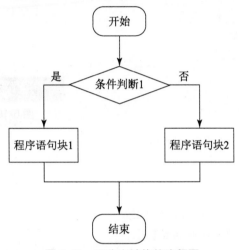

图 6-13 双分支结构的流程图

下面根据两个简单的小例子，来进一步了解一下双分支结构。

【例 6-5】 输入一个数，如果输入的数比 10 大，则输出该数。如果输入的数比 10 小，则输出 10。

```
a=int(input("请输入一个数："))
if a>=10:
    print("你输入的数比 10 大：",a)
else:
    print("你输入的数比 10 小：",10)
```

程序运行结果如图 6-14 所示。

图 6-14 比较结果

其运行的流程图如图 6-15 所示。

该程序是一个 if…else 语句的双分支结构的程序，在执行过程中会判定输入的数与 10 的大小比较结果，而选择不同的分支语句执行。

【例 6-6】 输入一个学生的成绩，判断其是否及格，判断标准是：如果输入的成绩大于等于 60，则属于及格，否则为不及格。使用双分支结构实现。

```
score=int(input("请输入一个学生的成绩："))
```

```
if score>=60:
    print("恭喜你,你及格了")
else:
    print("很遗憾,你不及格")
```

程序运行结果如图 6-16 所示。

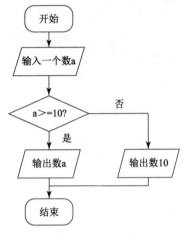

图 6-15　与 10 比较的流程图

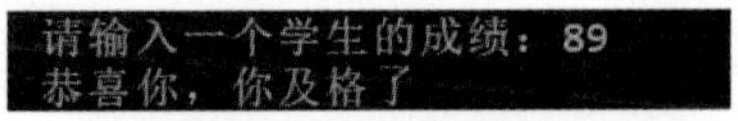

请输入一个学生的成绩：89
恭喜你，你及格了

图 6-16　输出成绩结果

有兴趣的读者，可以试试画出上面例子中程序的流程图。

6.5.3　多分支结构

双分支结构只能根据条件表达式的真或假决定处理两个分支中的一个。当实际处理的问题有多种条件时，就需要用到多分支结构。在 Python 中用 if…elif…else 描述多分支结构，语句格式如下：

```
多分支判断:
    if  条件:
        条件满足时,执行语句…
    elif 条件:
        条件满足时,执行语句…
    else:
        以上条件都不满足时,执行语句…
```

多分支结构的流程图如图 6-17 所示。

下面根据两个简单的小例子，来进一步了解一下双分支结构。

【例 6-7】输入狗的年龄，求其对应的人类年龄，其对应关系为，当狗的年龄是 1 岁时，对应人类 14 岁，当狗的年龄是 2 岁时，对应人类 22 岁，当狗的年龄大于 2 岁时，每增加 1 岁，对应人类的年龄就增加 5 岁。

```
age = int(input("请输入你家狗的年龄: "))
print("")
if age ==1:
```

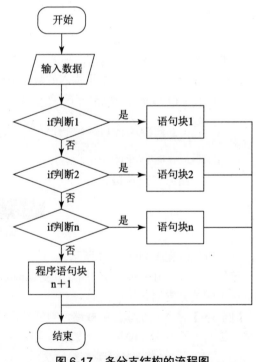

图 6-17　多分支结构的流程图

```
    print("相当于 14 岁的人。")
elif age ==2:
    print("相当于 22 岁的人。")
elif age >2:
    human =22+(age -2)*5
print("对应人类年龄: ", human)
```

程序运行结果如图 6-18 所示。

请输入你家狗的年龄: 4

对应人类年龄: 32

图 6-18　狗对应的年龄结果

其运行的流程图如图 6-19 所示。

下面再看看另一个例子。

【例 6-8】输入一个学生的成绩,判断其成绩的级别,判断标准是:如果输入的成绩小于 60,则属于不及格;输入的成绩大于等于 60,小于 70,则属于及格;输入的成绩大于等于 70,小于 80,则属于中等;输入的成绩大于等于 80,小于 90,则属于良好;输入的成绩大于等于 90,小于等于 100,则属于优秀。使用多分支结构实现。

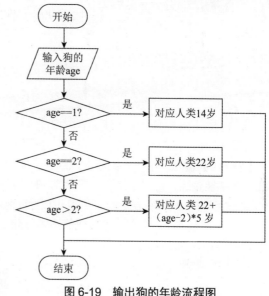

图 6-19　输出狗的年龄流程图

```
score = int(input("请输入学生成绩: "))
print("")
if score<60:
    print("不及格!")
elif 60<=score<70:
    print("及格。")
elif 70<=score<80:
    print("中等。")
elif 80<=score<90:
    print("良好。")
else:
        print("优秀! ")
```

程序运行结果如图 6-20 所示。

请输入学生成绩: 78

中等。

图 6-20　成绩等级结果

在使用多分支结构时要注意以下问题。

(1) 无论有多少个分支,程序执行了一个分支后,其余分支不再执行。

(2) elif 不能写成 elseif。

(3) 当多分支中有多个表达式同时满足时,则只执行第一个与之匹配的语句块。因此,要注意多分支中表达式的书写次序,防止某些值的过滤。

多分支结构是二分支结构的扩展,这种形式通常用于设置同一个判断条件的多条执行路径。Python 测试条件的顺序为条件表达式 1、条件表达式 2、……一旦遇到某个条件表达式为真的情况,则执行该条件下的语句块,然后跳出分支结构。如果没有条件为真,则执行 else 下面的语句块。语句的作用是根据表达式的值确定执行哪个语句块。

6.5.4　if 语句嵌套结构

在嵌套 if 语句中，可以把 if…elif…else 结构放在另外一个 if…elif…else 结构中。语法格式如下：

```
每一个 "执行语句…" 位置，都可以再次写判断语句
        if   条件1:
            if 条件2:
                条件满足时,执行语句…
    else:

                条件不满足时,执行语句…
        else:
            if 条件2:
                条件满足时,执行语句…
    else:
            条件不满足时,执行语句…
```

下面根据一个简单的小例子，来进一步了解一下 if 语句嵌套结构。

【例 6-9】输入一个数，判断输入的数字能否整除 2 或 3，并给出运算结果。程序首先判断数值能否整除 2，如果能整除，再判断是否能整除 3，如二次判断均成立则给出该数能同时整除 2 和 3 并输出提示，否则仅给出能整除 2 的输出提示。当第一个判断整除 2 不成立时，则判断是否能整除 3，如判断成立则说明能整除 3 不能整除 2，否则给出该数值不能整除 2 和 3。

```
num=int(input("输入一个数字: "))
if num%2==0:
    if num%3==0:
        print("你输入的数字可以整除 2 和 3")
    else:
        print("你输入的数字可以整除 2,但不能整除 3")
else:
    if num%3==0:
        print("你输入的数字可以整除 3,但不能整除 2")
    else:
        print("你输入的数字不能整除 2 和 3")
```

程序运行结果如图 6-21 所示。

```
输入一个数字: 6
你输入的数字可以整除 2 和 3
```

图 6-21　整除结果

6.5.5　多重条件判断

在 Python 编程中，经常会遇到多重条件比较的情况。在多重条件比较时，需要用到 and 或者 or 运算符。注意以下问题。

（1）and——A and B：表示 A 和 B 两个条件必须同时满足才可以执行。

（2）or——A or B：表示 A 或 B，两个条件只要满足其中的任意一个，就可以执行。

下面根据一个简单的小例子，来进一步了解一下多重条件判断结构。

【例 6-10】输入一个年龄，根据年龄段来判断要办什么样的卡。青年卡或老年卡标准是 18 岁及以下或 60 岁以上。其他年龄是中年卡，本例要实现输入一个年龄值，首先判断是否是有效年龄，然后再判断该年龄要办什么样的卡。

```
age=int(input("请输入您的年龄: "))
if age <=1 and age >=100:
```

```
    print("请你重新输入年龄！")
if age >=60 or age<=18:
    print ("老年卡或青年卡")
else:
    print("中年卡")
```

程序运行结果如图 6-22 所示。

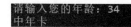

请输入您的年龄：34
中年卡

图 6-22 判断结果

6.6 循环结构程序举例

循环语句主要就是在满足条件的情况下反复执行某一个操作。根据循环执行次数的确定性，循环可以分为确定次数循环和不确定次数循环。确定次数循环指循环体对循环次数有明确的定义，循环次数限制采用遍历结构中元素个数来体现，也称有限循环，在 Python 中称之为遍历循环（for 语句）；不确定次数循环被称为无限循环，在 Python 中用 while 语句实现。

6.6.1 while 循环结构

while 循环判断比较简单，当条件判断为 True 时，循环体就会去重复执行语句块中的语句；当条件判断为 False 时，则终止循环语句的执行，同时去执行与 while 同级别的后续语句。其格式如下：

```
while  <循环条件>：
<语句块>语句块
```

下面通过一个例子来看看 while 循环。

【例 6-11】 输入一个运算数，然后将这个数乘以 2，循环 5 次。

```
a=5
b=int(input("请输入一个数："))
while a>0:
    b=b*2
    print("b 的值是：",b)
    a=a-1
print("程序结束")
```

程序运行结果如图 6-23 所示。

请输入一个数：1
b的值是：2
b的值是：4
b的值是：8
b的值是：16
b的值是：32
程序结束

图 6-23 循环 5 次结果

其运行的流程图如图 6-24 所示。

在 while 中使用 else 语句，其格式如下：

```
while  <循环条件>：
<语句块 1>
else:
```

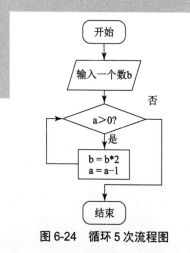

图 6-24 循环 5 次流程图

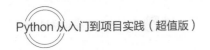

```
<语句块2>
```

【例6-12】输入一个小于5的数，每次加1，直到其不小于5为止。

```
a=int(input("请输入一个数："))
while a<5:
    print(a,"小于5")
    a=a+1
else:
    print(a,"不小于5")
```

程序运行结果如图6-25所示。

图6-25　程序执行结果

6.6.2　for 循环结构

for 语句通常由两部分组成，一是条件控制部分，二是循环部分。for 语句语法格式如下所示。

```
for <循环变量> in <遍历结构>:
    语句块1
else:
    语句块2
```

其中，"循环变量"是一个变量名称，"遍历结构"则是一个列表。在 Python 中 for 语句之所以称为"遍历循环"，是因为 for 语句执行的次数是由"遍历结构"中元素的个数决定的。遍历循环就是依次从"遍历结构"中取出元素，置入循环变量中，并执行对应的语句块。"遍历结构"可以是字符串、文件、组合数据类型或 range()函数。else 语句只在循环正常执行并结束时才执行。else 语句通常是被省略的。

【例6-13】定义一个字符串，然后使用 for 语句遍历字符串。

```
a = ['1', '2', '3']
for index in range(len(a)):
    print ('当前数字是：', a[index])
```

程序运行结果如图6-26所示。

当前数字是：1
当前数字是：2
当前数字是：3

图6-26　循环遍历结果

【例6-14】定义一个链表，将链表里面的数字按大小顺序从小到大输出。

```
# 冒泡排序
# 定义列表 list
arays = [1,2,6,8,3,9,4]
for i in range(len(arays)):
    for j in range(i+1):
        if arays[i] < arays[j]:
            arays[i],arays[j] = arays[j],arays[i]    #实现两个变量的互换
print (arays)
```

程序运行结果如图6-27所示。

图 6-27 排序结果

6.6.3 break 和 continue 语句

在程序运行过程中，根据程序的目的，有时需要程序在满足另一个特定条件时跳出本次循环，或者跳出本次循环去执行另外的循环。在 Python 中要实现循环的自由转场就要用到两个辅助保留字：break 和 continue，它们用来辅助控制循环。

break 语句可以在循环过程中直接退出循环，而 continue 语句可以提前结束本轮循环，并直接开始下一轮循环。这两个语句通常都必须配合 if 语句使用。

要特别注意，不要滥用 break 和 continue 语句。break 和 continue 会造成代码执行逻辑分叉过多，容易出错。大多数循环并不需要用到 break 和 continue 语句，都可以通过改写循环条件或者修改循环逻辑，去掉 break 和 continue 语句。

有些时候，如果代码写得有问题，会让程序陷入"死循环"，也就是永远循环下去。这时可以按 Ctrl+C 组合键退出程序，或者强制结束 Python 进程。

1. break 语句

【例 6-15】在银行取钱的时候，经常看见输入密码只有三次机会，如果三次密码都输错了，那么就输入不了了。我们都知道，这是通过循环来判断账号与密码是否匹配，如果输入了对的密码，将使用 break 跳出循环。break 语句可以在循环过程中直接退出循环。

```
username = 'a'
password = '123'
i = 0
while i < 3:
    name = input('请输入用户名: ')
    pwd = input('请输入密码: ')
    if name == username and pwd == password:
        print('登录成功')
        Break
    else:
        print('用户名或密码错误')
        i += 1
```

程序运行结果如图 6-28 所示。

```
请输入用户名：a
请输入密码: 123
登陆成功
```
图 6-28 登录账号结果

2. continue 语句

continue 语句可以提前结束本轮循环，并直接开始下一轮循环。

【例 6-16】在数字匹配游戏中，可以清晰地感受到 break 与 continue 的不同，当匹配的数字是 4 时，在结束循环时，输出的是数字 5。

```
List=["1","2","3","4","5"]
for a in List:
    if a=="4":
        print("找到数字! ")
        continue
```

```
print(a)
```
程序运行结果如图 6-29 所示。

图 6-29　字符匹配结果

6.7　pass 语句

pass 是空语句，主要为了保持程序结构的完整性。pass 不做任何事情，一般用作占位语句。在程序开发过程中，如果某个区块并不想执行任何程序语句，以后或许会再编写什么程序语句，就可以在这里先放置一个 pass 来占个位。

【例 6-17】for 和 pass 语句配合使用。

```
for a in '努力学习':
    if a == '学':
        pass
        print ('执行 pass 语句')
    print ('当前输出是:', a)
```
程序运行结果如图 6-30 所示。

图 6-30　pass 语句结果

6.8　程序的异常处理

程序的异常处理的写法和处理方式有以下三种。

（1）最简单最直接的处理方式：假定在写代码的时候，有时怕程序会出问题，就会在可能出问题的地方用上 try exception 来捕获程序出现的错误。

```
try:
    a = 1/0
except Exception,e:
    print e
```

（2）在其中加个判断：在写一段程序的时候，想如果有异常就输出异常，如果没异常就继续执行下面的语句该怎么做呢？就要用到 try exception else。例如：

```
try:
    a = 1/2
except Exception,e:
    print e
else:
    print 'success'
```

输出的结果是 success，因为上面的 a = 1/2 没有报错，它会执行 else 后面的语句，就像 Python 控制语句的 if…else。如果上面的程序有异常就执行 except 后面的语句，输出异常；如果没有异常的话，就会执行

else 后面的语句。

（3）不管有没有异常都要执行：这个情况主要是如果你要操作什么东西，例如文件或者网络等，不管它是否发生异常最后都要关闭资源，例如关闭文件等。

```
try:
    f = file('1.txt','w')
    f.write('fefe')
except Exception,e:
    print e
finally:
    f.close()
```

上面假设在打开文件或者写内容的时候出错的话，会执行 print e，接着会执行 f.close()关闭文件，其实不一定是有异常才会执行 finally 后面的方法，就算语句没有出现异常的话，也会执行 finally 后面的语句。

6.9 就业面试技巧与解析

面试技巧指的是在面试时候的技巧。面试是你能够得到一份工作的关键。内容包括面试前的准备工作、面试当中应该注意的问题、在面试中如何回答面试管的问题，以及如何在面试中推销自己等。

面试是一个短时交流的过程，这个过程中包含首因效应的管理，晕轮效应的管理，如何做好面试管理对求职者至关重要。下面来了解一下在面试中如何简洁地回答面试官的问题。

6.9.1 面试技巧与解析（一）

面试官：Python 中 pass 语句的作用是什么？

应聘者：

（1）pass 语句什么也不做，一般作为占位符或者创建占位程序，pass 语句不会执行任何操作。

（2）pass 通常用来创建一个最简单的类。

（3）pass 在软件设计阶段也经常用来作为 TODO，提醒实现相应的实现。

6.9.2 面试技巧与解析（二）

面试官：介绍一下 except 的用法和作用。

应聘者：try…except…except…[else…][finally…]

执行 try 下的语句，如果引发异常，则执行过程会跳到 except 语句。对每个 except 分支顺序尝试执行，如果引发的异常与 except 中的异常组匹配，执行相应的语句。如果所有的 except 都不匹配，则异常会传递到下一个调用本代码的最高层 try 代码中。

try 下的语句正常执行，则执行 else 块代码。如果发生异常，就不会执行。如果存在 finally 语句，最后总是会执行。

第7章

函数

在本章中，将学习编写函数，函数是带名字的代码块，用于完成具体的工作。前面章节编写的代码大多是从上到下依次执行的，但是如果某段代码需要多次使用，那么就要将该段代码复制多次，这种做法会使代码变得臃肿，而且影响开发效率，在实际项目开发中是不可取的。为了解决这种问题，在 Python 中可以把实现某一功能的代码定义为一个函数，然后在需要使用时调用该函数即可，十分方便。对于函数，简而言之就是可以完成某项工作的代码块，类似积木块，可以反复使用。

 重点导读

- 了解函数的基本定义。
- 掌握函数的基本使用。
- 掌握函数的参数传递与变量作用域使用。
- 熟悉函数递归。
- 掌握函数模块的使用。

7.1 函数的基本使用

函数是组织好的，可重复使用的，用来实现单一或相关联功能的代码段。函数能提高应用的模块性和代码的重复利用率。Python 提供了许多内建函数，例如 print()，但也可以自己创建函数，称为用户自定义函数。

7.1.1 函数的定义与使用

函数定义：

（1）函数代码块以 def 关键词开头，后接函数标识符名称和圆括号()。

（2）任何传入参数和自变量必须放在圆括号中间。圆括号之间可以用于定义参数。

（3）函数的第一行语句可以选择性地使用文档字符串——用于存放函数说明。

（4）函数内容以冒号起始，并且缩进。

（5）Return[expression]结束函数，选择性地返回一个值给调用方。不带表达式的 return 相当于返回 None。

为了在 Python 中创建函数，可以使用 def 关键字，然后连接函数的名字和括号：

```
def name():
```

注意这个语句后面的冒号，现在，读者应该明白了还有很多代码与这个语句相关，只需要把在函数里面想要用的代码放在函数声明下面，然后缩进，就像下面这样即可。

```
def name():       #定义函数
    statement1
    statement2
    statement3
    statement4
```

在 Python 中，没有函数的结尾式的分隔符，说明封装在函数里面的语句完成之后，只需要将下一条代码语句移到左边即可。

【例 7-1】 打印问候语的函数。

```
def user():       #定义函数
    #显示语句
    print("Hello_World")   #打印字符串
```

以上语法格式中，def 是定义函数的关键字，它来告诉 Python 要定义一个函数。这是定义函数，向 Python 指出函数名，还可能需要指出函数为完成任务需要什么样的信息。在这里，user()是函数的名称，它不需要任何信息就可以完成任务，因此括号里面是空的，即便是空的，这里的括号也是不能少的；最后，定义以冒号结尾。紧跟在 user():的就是函数体了。

运行以上代码，并不会显示任何内容，也不会抛出异常，因为 user()函数只是定义好了，并没有被调用。

要使用这个函数，就必须调用它，函数调用可以让 Python 执行函数里面的代码，要调用函数只需要函数名和括号里面的信息，由于这个函数不需要任何信息，所以只需要输入 user()就可以。

```
user()
```

程序运行结果如图 7-1 所示。

7.1.2 lambda()函数

Hello_World

图 7-1 函数运行结果

匿名函数 lambda()是指一类无须定义标识符（函数名）的函数或子程序。lambda()函数可以接收任意多个参数（包括可选参数）并且返回单个表达式的值。例如，传入多个参数的 lambda()函数：

```
def sum(x,y):
    return x+y
```

用 lambda 来实现：

```
p = lambda x,y:x+y
print(p(4,6))
```

传入一个参数的 lambda()函数：

```
a=lambda x:x*x
print(a(3))        #注意：这里 a(3)可以直接执行,但没有输出,前面的 print 不能少
```

多个参数的 lambda 形式：

```
a = lambda x,y,z:(x+8)*y-z
print(a(5,6,8))
```

要点：lambda()函数不能包含命令，包含的表达式不能超过一个。

不一定非要使用 lambda()函数，任何能够使用它们的地方，都可以定义一个单独的普通函数来进行替换。作者常将它们用在需要封装特殊的、非重用代码上，避免代码中充斥着大量单行函数。

7.2　向函数传递参数

【例 7-2】如果想要函数 user()不只是输出 hello_world，而且要输出用户的名字，那么只需要在函数 user()的括号里面添加一个形参 you_name，然后在函数调用的时候只需要 you_name 传递一个参数给函数即可。

```
def user(you_name):
#显示语句
name=you_name
print("你好 "+name)
```

调用函数，输入一个用户的名字"小明"。

```
user('小明')
```

程序运行结果如图 7-2 所示。

你好 小明

图 7-2　函数运行结果

无论输入什么样的名字，都会生成对应的输出。

7.2.1　返回值

Python 使用 return 语句让函数以一个指定的值退出。在使用了 return 语句后，可以指定函数在完成以后返回给主程序的值，然后它使用这个值返回到主程序中。

return 语句必须是函数定义的最后一条语句，如下所示。

```
def name():
    statement1
    statement2
    return value
```

【例 7-3】在主程序中，可以将这个返回值分配给一个变量，然后在代码中使用这个变量。

```
#定义函数 func1()
  def func1():
    a = int(input('输入一个值: '))
    result = a * 2
    return result                    #返回值 result
#调用函数 func1()
x = func1()
print('输出是', x)
```

程序运行结果如图 7-3 所示。

输入一个值: 3
输出是 6

图 7-3　函数运行结果

在这个例子中函数返回了一个整数值，但是也可以返回字符串，浮点数，甚至是其他的 Python 对象。

7.2.2 实参与形参

在调用函数时，大多数情况下，主调函数和被调函数之间有数据传递关系，这就是有参数的函数形式。函数参数的作用是传递数据给函数使用，函数利用接收的数据进行具体的操作处理。函数定义的时候可能包含多个参数。

在使用函数时，经常会用到形式参数和实际参数，虽然两者都叫作参数，但是它们还是有很大区别。例如形式参数是在定义函数时，函数名后面括号里的参数；实际参数就是在调用一个函数时，函数名后面括号里的参数，也就是将函数的调用者提供给函数的参数称为实际参数。

在例 7-2 中，函数 user(you_name)中，要求给 you_name 一个值，然后再输出，欢迎语句加上用户输入的值，其中，变量 you_name 就是一个形参，代表函数要完成它所需的一条信息，而在调用函数 user('小明')时，值'小明'就是一个实参，实参是调用函数时传递给函数的信息，当需要调用函数时，应当把函数需要使用的信息放在括号里面，在 user('小明')里面将实参'小明'传给了函数 user()，而'小明'这个值被放在了形参 you_name 中。

7.2.3 位置实参

在调用函数时，Python 必须将函数调用中的每个实参都关联到函数定义中的一个形参。因此最简单的关联方式就是基于实参的顺序，这种关联方式被称为位置实参。

【例 7-4】下面定义一个显示学生信息的函数。该函数指出一个学生的姓名、性别、年龄、学校。代码如下。

```
#定义函数
def student(name,sex,age,school):
#输出学生基本信息
    print('该学生的姓名是: '+name)
    print('该学生的性别是: '+sex)
    print('该学生的年龄是: '+str(age))
    print('该学生的学校是: '+school)

        #调用函数
student('小明','男',18,'清华大学')
```

student(name,sex,age,school)函数形参说明它需要按顺序提供一个学生的姓名、性别、年龄、学校。例如，在前面的函数调用中，实参'小明'存储在形参 name 中，实参'男'存储在形参 sex 中，实参'18'存储在形参 age 中，实参'清华大学'存储在形参 school 中。

程序运行结果如图 7-4 所示。

```
该学生的姓名是: 小明
该学生的性别是: 男
该学生的年龄是: 18
该学生的学校是: 清华大学
```

图 7-4 函数运行结果

如果不按这个参数的顺序传递就会出现问题。

【例 7-5】将该学生的姓名与性别互换一下位置，就会出现下面这种结果。

```
#定义函数
def student(name,sex,age,school):
#输出学生基本信息
```

```
    print('该学生的姓名是: '+name)
    print('该学生的性别是: '+sex)
    print('该学生的年龄是: '+str(age))
    print('该学生的学校是: '+school)

    #调用函数
student('男','小明',18,'清华大学')
```

程序运行结果如图 7-5 所示。

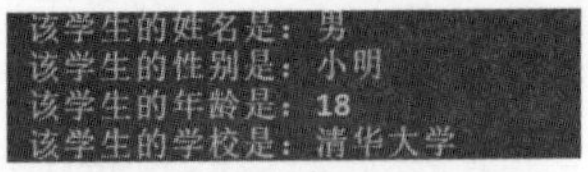

如果没有提供任何参数或者提供了错误数量的参数，就会从 Python 中得到一个错误信息，如下例所示。

图 7-5　函数运行结果

【例 7-6】 从 Python 中得到一个错误信息。

```
#定义函数
def student(name,sex,age,school):
#输出学生基本信息
    print('该学生的姓名是: '+name)
    print('该学生的性别是: '+sex)
    print('该学生的年龄是: '+str(age))
    print('该学生的学校是: '+school)
        #错误地调用函数,传递错误数量的实参。
student('小明')
```

其结果 Python 就会报错。

所以将参数传递给 Python 时需要小心，Python 以定义的函数参数的顺序来匹配参数值，这就叫作位置参数。

7.2.4　关键字实参

关键字实参是指使用形式参数的名字来确定输入的参数值，调用函数时传递给函数的是名称-值对，这样通过该方式指定实际参数时，不再需要与形式参数的位置完全一致，只要确保写入的形式参数正确即可。这样就可以避免用户需要牢记参数位置的麻烦，无须考虑函数调用中的实际参数的顺序，不仅可以使得函数的调用和参数的传递更加灵活方便，而且还清楚地指出了函数调用中各个值的用途。

【例 7-7】 调用 student()函数，参数传递时分别使用位置实参与关键字实参来调用该函数。

```
#定义函数
def student(name,sex,age,school):
#输出学生基本信息
    print('该学生的姓名是: '+name)
    print('该学生的性别是: '+sex)
    print('该学生的年龄是: '+str(age))
    print('该学生的学校是: '+school)
        #使用位置实参调用该函数
student('小明','男',18,'清华大学')
#分隔符
print('----------------------------')
#使用位置实参调用该函数
student(sex='男',name='小明',age=18,school='清华大学')
```

程序运行结果如图 7-6 所示。

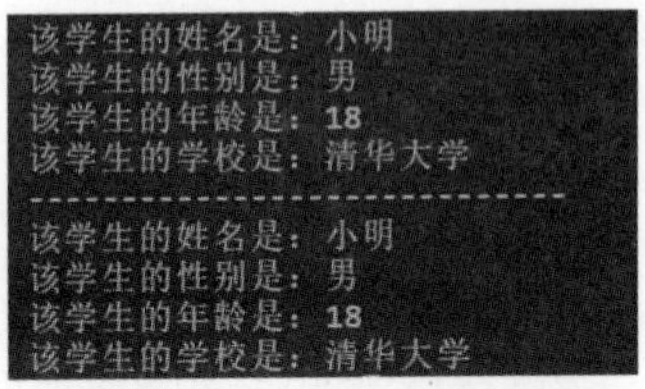

由上面的结果可知，使用关键字实参传递实参，其参数传递的结果会

图 7-6　函数运行结果

传递到函数其所对应的形参中，所以两个函数调用结果是一样的。

7.2.5 默认值

在编写函数时，可给每个形参指定默认值。这样可以防止调用函数时，如果没有给某个形参传入实参，Python 将使用指定的默认值，默认参数为程序人员提供了极大的便利，特别对于初次接触该函数的人来说更是意义重大，默认参数为设置函数的参数提供了参考。

例如在上面的例子中，student()函数指出一个学生的姓名、性别、年龄、学校。如果所有的学生是同一学校，也就是说，school 是一样的，假设都是清华大学，如果在输入多个学生的信息时，编程人员每次都需要输入学生的学校信息，无疑极大地拖慢了程序的开发速度。

【例 7-8】形参自动调用默认参数。

```
#定义函数
def student(name,sex,age,school='清华大学'):
#输出学生基本信息
    print('该学生的姓名是: '+name)
    print('该学生的性别是: '+sex)
    print('该学生的年龄是: '+str(age))
    print('该学生的学校是: '+school)
        #使用默认值调用该函数
student('李华','女',18)
```

该学生的姓名是: 李华
该学生的性别是: 女
该学生的年龄是: 18
该学生的学校是: 清华大学

图 7-7 函数运行结果

程序运行结果如图 7-7 所示。

我们在调用函数的时候没有传递参数给形参 school，此时，形参 school 自动调用默认参数"清华大学"，所以在输出的时候会出现该学生的学校是清华大学。

【例 7-9】假设有一名学生不是清华大学的，而是北京大学的，那么只需要将其对应的形参传值。

```
#定义函数
def student(name,sex,age,school='清华大学'):
#输出学生基本信息
    print('该学生的姓名是: '+name)
    print('该学生的性别是: '+sex)
    print('该学生的年龄是: '+str(age))
    print('该学生的学校是: '+school)
        #使用默认值调用该函数
student('小花','女',18,'北京大学')
```

该学生的姓名是: 小花
该学生的性别是: 女
该学生的年龄是: 18
该学生的学校是: 北京大学

图 7-8 函数运行结果

程序运行结果如图 7-8 所示。

仔细观察就会发现，该学生的学校信息不是默认值"清华大学"了，而是"北京大学"，这是因为，函数在被调用的时候，发现其向形参 school 传递了一个值，它就会优先使用，函数被调用的时候新传入的值是"北京大学"。

7.2.6 多种函数调用方式

通过以上的学习，调用函数就可以混合使用位置实参、关键字实参和默认值，这样通常就会有多种等效的函数调用方式。

【例 7-10】为一个形参设置默认值。

```
#定义函数
def student(name,sex,age,school='清华大学'):
```

```
#输出学生基本信息
    print('该学生的姓名是: '+name)
    print('该学生的性别是: '+sex)
    print('该学生的年龄是: '+str(age))
    print('该学生的学校是: '+school)
```

基于以上这种函数定义，在任何情况下都必须给 student() 函数提供表示学生姓名的 name 实参，性别 sex 的实参，年龄 age 的实参，指定该实参时可以使用位置方式，还可以使用关键字方式。如果要描述的学生的学校不是"清华大学"，那么还必须在函数调用中给形参 school 提供实参；同样指定该实参时可以使用位置方式，还可以使用关键字方式。

下面是对该函数的等效调用，代码如下。

```
#接上面代码
#使用默认值参数
student('张三','男',22)
print('--------------------------------')
#使用位置实参并不使用其所给的默认值
student('张三','男',22,'北京大学')
print('--------------------------------')
#使用关键字实参
student(sex='男',name='张三',age=22,school='清华大学')
```

程序运行结果如图 7-9 所示。

需要注意的是无论使用哪种调用方式都是无关紧要的，只要函数调用能生成希望的输出就行。使用最容易理解的调用方式即可。

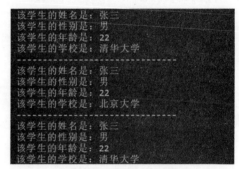

图 7-9　函数运行结果

7.3　在函数中处理变量

在 Python 函数中可以使用两种不同类型的变量，一种是局部变量，另一种是全局变量。这两种变量在代码中的作用有些不同，因此知道它们是如何工作的是很重要的。下面会讲解在 Python 代码中局部变量与全局变量的区别，以及它们的使用方法。

7.3.1　局部变量

局部变量是在函数内部创建的变量，因为是在函数内部创建这些变量的，因此只能在函数内部访问它们，在函数的外部，其他代码并不识别这些变量，如例 7-11 所示。

【例 7-11】局部变量。

```
#定义函数
def areas(width,height):
    area=width*height
    print("在函数内部,宽的值是: ",width)
    print("在函数内部,高的值是: ",height)
return area

#调用函数
mianji=areas(10,20)
print('在函数外部,宽的值是: ',width)
```

```
print('在函数外部,高的值是: ',height)
print('面积是: ',mianji)
```

上面的程序运行的时候会出现错误，这段代码前面是很好的，传递两个参数给函数 areas()，然后它们毫无问题地完成了，但是，当代码尝试在 areas()外部访问变量 width 时，Python 就会产生错误信息，指出变量 width 没有定义。

7.3.2　全局变量

全局变量是可以在程序的任何地方都可以访问的变量，包括在函数内部，在主程序中分配给全局变量的值在函数代码中是可以访问的，但是有一个问题：函数可以读取全局变量，同时在默认情况下，它不能改变它们。

【例 7-12】全局变量 1。

```
width=10
height=20
area=0
#定义函数
def areas():
    area=width*height
    print('在函数内,area 的值是: ',area)
#调用函数
areas()
print('在函数外, area 的值是: ',area)
```

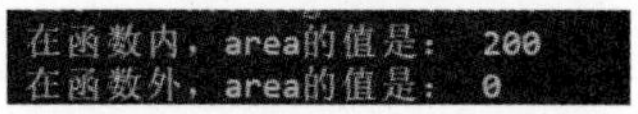

```
在函数内, area的值是: 200
在函数外, area的值是: 0
```
图 7-10　函数运行结果

程序运行结果如图 7-10 所示。

所以当在主程序中读取变量 area 的值时，它的值还是原来设置的全局变量的值，而不是在函数 areas()里面改变了的值。

有一个方法可以解决这个问题。要告诉 Python 这个函数要尝试访问一个全局变量，需要添加一个 global关键字来定义这个变量，在函数内部叫作 area 的变量与主函数中叫作 area 的变量视为等同。

【例 7-13】全局变量 2。

```
width=10
height=20
area=0
#定义函数
def areas():
#使用 global 关键字
global area
    area=width*height
    print('在函数内,area 的值是: ',area)
#调用函数
areas()
print('在函数外, area 的值是: ',area)
```

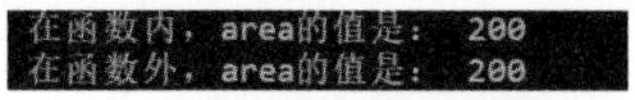

```
在函数内, area的值是: 200
在函数外, area的值是: 200
```
图 7-11　函数运行结果

程序运行结果如图 7-11 所示。

7.4　递归函数

我们都知道，一个函数可以调用其他函数，如果这个函数在内部调用它自己，那么这个函数就叫作递归函数。实际上，递归是函数实现的一个很重要的环节，很多程序中或多或少地使用到了递归函数。而递归的意思就是函数自己调用自己本身，或者是在自己函数调用的下级函数中调用自己。

递归之所以能实现，是因为函数的每个执行过程都在栈中有自己的形参和局部变量的拷贝，而这些拷贝和函数的其他执行过程互不影响。这种机制是当代大多数程序设计语言实现子程序结构的基础，使得递归成为可能。假定某个调用函数调用了一个被调用函数，再假定被调用函数又反过来调用了调用函数。这第二个调用就被称为调用函数的递归，因为它发生在调用函数的当前执行过程运行完毕之前。而且，因为这个原先的调用函数、现在的被调用函数在栈中较低的位置有它独立的一组参数和自变量，原先的参数和变量将不受影响，所以递归能正常工作。

阶乘的算法是一个经典的递归例子，一个数的阶乘是所有小于或等于它本身的正整数的一个乘积，例如，5 的阶乘是 120，如下所示。

```
5!=1*2*3*4*5=120
```

按照定义，0 的阶乘是 1，要找出 5 的阶乘，必须用 5 乘以 4 的阶乘，要找出 4 的阶乘，需要用 4 乘以 3 的阶乘，一直算下去，直到 1 乘以 0 的阶乘，这是一个完美的递归例子。

要使用递归创建一个阶乘函数，需要定义一个终点防止程序一直卡在循环中，对于阶乘来说，终点是 0 的阶乘：

```
if (num ==0):
  return 0
```

【例 7-14】创建阶乘函数。

```
#定义函数
def factorial(num):
    if ( num == 0):
        return 1
    else:
        return num*factorial(num-1)
#调用函数
result = factorial(5)
print('5的阶乘是',result)
```

程序运行结果如图 7-12 所示。

五的阶乘是 120

图 7-12　函数运行结果

函数 factorial()首先检查参数是否为 0。如果是，则返回默认的定义 1。如果参数不是 0，它会执行一个新的运算，返回这个值乘以比这个值小 1 的阶乘。因此函数 factorial()调用它自己，每一次使用一个更小的数字，直到 0 为止。

7.5　函数模块化

Python 模块可以在逻辑上组织 Python 程序，将相关的程序组织到一个模块中，使程序具有良好的结构，增加程序的重用性。模块可以被别的程序导入，以调用该模块中的函数，这也是 Python 标准库模块的方法。

7.5.1　模块的导入

要让函数是可导的，需要先创建模块。模块是扩展名为.py 的文件，包含要导入程序中的代码。

用户自定义一个模块就是建立一个 Python 程序文件，其中包括变量、函数的定义。下面是一个简单的模块，程序文件名是 Chap7.15.py。

【例 7-15】 创建一个程序。

```
#定义函数
def print_fun(name):
    print('你好:',name)
```

下面再创建一个程序，程序文件名是 Chap7.16.py，代码如下。

【例 7-16】 再创建一个程序。

```
#导入模块 Chap7.15
import Chap7.15
#使用模块 support 中的函数 print_fun()
Chap7.15.print_fun("小明")
```

程序运行结果如图 7-13 所示。

你好：小明

图 **7-13** 函数运行结果

从上面可以看出，导入模块的一种方法是：编写一条 import 语句并在其中指定模块名，就可以使用模块中的所有函数了。使用模块内函数语法为：module_name.function_name()。

7.5.2 导入特定函数

如果一个模块里面有多个函数，但是只需要使用其中的一个或几个函数，其他的函数不想导入，那么可以选择导入特定的函数。

这种导入方法的语法如下：

```
from module_name import function_name
```

通过使用逗号分隔函数名，可根据需要从模块中导入任意数量的函数。

```
from module_name import function_0,function_1,function_2e
```

【例 7-17】 对于前面的 Chap7.16.py 实例，如果只想导入要使用的函数，代码类似于下面这样。

```
#导入模块里面指定的函数
from Chap7.15 import print_fun
#调用函数
print_fun("小明")
```

若使用这种语法，调用函数时就可以不使用句点，只需指定要调用的函数名称即可。

7.5.3 函数别名

如果要导入的函数的名称可能与程序中现有的名称冲突，或者函数的名称太长，这时就可以为该函数起一个独一无二的别名，类似人的外号，主要是在 import 语句中使用关键字 as 将函数重命名为别名。

指定别名的通用语法如下：

```
from module_name import function_name as fn
```

【例 7-18】 给函数指定别名。

```
#导入模块里面指定的函数并用 as 指定别名为 a
from Chap7.15 import print_fun as a
```

```
#调用函数
a("小明")
```

当然，还可以给模块指定别名。通过给模块指定简短的别名，可以在调用该模块中的函数时更轻松，使代码更简洁，还可以让我们不再关注模块名，而专注于描述性的函数名。

给模块指定别名的通用语法如下：

```
import module_name as mn
```

【例 7-19】给模块指定别名。

```
#导入模块并用 as 指定别名为 b
import Chap7.15 as b
#使用模块 support 中的函数 print_fun()
b.print_fun("小明")
```

7.6　内置函数

一般来说，在 Python 中内置了很多有用的函数，可以直接调用。而要调用一个函数，就需要知道函数的名称和参数，例如求绝对值的函数 abs，只有一个参数。调用 abs 函数：

```
abs(10)
abs(-20)
abs(10.12)
```

调用函数的时候，如果传入的参数数量不对，会报错，并且 Python 会明确地提示：abs()有且仅有 1 个参数。如果传入的参数数量是对的，但参数类型不能被函数所接受，也会报错，并且给出错误信息。

而比较函数 cmp(x,y)就需要两个参数，如果 x<y，返回-1；如果 x==y，返回 0；如果 x>y，返回 1。

```
cmp(1,2)
cmp(2,2)
cmp(2,1)
```

Python 内置的常用函数还包括数据类型转换函数，例如，int()函数可以把其他数据类型转换为整数。

```
int('123')
int(12.34)
float('12.34')
str(1.23)
unicode(100)
bool(1)
    bool('')
```

调用 Python 的函数，需要根据函数定义，传入正确的参数。如果函数调用出错，一定要学会看错误信息。主要的内置函数如下所示。

abs()	divmod()	input()	open()	staticmethod()
all()	enumerate()	int()	ord()	str()
any()	eval()	isinstance()	pow()	sum()
basestring()	execfile()	issubclass()	print()	super()
bin()	file()	iter()	property()	tuple()
bool()	filter()	len()	range()	type()
bytearray()	float()	list()	raw_input()	unichr()

callable()	format()	locals()	reduce()	unicode()
chr()	frozenset()	long()	reload()	vars()
classmethod()	getattr()	map()	repr()	xrange()
cmp()	globals()	max()	reverse()	zip()
compile()	hasattr()	memoryview()	round()	__import__()
complex()	hash()	min()	set()	
delattr()	help()	next()	setattr()	
dict()	hex()	object()	slice()	
dir()	id()	oct()	sorted()	exec 内置表达式

7.7 就业面试技巧与解析

通过本章对函数的学习，相信读者也掌握了本章的内容，那么究竟掌握得如何呢？下面通过两个面试习题来测试一下吧。

7.7.1 面试技巧与解析（一）

面试官：如果一个全局变量，在函数里面被调用被改变了，那么，在函数外面再调用该全局变量是否是改变后的值？如果不是，怎样使其变为在函数内部改变后的值？

应聘者：再次调用时，该全局变量的值没有发生改变，要使该全局变量改变为在函数内部改变过的值，需要使用关键字 global，要告诉 Python 函数正在尝试访问一个全局变量，添加一个 global 关键字来定义这个变量，在函数内部该变量与主函数中的全局变量视为等同。这样就可以使该全局变量改变为在函数内部改变过的值。

7.7.2 面试技巧与解析（二）

面试官：函数模块是什么？使用函数模块有什么好处？

应聘者：函数模块是把一些功能函数相关的代码写到一个模块里。当需要用到某个功能时，将这个模块导入，就可以直接使用它的函数了，在 Python 中，一个模块就是一个 py 文件，可以说一个文件就是一个独立的模块，使用函数模块使代码的可复用性增强，代码更加简洁、高效。

第8章
文件与文件目录

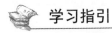 学习指引

在前面的章节中使用变量、对象以及序列的数据是驻留在计算机内存中。这些数据在程序运行时才会存在，程序结束就会消失，这样很不利于高效方便地使用数据。为了解决这个问题，需要借助于评判硬盘内数据的存储情况。在本章中将学习文件操作和目录操作等相关知识。

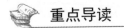 重点导读

- 文件的打开和关闭。
- 文件和目录操作模块。
- 编译可执行文件。

8.1　文件的基础操作

Python 内置了读写文件的函数，用法和 C 是兼容的。本节的介绍内容大致有：文件的打开、文件对象、文件的读写等。

8.1.1　文件打开/关闭

打开文件 open() 函数的语法如下：

```
File Object = open(file_name[,access_mode][,buffering])
```

参数详解如表 8-1 所示。

表 8-1　open() 函数参数详解

参　　数	说　　明
File Object	被创建的 file 对象
file_name	强制参数，以字符串的形式存储要被访问的文件的名称
access_mode	可选参数，访问文件的模式
buffering	可选参数，设置文件访问时的寄存区的缓冲大小

【例 8-1】打开文件。

```
file=open("E:/新建文件夹\Text.txt",'r')
```

第二个参数是访问模式。

其中，文件访问模式的参数如表 8-2 所示。

表 8-2 文件访问模式

	描　述
r	以只读方式打开文件。文件的指针将会放在文件的开头。这是默认模式
rb	以二进制格式打开一个文件用于只读。文件指针将会放在文件的开头
r+	打开一个文件用于读写。文件指针将会放在文件的开头
rb+	以二进制格式打开一个文件用于读写。文件指针将会放在文件的开头
w	打开一个文件只用于写入。如果该文件已存在则将其覆盖。如果该文件不存在，创建新文件
wb	以二进制格式打开一个文件只用于写入。如果该文件已存在则将其覆盖。如果该文件不存在，创建新文件
w+	打开一个文件用于读写。如果该文件已存在则将其覆盖。如果该文件不存在，创建新文件
wb+	以二进制格式打开一个文件用于读写。如果该文件已存在则将其覆盖。如果该文件不存在，创建新文件
a	打开一个文件用于追加。如果该文件已存在，文件指针将会放在文件的结尾。也就是说，新的内容将会被写入到已有内容之后。如果该文件不存在，创建新文件进行写入
ab	以二进制格式打开一个文件用于追加。如果该文件已存在，文件指针将会放在文件的结尾。也就是说，新的内容将会被写入到已有内容之后。如果该文件不存在，创建新文件进行写入
a+	打开一个文件用于读写。如果该文件已存在，文件指针将会放在文件的结尾。文件打开时会是追加模式。如果该文件不存在，创建新文件用于读写
ab+	以二进制格式打开一个文件用于追加。如果该文件已存在，文件指针将会放在文件的结尾。如果该文件不存在，创建新文件用于读写

文件在结束使用时，应尽量使用 close()函数关闭，这是一个好的习惯。

8.1.2 文件的读取

由于文件读写时都可能产生 IOError，为了保证无论是否出错都能正确地关闭文件，可以用 try…finally 来实现。

【例 8-2】文件读取。

```
try:
    file = open("E:\新建文件夹\Text.txt",'r')
    print(file.read())
finally:
    file.close()
```

程序运行结果如图 8-1 所示。

E:\新建文件夹\Text.txt 文件内容如图 8-2 所示。

read()函数会一次性读取文件的全部内容，如果能确保文件的大小，自然可以。但若文件过大，就会占用大量的内存，所以可以反复调用 read(size)方法，每次最多读取 size 个字节的内容。

图 8-1　使用 try finally 打开关闭文件

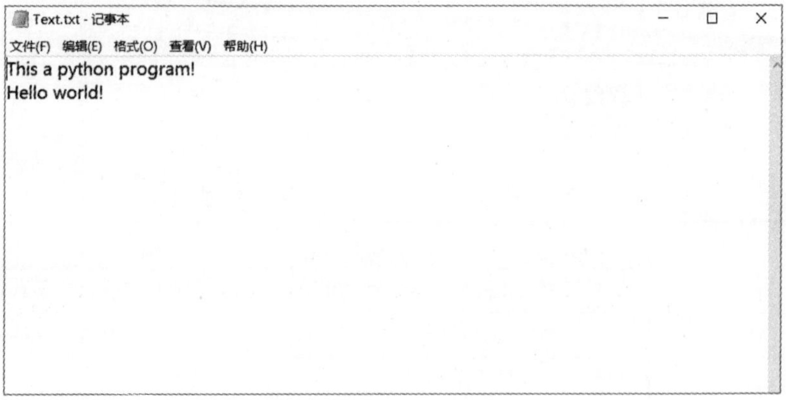

图 8-2　Text.txt 文件内容

【例 8-3】 read()方法读取文件。

```
content = ""
try:
    file = open("E:\新建文件夹\Text.txt",'r')
    while True:
      chunk = file.read(5)
      print (chunk)
      if not chunk:
        break
    content += chunk
finally:
  file.close()
```

程序运行结果如图 8-3 所示。

在实例中设置 read()方法每次读取 5 字节,从运行结果可以看出,每次从文件中读取 5 字节的数据,然后打印出换行。但是如果文件中有中文时,可能会出现乱码,因为中文字符占用两字节。

除了 read()方法还可以使用 readline()方法和 readlines()方法进行读取。readline()方法每次读取一行数据,返回一个字符对象,占用的内存较小,比较适合大文件的读取,但是反复调用 readline()方法程序的运行时间会比较长。

图 8-3　read()方法实例结果

【例 8-4】 readline()方法读取文件。

```
try:
    file = open("E:\新建文件夹\Text.txt",'r')
    while True:
      chunk = file.readline()
      print (chunk)
      if not chunk:
        break
finally:
  file.close()
```

程序运行结果如图 8-4 所示。

readlines()方法读取整个文件所有行,保存在一个列表（list）变量中,每行作为一个元素,但读取大文件时会比较占内存。

【例 8-5】 readlines()方法读取文件。

```
try:
    file = open("E:\新建文件夹\Text.txt",'r')
    lines = file.readlines()
    print(type(lines))
    print(lines)
finally:
    file.close()
```

程序运行结果如图 8-5 所示。

图 8-4 readline()方法实例结果　　　　　图 8-5 readlines()方法实例结果

在本节中共介绍了三种读取文件的方法：read()、readline()、readlines()，在实际应用中要灵活地选择，进行文件的读取。

8.1.3 文件的写入

写文件和读文件是一样的，唯一区别是调用 open()函数时，传入标识符'w'或者'wb'表示写文本文件或写二进制文件。

【例 8-6】文件写入。

```
try:
    file = open("E:\新建文件夹\Text.txt",'w')
    file.write("Hello world!")
finally:
    file.close()
```

程序运行结果如图 8-6 所示。

除了 write()方法写入文件，还有 writeline()和 writelines()，具体的使用方法和文件读取相似，这里就不做介绍了。需要注意的是：可以反复调用 write()来写入文件，但是务必要调用 f.close()来关闭文件。写文件

图 8-6 文件写入实例结果

时，操作系统往往不会立刻把数据写入磁盘，而是放到内存缓存起来，空闲的时候再慢慢写入。只有调用 close()方法时，操作系统才保证把没有写入的数据全部写入磁盘。忘记调用 close()的后果是数据可能只写了一部分到磁盘，剩下的就丢失了。

8.1.4 用 fileinput 操作文件

fileinput 模块可以对一个或多个文件中的内容进行迭代、遍历等操作。该模块的 input()函数有点儿类似文件的 readlines()方法，区别在于前者是一个迭代对象，需要用 for 循环迭代，后者是一次性读取所有行。用 fileinput 对文件进行循环遍历、格式化输出、查找、替换等操作，非常方便。

基本格式：

```
fileinput.input([files[,inplace[,backup[,bufsize[,mode[,openhook]]]]]])
```

默认格式：

```
fileinput.input (files=None, inplace=False, backup='', bufsize=0, mode='r', openhook=None)
```

参数如下所示。

```
files :         #文件的路径列表,默认是 stdin 方式,多文件['1.txt','2.txt',…]
inplace:        #是否将标准输出的结果写回文件,默认不取代
backup:         #备份文件的扩展名,只指定扩展名,如.bak。如果该文件的备份文件已存在,则会自动覆盖
bufsize:        #缓冲区大小,默认为 0,如果文件很大,可以修改此参数,一般默认即可
mode:           #读写模式,默认为只读
openhook:       #用于控制打开的所有文件,例如编码方式等
```

常用的方法：

```
fileinput.input()          #返回能够用于 for 循环遍历的对象
fileinput.filename()       #返回当前文件的名称
fileinput.lineno()         #返回当前已经读取的行的数量（或者序号）
fileinput.filelineno()     #返回当前读取的行的行号
fileinput.isfirstline()    #检查当前行是否是文件的第一行
fileinput.isstdin()        #判断最后一行是否从 stdin 中读取
fileinput.close()          #关闭队列
```

接下来演示 fileinput 的几个方法，使用 input 读取文件内容。

【例 8-7】input 读取文件。

```
import fileinput
for line in fileinput.input('E:\新建文件夹\Text.txt'):
    print(line)
```

程序运行结果如图 8-7 所示。

可以看出 input()方法与 read()方法的效果是一样的，input()方法是将文件的所有内容读取返回一个字符串。如果文件不是很大，采用这种方法读取文件的速度会很快。

图 8-7　input()方法实例结果

8.2　常用文件和目录操作

在本节中会重点介绍文件和目录的一些常用操作。

8.2.1　获得当前路径

【例 8-8】获得当前文件。

```
import os
print (os.getcwd())                      #获取当前工作目录路径
print (os.path.abspath('.'))             #获取当前工作目录路径
print (os.path.abspath('test.txt'))      #获取当前目录文件下的工作目录路径
print (os.path.abspath('..'))            #获取当前工作的父目录！注意是父目录路径
print (os.path.abspath(os.curdir))       #获取当前工作目录路径
```

程序运行结果如图 8-8 所示。

8.2.2　获得目录中的内容

【例 8-9】获得目录内容。

```
import os
for line in os.listdir('E:'):
```

C:\Users\cuiyao\PycharmProjects\untitled1
C:\Users\cuiyao\PycharmProjects\untitled1
C:\Users\cuiyao\PycharmProjects\untitled1\test.txt
C:\Users\cuiyao\PycharmProjects
C:\Users\cuiyao\PycharmProjects\untitled1

图 8-8　获得当前路径的结果

```
print(line)
```

上述实例中使用 listdir()方法列出指定目录下的文件，此方法返回值为列表，程序运行结果如图 8-9 所示。E 盘中的文件内容如图 8-10 所示，读者可以与运行结果进行对比。

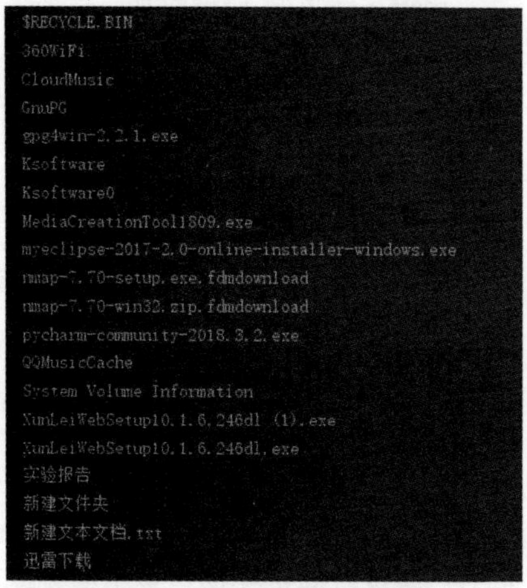

图 8-9　listdir()方法结果实例

图 8-10　E 盘文件内容

除了使用 os.listdir()方法列出指定目录下的文件以外，还可以使用 glob 模块，并且进行文件内容过滤。在下面的实例中，依然以 E 盘为指定的目录，只列出.exe 文件。

【例 8-10】获得目录.exe 文件。

```
import glob
for line in glob.glob('E:\*.exe'):
    print (line)
```

程序运行结果如图 8-11 所示。

图 8-11　使用 glob 列出 E 盘.exe 文件结果

在结果图中可以对比上一个实例中的结果，只列出了.exe 的文件。glob 模块在指定目录时，可以使用通配符"*"和"？"对文件进行过滤，非常方便。

8.2.3　创建目录

Python 中创建文件夹用到了 mkdir()和 makedirs()两个方法，前者创建一层目录，后者创建多层目录，下面来看看具体是怎么用的。Mkdir()和 makedirs()是在 os 模块中，所以先要引入 os 模块。下面先介绍使用 mkdir()方法建立一层目录。

【例 8-11】创建目录。

```
import os
os.mkdir('E:/新建文件夹/新建文件夹')
```

程序运行结果如图 8-12 所示。

mkdir()方法只能创建一层目录，如果上述实例中第一个"新建文件夹"不存在，会出现如图 8-13 所示的异常。

makedirs()方法可以创建多层目录，此时已经删除了 E 盘下的"新建文件夹"目录。

【例 8-12】创建多层目录。

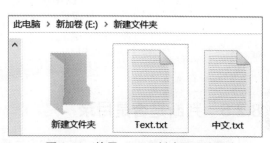

图 8-12　使用 mkdir()创建目录结果

```
import os
os.makedirs('E:/新建文件夹/文件夹')
```

程序运行结果如图 8-14 所示。

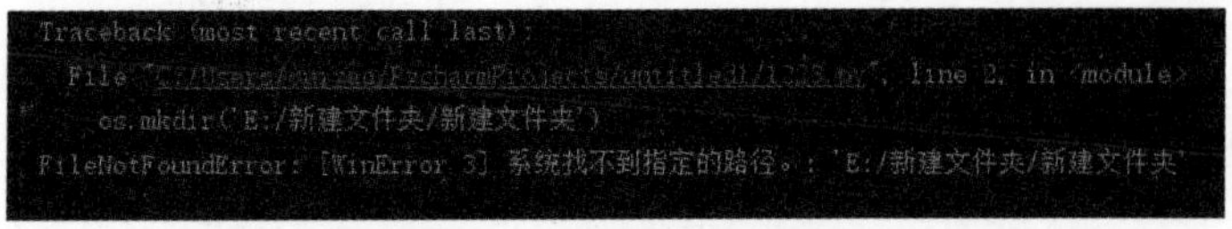

图 8-13　出现的异常情况　　　　　　　　　　图 8-14　makedirs()创建多层目录结果

8.2.4　删除目录

删除目录可以使用 os 模块的 rmdir()方法，但是要求所要删除的目录是空目录，否则会抛出 OSError 错误。注意：os 模块中的 remove()方法是删除文件的，如果调用该方法删除一个目录，会抛出 OSError 错误。在下面的实例中，尝试使用 rmdir()方法删除 E 盘中的"新建文件夹"目录，但是在该目录下有刚刚创建的"文件夹"目录，看看是否会成功删除。

【例 8-13】删除目录。

```
import os
path = "E:/新建文件夹"
os.rmdir(path)
```

程序运行结果如图 8-15 所示。

图 8-15　使用 rmdir()删除目录结果

在错误提示中可以看到：所要删除的目录不是空的，无法删除。但是可以使用递归的方法删除一个目录下的所有内容。

【例 8-14】删除多层目录。

```
import os
CUR_PATH = 'E:\新建文件夹'
def del_file(path):
    ls = os.listdir(path)
    for i in ls:
        c_path = os.path.join(path, i)
        if os.path.isdir(c_path):
            del_file(c_path)
        else:
            os.rmdir(c_path)

del_file(CUR_PATH)
```

8.2.5　判断是否是目录

判断目录可以使用 pathlib 模块中的方法来进行。

【例 8-15】判断是否是目录。

```
import pathlib
path = 'E:\新建文件夹'
PATH = pathlib.Path(path)
print(PATH.is_dir())
```

程序运行结果如图 8-16 所示。

除了使用 pathlib 模块来判断目录是否存在，还可以使用 os 模块来判断指定的目录是否存在。

图 8-16　判断是否是目录结果

【例 8-16】判断目录是否存在。

```
import os
path = 'E:\新建文件夹'
PATH = os.path.isdir(path)
print(PATH)
```

程序运行结果如图 8-17 所示。

图 8-17　判断目录是否存在结果

8.2.6　判断是否是文件

和判断目录一样，可以使用 pathlib 模块来判断是否是文件。

【例 8-17】判断是否是文件。

```
import pathlib
path = 'E:\新建文件夹'
PATH = pathlib.Path(path)
print(PATH.is_file())
```

程序运行结果如图 8-18 所示。

可以看到指定的路径不是文件。也可以用 os 模块来判断指定的文件是否存在。

图 8-18　判断是否是文件结果

【例 8-18】判断文件是否存在。

```
import os
path = 'E:\新建文件夹'
PATH = os.path.isfile(path)
print(PATH)
```

程序运行结果如图 8-19 所示。

图 8-19　判断文件是否存在结果

8.2.7　批量文件重命名

【例 8-19】批量文件重命名。

```
import os
import re
import sys

def add_mark():
    pre = input("请输入需要添加的前缀:")
    mark = "[%s]"%pre
    old_names= os.listdir()
    for old_name in old_names:
        if old_name != sys.argv[0]:
```

```
        os.rename(old_name, mark+old_name)
def remove_mark():
  old_names= os.listdir()
  for old_name in old_names:
    try:
      result = re.match(r"(^\[.*\])(.*)", old_name).group(2)
      rm = old_name

      if result:
        os.rename(old_name, result)
      print("已为%s 移除前缀"%rm)
    except Exception as e:
      pass


def main():
  while True:
    option = int(input("请选择功能数值:\n1.添加前缀\n2.删除前缀\n3.退出程序\n"))
    if option == 1:
      add_mark()
    elif option == 2:
      remove_mark()
    else:
      exit()

if __name__ == "__main__":
  main()
```

上述实例可以批量修改文件的名字，读者可以自行体验程序，这里就不做介绍了。

8.3 编译可执行文件

Python 编译可执行文件的方式有三种，分别是 py2exe、PyInstaller 和 cx_freeze。下面主要讲解 py2exe 和 cx_freeze 生成可执行文件的方法。

8.3.1 用 py2exe 生成可执行程序

首先需要下载 py2.exe，在命令行中输入：

```
pip install py2exe
```

安装成功的结果如图 8-20 所示。

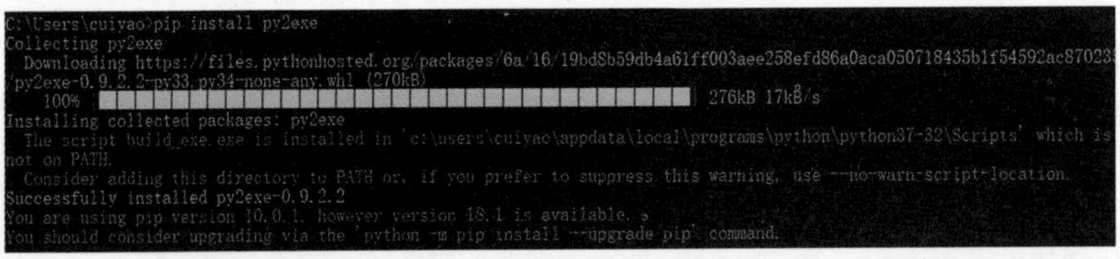

图 8-20 安装 py2.exe 结果

安装后，下面以一个简易的脚本为例，生成可执行程序的脚本。

【例 8-20】生成可执行程序的脚本。

```
print('This is a py2exe test.')
for x in range(1,10):
    print('This num is '+str(x))
input("waiting")
```

【例 8-21】写一个配置脚本。

```
from distutils.core import setup
import py2exe
setup(console=['main.py'])
```

注意，console 的值是需要生成可执行程序的脚本名。

下面需要在命令行中进行操作。

（1）保证命令行在脚本目录下；

（2）使用 python setup.py py2exe 生成。

可以看见许多生成信息，如图 8-21 所示。

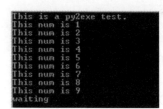

图 8-21　生成信息

此后会在当前目录下生成一个 disk 目录，里面就包含着可执行程序，如图 8-22 所示。

双击 main 可直接运行，程序运行结果如图 8-23 所示。

Name	Date modified	Type	Size
_bz2.pyd	2/24/2015 9:44 PM	PYD File	62 KB
_ctypes.pyd	2/24/2015 9:44 PM	PYD File	106 KB
_hashlib.pyd	2/24/2015 9:44 PM	PYD File	1,123 KB
_lzma.pyd	2/24/2015 9:44 PM	PYD File	133 KB
_socket.pyd	2/24/2015 9:44 PM	PYD File	51 KB
_ssl.pyd	2/24/2015 9:44 PM	PYD File	1,698 KB
library	6/18/2015 6:19 PM	ZIP File	3,271 KB
main	6/18/2015 6:19 PM	Application	30 KB
pyexpat.pyd	2/24/2015 9:44 PM	PYD File	164 KB
python34.dll	6/18/2015 6:19 PM	Application extens...	3,963 KB
select.pyd	2/24/2015 9:44 PM	PYD File	11 KB
unicodedata.pyd	2/24/2015 9:44 PM	PYD File	745 KB

图 8-22　目录

```
This is a py2exe test.
This num is 1
This num is 2
This num is 3
This num is 4
This num is 5
This num is 6
This num is 7
This num is 8
This num is 9
waiting
```

图 8-23　运行结果

至此，生成可执行程序结束。可以看见使用 py2exe 生成可执行程序最大的优点在于让脚本脱离了 Python 虚拟机的要求，这对简易用户的使用是非常友好的。当然，缺点就是生成了许多关联性的文件（必须放在一块），而且这些文件都不小，从 disk 目录中就可以看出来。

8.3.2　用 cx_freeze 生成可执行文件

首先，下载本机器安装的 Python 相应版本的 cx_freeze 软件包（下载地址 http://sourceforge.net/projects/cx-freeze/files/4.3.2/）。

安装完成后，在 Python 的安装目录下，打开 cmd 输入"cxfreeze -version"检测是否安装成功。安装成功如图 8-24 所示。

图 8-24　安装成功的实例

安装成功后，新建一个 Python 程序，例如 hello.py（在 D 盘中），然后在 cxfreeze 命令所在目录下，进入 cmd，输入命令"cxfreeze D:/hello.py --target-dir D:/123"，就可以将 D:/hello.py 文件打包到 D:/123 目录下，生成 hello.exe 程序和相关依赖文件。生成的依赖文件如图 8-25 所示。

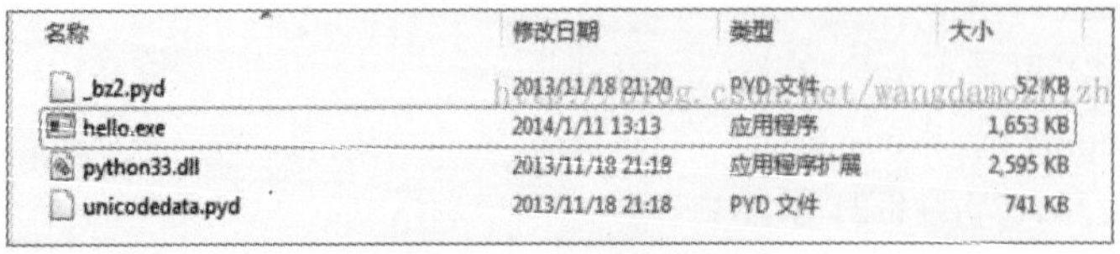

名称	修改日期	类型	大小
_bz2.pyd	2013/11/18 21:20	PYD 文件	52 KB
hello.exe	2014/1/11 13:13	应用程序	1,653 KB
python33.dll	2013/11/18 21:19	应用程序扩展	2,595 KB
unicodedata.pyd	2013/11/18 21:18	PYD 文件	741 KB

图 8-25　依赖文件

当然，这是比较简单的程序，所以相关的依赖文件比较少，当引入外部包比较多，并且希望只生成一个 .exe 文件的时候，可以使用如下命令。

```
cxfreeze D:/hello.py --target-dir D:/123 --no-copy-deps
```

8.4　就业面试技巧与解析

面试官：一个大小为 100GB 的文件 log.txt，要读取文件中的内容，写出具体过程代码。

应聘者：

方法一：利用 open() 系统自带方法生成的迭代对象：

```
with open("./data/log.txt",encoding='utf8') as f:
for line in f:
print(line)
```

for line in f 这种用法是把文件对象 f 当作迭代对象，系统将自动处理 IO 缓冲和内外部存储文件的读写操作。

方法二：将文件切分成小段，每次处理完小段内容后，释放内存，这里会使用 yield 生成自定义可迭代对象，即 generator，每一个带有 yield 的函数就是一个 generator。

```
def read_in_block(file_path):
BLOCK_SIZE = 1024
with open(file_path, "r",encoding='utf8') as f:
while True:
block = f.read(BLOCK_SIZE)    #每次读取固定长度到内存缓冲区
if block:
yield block
else:
return    #如果读取到文件末尾,则退出
file_path = "./data/log.txt"
for block in read_in_block(file_path):
    print(block)
```

第 9 章

数据格式化

 学习指引

本章讲解 Python 中有关数据格式化的内容，其中包括二维数据的处理，网络传输数据的处理等。

 重点导读

- 了解数据的维度。
- 掌握二维数据的格式化和处理方法。
- 掌握二维数据的直观表示方法。
- 掌握高维数据的格式化方法。
- 掌握数据格式的相互转化方法。
- 掌握数据的格式化方法。

9.1　数据的维度

数据维度是一种抽象的概念，在计算机中任何数据都是以一维形式进行存储的，多维只是为了方便人类的阅读与查看。

一个数据表达一个含义，一组数据表达一个或多个含义。

维度：一组数据的组织形式（一维、二维或多维）。

一维数据由对等关系的有序或无序数据构成，采用线性方式组织。

二维数据由多个一维数据构成，是一维数据的组合形式，例如表格就是二维数据的一种。

多维数据由一维或二维数据在新维度上进行扩展，例如加上时间维度。

高维数据利用最简单的二元关系展示数据间的复杂结构，例如说键值对。

1. Python 中数据的维度

一维数据：列表和集合类型。

二维或多维数据：列表。

高维数据：字典、JSON、XML、YAML。

2. 数据的操作周期

存储：在文件中的表现形式。

表示：在程序中的表现形式。

操作：数据存储形式和表现形式之间的转换和处理。

3. 一维数据的表示和存储

1）一维数据的表示

如果数据有序，可使用列表类型。列表类型可以表达一维有序数据，for 循环可以遍历数据，进而对每一个数据进行处理。

如果无序，可使用集合类型。集合类型可以表达一维无序数据，for 循环可以遍历集合，进而对每一个数据进行处理。

2）一维数据的存储

（1）空格分开，不换行。缺点是数据中不能存在空格。

（2）逗号分隔，不换行。缺点是数据中不能存在逗号。

（3）其他方式，可以利用特殊符号或者特殊符号组合进行分隔，例如'$'。缺点是需要根据数据特点进行定义，通用性比较差。

4. 一维数据的操作

一维数据的操作，指的是数据存储格式和表达方式之间的转换，例如，将存储的数据读入程序、将程序表示的数据写入文件。

下面给出一段实例代码，具体代码如下。

```
动作$爱情$言情$剧情$科幻$悬疑
txt=f.open(data.txt).read()
ls=txt.split("$")
f.close()
```

写入文件：

```
ls=['动画','少儿']
f=open(fname,'w')
f.write(' '.join(ls))
f.close()
```

9.2 二维数据的格式化和处理

本节讲解二维数据的格式化和处理，二维数据是一维数据向多维数据转化的初探，因此只要能够理解二维数据，多维数据也就理解了。

9.2.1 二维数据的存储格式

在 Python 中的二维数据可以使用列表来体现，当然也有国际通用 CSV 数据格式。

1. 二维数据的表示

列表类型可以表达二维数据，使用的列表是二维列表，使用两层 for 循环遍历列表的每一个元素，外层列表中的每一个元素可以对应表格的一行或者一列。

2. CSV 数据存储格式

CSV 数据存储格式是国际通用的一种二维数据存储格式，一般以.csv 为扩展名，每行一个一维数据，采用逗号分隔，无空行。

Excel 软件可读入输出，一般编辑软件都可以产生，如果某个元素缺失，逗号仍要保留。二维数据的表头可以作为数据存储，也可以另行存储。符合一般索引习惯，ls[row][cokumn]，先行后列。

例如，类表类型可以表示二维数据：

```
[[424,23423,2342],[131,535,3646]]
```

使用两层 for 循环可以遍历每个元素，外层列表中每个元素可以对应一行，也可以对应一列。一维数据分为列表和集合类型，二维数据只有列表类型。

9.2.2　二维数据的表示和读写

1. 从 CSV 格式的文件中读入数据

```
fo = open(fname)
ls = []
for line in fo:
    line = line.replace("\n","")
    ls.append(line.split(","))
fo.close()
```

2. 二维数据的写入处理

```
ls = [[],[],[]]
f = open (fname,'w')
for item in ls:
    f.write(','.join(item) + '\n')
f.close()
```

3. 二维数据的逐一处理

```
ls = [[],[],[]]
for row in ls:
    for column in row:
        print(ls[row][column])
```

4. wordcloud 库的使用

```
cmd 命令行：pip install wordcloud//安装 wordcloud 库
wordcloud.WordCloud()代表一个文本对应的词云
```

wordcloud 库常规方法见表 9-1。

表 9-1　wordcloud 库常规方法

方　　法	描　　述
w.generate(txt)	向对象 w 中加载文本 txt，>>>w.generate("afwawfawf")
w.to_file(filename)	将词云输出为图像文件，png 或.jpg>>>w.to_file("outfile.png")

配置对象参数见表 9-2。

表 9-2　配置对象参数

参　　数	描　　述
width	指定词云对象生成图片的宽度，默认为 400 像素 >>>w=wordcloud.WordCloud(width=600)

参　　数	描　　述
height	高度，默认为 200 像素
min_font_size	指定词云中字体的最小字号，默认为 4 号
max_font_size	最大字号，根据高度自动调节
font_step	指定词云中字体字号的步进间隔默认为 1
font_path	指定字体文件的路径，默认为 None >>>w=wordcloud.WordCloud(font_path="msyh.ttc")
max_words	指定词云最大单词数量，默认为 20
stop_words	指定词云的排除词列表
mask	指定词云形状，默认为长方形，需要引用 imread()函数 >>>from cipy.misc import imread >>>mk=imread("pic.png") >>>w=wordcloud.WordCloud(mask=mk)
background_color	指定词云图片的背景颜色，默认为黑色

9.3　二维数据的直观表示

二维数据是一维数据的组合形式，由多个一维数据组合形成。列表类型可以表达二维数据，使用的列表是二维列表，使用两层 for 循环遍历列表的每一个元素，外层列表中的每一个元素可以对应表格的一行或者一列。二维数据的直观显示是通过 CSV 格式使用 HTML 文档展示的。

9.3.1　HTML 简介

HTML（Hyper Text Makeup Language，超级文本标记语言）是标准通用标记语言下的一个应用，也是一种规范，一种标准，它通过标记符号来标记要显示的网页中的各个部分。

网页文件本身是一种文本文件，通过在文本文件中添加标记符，可以告诉浏览器如何显示其中的内容（如文字如何处理，画面如何安排，图片如何显示等）。浏览器按顺序阅读网页文件，然后根据标记符解释和显示其标记的内容，对书写出错的标记将不指出其错误，且不停止其解释执行过程，编制者只能通过显示效果来分析出错原因和出错部位。但需要注意的是，对于不同的浏览器，对同一标记符可能会有不完全相同的解释，因而可能会有不同的显示效果。

HTML 的特点如下。

（1）简易性：超级文本标记语言版本升级采用超集方式，从而更加灵活方便。

（2）可扩展性：超级文本标记语言的广泛应用带来了加强功能、增加标识符等要求，超级文本标记语言采取子类元素的方式，为系统扩展带来保证。

（3）平台无关性：虽然个人计算机大行其道，但使用 MAC 等其他机器的大有人在，超级文本标记语言可以使用在广泛的平台上，这也是万维网（WWW）盛行的另一个原因。

（4）通用性：HTML 是网络的通用语言，是一种简单、通用的全置标记语言，它允许网页制作人建立文本与图片相结合的复杂页面，这些页面可以被网上任何其他人浏览到，无论使用的是什么类型的计算机或浏览器。

简单理解：正如我们写的 Python 代码，解释器是 Python，HTML 的代码解释器就是浏览器，解释器当然就有相应的解释"规则"，而这些规则就是 HTML。

```
<!DOCTYPE html> #HTML 文档类型,这个是 HTML5 写法
<html>
    <head>
    </head>
    <body>
    </body>
</html>
```

以 html 开头和 html 结尾，中间包含 head 和 body，如果把 html 看作人，那么 head 就是头，body 就是身体，所以头部里的东西一般都是看不见的。

\<head>和\</head>之间的内容，是元信息和网站的标题元信息，一般是不显示出来的，但是记录了该 HTML 文件的很多有用的信息。

\<body>和\</body>之间的内容，是浏览器呈现出来的，即用户看到的页面效果。这里是网页的主题内容。

HTML 是一种标签语言，诸如\<head>、\<body>、\<table>等被尖括号"\<"和"\>"包起来的对象，绝大部分的标签都是成对出现的，如\<table>\</talbe>、\<form>\</form>。当然还有少部分不是成对出现的，如\
、\<hr>等。标签可以嵌套，例如在 body 标签中嵌套 form 标签，在 form 中又可以嵌套其他标签。

1. 标签分类

闭合标签：有开始标签和结束标签，必须成对出现，例如\<html>\</html>。

自闭合标签：单个存在的标签，自己封闭，如\
，这里不加/也不会出错。

1) head 标签

head 头部中包含的标记是页面的标题、序言、说明等内容，它本身不作为内容来显示，但影响网页显示的效果。头部中最常用的标记符是标题标记符和 meta 标记符，其中，标题标记符用于定义网页的标题，它的内容显示在网页窗口的标题栏中，网页标题可被浏览器用作书签和收藏清单。

设置文档标题和其他在网页中不显示的信息，例如方向 direction、语言代码 Language Code（实体定义!ENTITY % i18n）、字典中的元信息，等等。

title：在 head 中是为数不多的能在网页中显示的标签，效果是显示网页的名字。

```
<title>hello wd</title>
```

meta：定义了一个文档和外部资源之间的关系,提供有关页面的元信息，如页面编码、刷新、跳转、针对搜索引擎和更新频度的描述和关键词、页面编码。

设置编码：

```
<meta charset="UTF-8">
```

自动刷新页面：

```
<meta http-equiv="Refresh" content="3"> #3 秒刷新一次页面
```

跳转：

```
<meta http-equiv="refresh" content="3;Url=http://www.baidu.com">#3 秒钟后跳转至 www.baidu.com
```

关键字信息：

```
<meta name="keywords" content="this is wd home">
兼容 IE: X-UA-Compatible
<meta http-equiv="X-UA-Compatible" content="IE=IE9;IE=IE8;IE=EmulateIE7" />
```

提示：微软的 IE 6 是通过 Windows XP、Windows 2003 等操作系统发布出来，作为占统治地位的桌面操作系统，也使得 IE 占据了统治地位，许多网站在开发的时候，就按照 IE 6 的标准去开发，而 IE 6 自身的标准也是微软公司内部定义的。到了 IE 7 出来的时候，采用了微软公司内部标准以及部分 W3C 的标准，这个时候许多网站升级到 IE 7 就比较痛苦，很多代码必须调整后才能够正常运行。而到了微软的 IE 8，基本上把微软内部自己定义的标准抛弃了，而全面支持 W3C 的标准，由于基于对标准彻底的变化，使得原先在早期 IE 8 版本上能够访问的网站，在 IE 8 中无法正常访问，会出现一些排版错乱、文字重叠、显示不全等兼容性错误。

与任何早期浏览器版本相比，IE 8 对行业标准提供了更加紧密的支持。因此，针对旧版本浏览器设计的站点可能不会按预期显示。为了帮助减轻任何问题，IE 8 引入了文档兼容性的概念，从而允许用户指定站点所支持的 IE 版本。文档兼容性在 IE 8 中添加了新的模式；这些模式将告诉浏览器如何解释和呈现网站。如果站点在 IE 8 中无法正确显示，则可以更新该站点以支持最新的 Web 标准（首选方式），也可以强制 IE 8 按照在旧版本的浏览器中查看站点的方式来显示内容。通过使用 meta 元素将 X-UA-Compatible 标头添加到网页中，可以实现这一点。

当 IE 8 遇到未包含 X-UA-Compatible 标头的网页时，它将使用指令来确定如何显示该网页。如果该指令丢失或未指定基于标准的文档类型，则 IE 8 将以 IE 5 模式（Quirks 模式）显示该网页。

```
Link
<link>
css
< link rel="stylesheet" type="text/css" href="css/common.css" >
icon
< link rel="shortcut icon" href="image/favicon.ico">#图标
```

2）body 标签

分类如下。

块级标签：标签独占一行，如 a、div、select。

行内标签：标签本身占多少页面上就占多少，如 p、h、span。

特殊符号（常见）：

```
 :空格
&gt: >（大于）
&lt: <（小于）
<br/>:换行
```

（1）标题：h 标签。

标题通过 h1~h6 来定义，字号大小递增。

```
<h1>wd</h1>
<h6>wd</h6>
```

（2）段落：p 标签。

p 段落标签是块级标签，段落与段落之间有间距，并可以嵌套换行标签
。

```
<p>段落 1</p>
<p>段落 2</p>
<p>段落 3<br/>这里换行了</p>
```

（3）div 标签：可理解为"白板"，本身不对内容做任何渲染，后续会提及如何使用 style 来渲染，属于块级标签。

```
<div>my name is wd</div>
```

（4）span 标签：同 div 一样，span 也是空白，本身不对内容做渲染，但是属于行内标签。

```
<span>haha</span>
<span>yes yes</span>
```

（5）a 标签：是应用网站链接使用的标签，可以是图片或者其他 HTML 元素。

```
<a href="http://www.baidu.com">百度搜索</a>
```

target 属性：定义超链接是在当前窗口显示还是新窗口显示。

```
<a href="http://www.baidu.com" target="_blank">百度搜索</a>
#超链接在新窗口打开
a 标签作锚点
```

href 中通过设置#+标签 id 关联跳转，实质上也是跳转。

```
<!DOCTYPE html>
<html lang="en">
<head>
    <meta charset="UTF-8">
    <title>hell wd</title>
</head>
<body>
<a href="#i1">第一章</a>
<a href="#i2">第二章</a>
<a href="#i3">第三章</a>
<a href="#i4">第四章</a>
<!--关联关系必须使用id,并且href中必须使用#+id形式-->
<div id="i1" style="height: 300px;">第一章内容</div>
<div id="i2" style="height: 300px;">第二章内容</div>
<div id="i3" style="height: 300px;">第三章内容</div>
<div id="i4" style="height: 300px;">第四章内容</div>
</body>
</html>
```

（6）input 标签：是使用最多的标签之一，并且其属性有多种，不同的属性对应着不同样式。
下面主要介绍 type 属性。

① text：文本。输入的字符串为文本。

② password：密码。输入的字符串为密文。

③ button：按钮。默认并无实际作用，后续会在 JS 中提及其作用。

④ submit：提交。提交 form 表单使用。

⑤ value：属性值。

⑥ name：为传输的内容设置 key，方便后台取数据。

这里给出一段实例，具体代码如下。

```
<body>
<input type="text"/>
<input type="password">
<input type="button" value="登录" >
<input type="submit" value="登录1">
</body>
```

还有其他标签，感兴趣的读者可以自行查阅。

9.3.2 CSV 格式使用 HTML 文档展示

Python 中将 CSV 格式文件使用 HTML 进行展示。CSV 本身是二维数据，HTML 也是二维数据，因此它们之间可以转换。

下面给出一段实例，具体代码如下。

```python
def main():
    maxwidth=100#控制 cell 长度
    print_start()
    count=0
    while True:
        try:
            #控制每行显示的颜色,首行绿色
            #偶数行为白色
            #其他行显示***
            line=input()
            if count==0:
                color="lightgreen"
            elif count%2:
                color="white"
            else:
                color="lightyellow"
            #输出每一行
            print_line(line,color,maxwidth)
            count+=1
        except EOFError:
            break
    print_end()
def print_start():
    print("<table border='1'>")
def print_end():
    print("</table>")
#打印一行
#不能使用 str.split(",")将每行分隔成不同字段,因为引号内也可能包含逗号
#因而在 extract_field()中实现这一功能
def print_line(line,color,maxwidth):
    print("<tr bgcolor='{0}'>".format(color))#打印行首
    fields=extract_fields(line)
    for field in fields:
        if not field:
            print("<td></td>")
        else:
            #表示的数字可能含有字符",",将其替换
            number=field.replace(",","")
            try:
                x=float(number)#
#打印行尾#round(): 四舍五入
                print("<td align='right'>{0:d}</td>".format(round(x)))
            except ValueError:
                field=field.title();#整理字符的大小
```

```
                field=field.replace(" And "," and ")
                if len(field)<=maxwidth:
                    field=escape_html(field)#将特殊意义的字符转义
                else:
                    field="{0}...".format(escape_html(field[:maxwidth]))
                print("<td>{0}</td>".format(field))#打印行尾
        print("</tr>")
#CSV格式文件用","划分字段,将其改变为用空格划分字段
def extract_fields(line):
    fields=[]
    field=""
    quote=None
    for c in line:
        if c in "\"":
            if quote is None:
                quote=c
            elif quote==c:
                quote=None
            else:
                field+=c
            continue
        if quote is None and c==",":
            fields.append(field)
            field=""
        else:
            field +=c
    if field:
        fields.append(field)
    return fields
def escape_html(text):
    text=text.replace("&","&amp;")
    text=text.replace("<","&lt;")
    text=text.replace(">","&gt;")
    return text
main()#执行整个程序
```

9.4　高维数据的格式化

高维数据在 Python 中使用了 JSON 与 XML 两种格式，它们是用于进行网络传输的数据格式。

9.4.1　JSON 格式

JSON（JavaScript Object Notation，JS 对象标记）是一种轻量级的数据交换格式，它基于 ECMAScript（欧洲计算机协会制定的 JS 规范）的一个子集，采用完全独立于编程语言的文本格式来存储和表示数据。

1. JSON 语法规则

（1）对象表示为键值对；

（2）数据由逗号分隔；

（3）花括号保存对象；

（4）方括号保存数组。

2. JSON 键值对

JSON 键值对是用来保存 JS 对象的一种方式，和 JS 对象的写法也大同小异，键值对组合中的键名写在前面并用双引号""包裹，使用冒号（：）分隔，然后紧接着值。

```
{"firstName": "Json"}
```

3. JSON 与 JS 对象的关系

很多人搞不清楚 JSON 和 JS 对象的关系，甚至连谁是谁都不清楚，其实可以这么理解：

JSON 是 JS 对象的字符串表示法，它使用文本表示一个 JS 对象的信息，本质是一个字符串。

例如：

```
var obj = {a: 'Hello', b: 'World'};         //这是一个对象,注意键名也是可以使用引号包裹的
var json = '{"a": "Hello", "b": "World"}';  //这是一个 JSON 字符串,本质是一个字符串
```

在 JS 语言中，一切都是对象。因此，任何支持的类型都可以通过 JSON 来表示，例如字符串、数字、对象、数组等。但是对象和数组是比较特殊且常用的两种类型。

对象在 JS 中是使用花括号{}包裹起来的内容，数据结构为{key1：value1, key2：value2, …}的键值对结构。在面向对象的语言中，key 为对象的属性，value 为对应的值。键名可以使用整数和字符串来表示。值的类型可以是任意类型。

数组在 JS 中是方括号[]包裹起来的内容，数据结构为["java","javascript","vb",…]的索引结构。在 JS 中，数组是一种比较特殊的数据类型，它也可以像对象那样使用键值对，但还是索引使用得多。同样，值的类型可以是任意类型。

例如：

```
{ "people":[
{"firstName": "Brett","lastName":"McLaughlin"},
{"firstName":"Jason","lastName":"Hunter"} ]
}
```

9.4.2　XML 格式

可扩展标记语言（标准通用标记语言的子集）是一种简单的数据存储语言，使用一系列简单的标记描述数据，而这些标记可以用简单的方式建立。虽然可扩展标记语言占用的空间比二进制数据要更多，但可扩展标记语言极其简单，易于掌握和使用。

XML 的前身是标准通用标记语言，是自 IBM 从 20 世纪 60 年代就开始发展的通用标记语言。

同 HTML 一样，可扩展标记语言是标准通用标记语言的一个子集，它是描述网络上的数据内容和结构的标准。尽管如此，XML 不像 HTML，HTML 仅提供了在页面上显示信息的通用方法（没有上下文相关和动态功能），XML 则对数据赋予上下文相关功能，它继承了标准通用标记语言的大部分功能，却使用了不太复杂的技术。

为了使标准通用标记语言显得用户友好，XML 重新定义了标准通用标记语言的一些内部值和参数，去掉了大量的很少用到的功能，这些繁杂的功能使得标准通用标记语言在设计网站时显得复杂化。XML 保留了标准通用标记语言的结构化功能，这样就使得网站设计者可以定义自己的文档类型，XML 同时也推出了一种新型文档类型，使得开发者也可以不必定义文档类型。

XML 与 HTML 的主要差异如下。

（1）XML 不是 HTML 的替代。

（2）XML 和 HTML 为不同的目的而设计。

（3）XML 被设计为传输和存储数据，其焦点是数据的内容。

（4）HTML 被设计用来显示数据，其焦点是数据的外观。

（5）HTML 旨在显示信息，而 XML 旨在传输信息。

XML 只是用于传输数据的，因此 XML 不会做任何事情。XML 被设计用来结构化、存储以及传输信息。

例如，下面是 John 写给 George 的便签，存储为 XML。

```
<note>
<to>George</to>
<from>John</from>
<heading>Reminder</heading>
<body>Don't forget the meeting!</body>
</note>
```

上面的这条便签具有自我描述性。它拥有标题以及留言，同时包含发送者和接收者的信息。

但是，这个 XML 文档仍然没有做任何事情。它仅仅是包装在 XML 标签中的纯粹的信息。我们需要编写软件或者程序，才能传送、接收和显示出这个文档。

XML 没什么特别的，它仅仅是纯文本而已。所有可以编辑纯文本的软件都可以处理 XML。不过，能够读懂 XML 的应用程序可以有针对性地处理 XML 的标签。标签的功能性意义依赖于应用程序的特性。

通过 XML 用户也可以发明自己的标签。

上例中的标签没有在任何 XML 标准中定义过（例如<to>和<from>），这些标签是由文档的创作者发明的。这是因为 XML 没有预定义的标签。

而在 HTML 中使用的标签（以及 HTML 的结构）是预定义的。HTML 文档只使用在 HTML 标准中定义过的标签（例如<p>、<h1>等）。

XML 不会替代 HTML，理解这一点很重要。在大多数 Web 应用程序中，XML 用于传输数据，而 HTML 用于格式化并显示数据。

9.5 数据格式的相互转换

多维数据同二维数据一样，也是可以相互转换的，本节讲解 JSON 库的使用以及 CSV 与 JSON 之间的转换。

9.5.1 JSON 库的使用

JSON 通常用于在 Web 客户端和服务器间进行数据交换，即把字符串类型的数据转换成 Python 基本数据类型，或者将 Python 基本数据类型转换成字符串类型，为此 Python 中提供了标准 JSON 库。

使用 JSON 函数需要导入 JSON 库：import json。

常用方法见表 9-3。

表 9-3　JSON 函数常见方法

方　　法	说　　明
json.loads(obj)	将字符串序列化成 Python 的基本数据类型，注意单引号与双引号
json.dumps(obj)	将 Python 的基本数据类型序列化成字符串
json.load(obj)	读取文件中的字符串，序列化成 Python 的基本数据类型
json.dump(obj)	将 Python 的基本数据类型序列化成字符串并写入到文件中

下面给出转换实例。

（1）将字符串序列化成字典。

创建一个字符串变量 dict_str，具体代码如下。

```
>>> dict_str = '{"k1":"v1","k2":"v2"}'
#数据类型为 str
>>> type(dict_str)
<class 'str'>
```

（2）将字符串变量 dict_str 序列化成字典格式，具体代码如下。

```
>>> import json
>>> dict_json = json.loads(dict_str)
```

（3）查看数据类型并输出内容。

```
>>> type(dict_json)
#数据类型被序列化成字典格式了
<class 'dict'>
>>> dict_json
{'k1': 'v1', 'k2': 'v2'}
```

（4）将一个列表类型的变量序列化成字符串类型。

```
>>> json_li = [11,22,33,44]
#数据类型为 list
>>> type(json_li)
<class 'list'>
```

（5）将字符串类型转换为 Python 的基本数据类型。

```
>>> import json
>>> json_str = json.dumps(json_li)
```

（6）查看数据类型。

```
>>> type(json_str)
<class 'str'>
>>> json_str
'[11, 22, 33, 44]'
```

（7）把字典当作字符串存入 db 文件当中。

```
#创建一个字典的数据类型
>>> dic = {"k1":123,"k2":456}
#输出类型及内容
>>> print(type(dic),dic)
(<type 'dict'>, {'k2': 456, 'k1': 123})
#导入 json 模块
>>> import json
```

```
#将dic转换为字符串并且写入到当前目录下面的db文件内,如果没有该文件则创建
>>> json.dump(dic,open("db","w"))
#导入os模块查看
>>> import os
#查看当前目录下面的文件
>>> os.system("ls -l")
#查看文件db的内容,最后面那个0是代表命令执行成功
>>> os.system("cat db")
{"k2": 456, "k1": 123}0
```

（8）读取文件内容，把读取出来的字符串转换成 Python 的基本数据类型。

```
#读取当前目录下面的db文件,把内容转换为Python的基本数据类型并赋值给result
>>> result = json.load(open("db","r"))
#查看对象result的数据类型及内容
>>> print(type(result),result)
(<type 'dict'>, {u'k2': 456, u'k1': 123})
```

9.5.2　CSV 格式和 JSON 格式相互转换

本节讲解 CSV 格式数据与 JSON 数据之间的相互转换，在 Python 中也提供了相应的库函数。

1. CSV 格式转换成 JSON 格式

CSV 文件内容如下。

```
1 Twin Oaks Place
10 Marquette Rd.
12 Craven Way
12 Fort Sheriden Ave
12 Skokie Valley Rd
12 Walker Ave
120 high St
```

使用内置函数处理：

```
import sys                        //导入系统库
import json                       //导入JSON库
reload(sys)
sys.setdefaultencoding('utf-8')   //设置编码方式
#根据列表中是否为空,将不为空的配成键值对更新到字典中
def list_name(keyname, value1, dict1=None):
    dict1 = dict(zip(keyname, value1))
    return dict1
with open(r'D:\address.csv', 'rb') as f:
    for line in f:
        if line == []:
            line =""
        else:
            if line[-1] == "\n":
                line = line[:-1]
                if line[-1] == "\r":
                    line = line[:-1]
            akk = [y for y in line.split(" ")]
            key1 = ['street','namefirst','namelast','address']
```

```
            a1 = {}
            arr = list_name(key1,akk,a1)
            arr = json.dumps(arr)
            print arr
```

输出结果如下。

```
{"namelast": "Oaks", "street": "1", "namefirst": "Twin", "address": "Place"}
{"namelast": "Rd.", "street": "10", "namefirst": "Marquette"}
{"namelast": "Way", "street": "12", "namefirst": "Craven"}
{"namelast": "Sheriden", "street": "12", "namefirst": "Fort", "address": "Ave."}
{"namelast": "Valley", "street": "12", "namefirst": "Skokie", "address": "Rd."}
{"namelast": "Ave.", "street": "12", "namefirst": "Walker"}
{"namelast": "St.", "street": "120", "namefirst": "high"}
```

自己定义函数，内容可控。

```
import sys
import json
reload(sys)
sys.setdefaultencoding('utf-8')
#根据列表中是否为空，将不为空的配成键值对更新到字典中
def list_name(keyname, value1, dict1=None):
    for i in range(0, len(value1)):
        if value1[i] == "":
            break
        else:
            dit = {keyname[i]: value1[i]}
            dict1.update(dit)
        i += 1;
    return dict1
with open(r'D:\address.csv', 'rb') as f://打开 CSV 文件
    for line in f:
        if line == []:
            line =""
        else:
            if line[-1] == "\n":
                line = line[:-1]
                if line[-1] == "\r":
                    line = line[:-1]
            akk = [y for y in line.split(" ")]
            key1 = ['street','namefirst','namelast','address']
            a1 = {}
            arr = list_name(key1,akk,a1)
            arr = json.dumps(arr)
            print arr
```

输出结果如下。

```
{"namelast": "Oaks", "street": "1", "namefirst": "Twin", "address": "Place"}
{"namelast": "Rd.", "street": "10", "namefirst": "Marquette"}
{"namelast": "Way", "street": "12", "namefirst": "Craven"}
{"namelast": "Sheriden", "street": "12", "namefirst": "Fort", "address": "Ave."}
{"namelast": "Valley", "street": "12", "namefirst": "Skokie", "address": "Rd."}
{"namelast": "Ave.", "street": "12", "namefirst": "Walker"}
{"namelast": "St.", "street": "120", "namefirst": "high"}
```

2. JSON 格式转换成 CSV 格式

```
import json
fr=open("C:\\Users\\Administrator\\Desktop\\price.json","r")          #打开 JSON 文件
```

```
ls=json.load(fr)                           #将 JSON 格式的字符串转换成 Python 的数据类型,解码过程
data=[ list(ls[0].keys()) ]                #获取列名,即 key
for item in ls:
    data.append(list(item.values()))       #获取每一行的值 value
fr.close()                                 #关闭 JSON 文件
fw=open("C:\\Users\\Administrator\\Desktop\\price.csv","w")      #打开 CSV 文件
for line in data:
    fw.write(",".join(line)+"\n")          #以逗号分隔一行的每个元素,最后换行
fw.close()                                 #关闭 CSV 文件
```

9.6 图像数据的格式化

图像数据在计算机中也是以二进制的形式进行存放，输出是通过 Python 提供的库函数读取输出。

9.6.1 PIL 库的安装和简单使用

PIL（Python Imaging Library Python，图像处理类库）提供了通用的图像处理功能，以及大量有用的基本图像操作，例如图像缩放、裁剪、旋转、颜色转换等。

PIL 是 Python 一个强大方便的图像处理库，不过只支持到 Python 2.7，因此如果选用 Python 3.0 以上版本可以选取 Pillow，Pillow 是 PIL 的一个派生分支，但如今已经发展成为比 PIL 本身更具活力的图像处理库。

在命令行使用 PIP 安装：pip install Pillow。

PIL 可以做很多和图像处理相关的事情。

（1）图像归档（Image Archives）。PIL 非常适合于图像归档以及图像的批处理任务。可以使用 PIL 创建缩略图，转换图像格式，打印图像等。

（2）图像展示（Image Display）。PIL 较新的版本支持包括 Tk PhotoImage、BitmapImage 还有 Windows DIB 等接口。PIL 支持众多的 GUI 框架接口，可以用于图像展示。

（3）图像处理（Image Processing）。PIL 包括基础的图像处理函数，包括对点的处理，使用众多的卷积核做过滤，还有颜色空间的转换。PIL 库同样支持图像的大小转换，图像旋转，以及任意的仿射变换。PIL 还有一些直方图的方法，允许展示图像的一些统计特性，可以用来实现图像的自动对比度增强，以及全局的统计分析等。

Image 类是 PIL 中的核心类，可以有很多种方式来对它进行初始化，例如从文件中加载一张图像，处理其他形式的图像，或者是新建一张新图像等。下面是 PIL Image 类中常用的方法。

（1）open(filename,mode)：打开一张图像。下面给出一点儿实例，具体代码如下。

```
>>> from PIL import Image
>>> Image.open("dog.jpg","r")
<PIL.JpegImagePlugin.JpegImageFile image mode=RGB
size=296x299 at 0x7F62BDB5B0F0>
>>> im = Image.open("dog.jpg","r")
>>> print(im.size,im.format,im.mode)
(296, 299) JPEG RGB
```

Image.open 返回一个 Image 对象，该对象有 size、format、mode 等属性。其中，size 表示图像的宽度和高度（用像素表示）；format 表示图像的格式，常见的包括 JPEG、PNG 等格式；mode 表示图像的模式，定

义了像素类型及图像深度等，常见的有 RGB、HSV 等。一般来说，L 表示灰度图像，RGB 表示真彩图像，CMYK 表示预先压缩的图像。一旦得到了打开的 Image 对象之后，便可以使用其众多的方法对图像进行处理了，例如使用 im.show()可以展示上面得到的图像。

（2）save(filename,format)：保存指定格式的图像。

```
>>> im.save("dog.png",'png')这段代码将图像重新保存成 png 格式。
```

（3）thumbnail(size,resample)：创建缩略图。

```
>>> im.thumbnail((50,50),resample=Image.BICUBIC)
>>> im.show()
```

以上代码可以创建一个指定大小（size）的缩略图。需要注意的是，thumbnail 方法是原地操作，返回值是 None。第一个参数是指定缩略图的大小；第二个是采样的，有 Image.BICUBIC、PIL.Image.LANCZOS、PIL.Image.BILINEAR、PIL.Image.NEAREST 这四种采样方法，默认是 Image.BICUBIC。

（4）crop(box)：裁剪矩形区域。

```
>>> im = Image.open("dog.jpg","r")
>>> box = (100,100,200,200)
>>> region = im.crop(box)
>>> region.show()
im.crop()
```

以上代码在 im 图像上裁剪了一个 box 矩形区域，然后显示出来。box 是一个有四个数字的元组（upper_left_x,upper_left_y,lower_right_x,lower_right_y），它们分别表示裁剪矩形区域的左上角（x,y）坐标，右下角的（x,y）坐标，规定图像的最左上角的坐标为原点（0,0），宽度的方向为 x 轴，高度的方向为 y 轴，每一个像素代表一个坐标单位。crop()返回的仍然是一个 Image 对象。

（5）transpose(method)：图像翻转或者旋转。

```
>>> im_rotate_180 = im.transpose(Image.ROTATE_180)
>>> im_rotate_180.show()
```

以上代码将 im 逆时针旋转 180°，然后显示出来，method 是 transpose 的参数，表示选择什么样的翻转或者旋转方式，有以下几个取值。

```
Image.FLIP_LEFT_RIGHT：表示将图像左右翻转
Image.FLIP_TOP_BOTTOM：表示将图像上下翻转
Image.ROTATE_90：表示将图像逆时针旋转 90°
Image.ROTATE_180：表示将图像逆时针旋转 180°
Image.ROTATE_270：表示将图像逆时针旋转 270°
Image.TRANSPOSE：表示将图像进行转置（相当于顺时针旋转 90°）
Image.TRANSVERSE：表示将图像进行转置,再水平翻转
```

（6）paste(region,box,mask)：将一个图像粘贴到另一个图像。

```
>>> im.paste(region,(100,100),None)
>>> im.show()
```

以上代码将 region 图像粘贴到左上角为（100,100）的位置。region 是要粘贴的 Image 对象，box 是要粘贴的位置，可以是一个两个元素的元组，表示粘贴区域的左上角坐标，也可以是一个四个元素的元组，表示左上角和右下角的坐标。如果是四个元素元组，box 的 size 必须要和 region 的 size 保持一致，否则将会被转换成和 region 一样的 size。

（7）split()：颜色通道分离。

```
>>> r,g,b = im.split()
>>> r.show()
>>> g.show()
```

```
>>> b.show()
```

split()方法可以将原来图像的各个通道分离，例如对于 RGB 图像，可以将其 R,G,B 三个颜色通道分离。

（8）merge(mode,channels)：颜色通道合并。

```
>>> im_merge = Image.merge("RGB",[b,r,g])
>>> im_merge.show()
```

merge 方法和 split 方法是相对的，其将多个单一通道的序列合并起来，组成一个多通道的图像。mode 是合并之后图像的模式，例如 RGB；channels 是多个单一通道组成的序列。

（9）resize(size,resample,box)：将原始的图像转换大小。

```
>>> im_resize = im.resize((200,200))
>>> im_resize
<PIL.Image.Image image mode=RGB size=200x200 at 0x7F62B9E23470>
>>> im_resize.show()
>>> im_resize_box = im.resize((100,100),box = (0,0,50,50))
>>> im_resize_box.show()
```

size 是转换之后的大小；resample 是重新采样使用的方法，仍然有 Image.BICUBIC、PIL.Image.LANCZOS、PIL.Image.BILINEAR、PIL.Image.NEAREST 这四种采样方法，默认是 PIL.Image.NEAREST；box 是指定的要 resize 的图像区域，是一个用四个元组指定的区域（含义和上面所述 box 一致）。

（10）convert(mode,matrix,dither,palette,colors)：mode 转换。

```
>>> im_L = im.convert("L")
>>> im_L.show()
>>> im_rgb = im_L.convert("RGB")
>>> im_rgb.show()
>>> im_L.mode
'L'
>>> im_rgb.mode
'RGB'
```

convert 方法可以改变图像的 mode，一般是在 RGB（真彩图）、L（灰度图）、CMYK（压缩图）之间转换。上面的代码就是首先将图像转换为灰度图，再从灰度图转换为真彩图。值得注意的是，从灰度图转换为真彩图，虽然理论上确实转换成功了，但是实际上是很难恢复成原来的真彩模式（不唯一）。

（11）filter(filter)：应用过滤器。

```
>>> im = Image.open("dog.jpg","r")
>>> from PIL import ImageFilter
>>> im_blur = im.filter(ImageFilter.BLUR)
>>> im_blur.show()
>>> im_find_edges = im.filter(ImageFilter.FIND_EDGES)
>>> im_find_edges.show()
>>> im_find_edges.save("find_edges.jpg")
>>> im_blur.save("blur.jpg")
```

filter 方法可以将一些过滤器操作应用于原始图像，例如模糊操作，查找边、角点操作等。filter 是过滤器函数，在 PIL.ImageFilter 函数中定义了大量内置的 filter()函数，例如 BLUR（模糊操作）、GaussianBlur（高斯模糊）、MedianFilter（中值过滤器）、FIND_EDGES（查找边）等。

（12）point(lut,mode)：对图像像素进行操作。

```
>>> im_point = im.point(lambda x:x*1.5)
>>> im_point.show()
```

```
>>> im_point.save("im_point.jpg")
```

point 方法可以对图像进行单个像素的操作，上面的代码对 point 方法传入了一个匿名函数，表示将图像的每个像素点大小都乘以 1.5。mode 是返回的图像的模式，默认是和原来图像的 mode 一样的。

9.6.2 字符画绘制

字符画是一系列字符的组合，可以把字符看作比较大块的像素，将一个字符替换成一块颜色，字符的种类越多，可以表现的颜色也越多，图片也会更有层次感。

如果需要转换一张彩色的图片，这么多的颜色，要怎么对应到单色的字符画上去？这便引出一个灰度值的概念。

灰度值：指黑白图像中点的颜色深度，范围一般为 0~255，白色为 255，黑色为 0，故黑白图片也称为灰度图像。

可以使用灰度值公式将像素的 RGB 值映射到灰度值：

```
gray = 0.2126 * r + 0.7152 * g + 0.0722 * b
```

这里给出一个字符画绘制实例，具体代码如下。

```
import argparse
from PIL import Image                                    #导入图像库
parser = argparse.ArgumentParser()                       #命令行输入参数处理
parser.add_argument('file')                              #输入文件
parser.add_argument('-o', '--output')                    #输出文件
parser.add_argument('--width', type = int, default = 80) #输出字符画宽
parser.add_argument('--height', type = int, default = 80)#输出字符画高
#获取参数
args = parser.parse_args()
IMG = args.file
WIDTH = args.width
HEIGHT = args.height
OUTPUT = args.output
#定义一个 ASCII 的列表,其实就是让图片上的灰度与字符对应
ascii_char = list("$@B%8&WM#*oahkbdpqwmZO0QLCJUYXzcvunxrjft/\|()1{}[]?-_+~<>i!lI;:,\"^`'. ")
# 将 256 灰度映射到 70 个字符上
def get_char(r,g,b,alpha = 256):       #这个调用跟 im.getpixel 函数有关,这个函数是根据图片的横纵坐标,把图
                                       #片解析成 r,g,b,alpha(灰度)有关的四个参数,所以这里输入参数是四个
    if alpha == 0:                     #如果灰度是 0,说明这里没有图片
        return ' '
    length = len(ascii_char)           #计算这些字符的长度
    gray = int(0.2126 * r + 0.7152 * g + 0.0722 * b)  #把图片的 RGB 值转换成灰度值
    unit = (256.0 + 1)/length #257/length
    return ascii_char[int(gray/unit)]  #这相当于选出了灰度与哪个字符对应
if __name__ == '__main__':             #如果是本程序调用,则执行以下程序
    im = Image.open(IMG)               #打开图片
    im = im.resize((WIDTH,HEIGHT), Image.NEAREST)  #更改图片的显示比例
    txt = ""                           #txt 初始值为空
    for i in range(HEIGHT):            #i 代表纵坐标
        for j in range(WIDTH):         #j 代表横坐标
            txt += get_char(*im.getpixel((j,i)))
#把图片按照横纵坐标解析成 r,g,b 以及 alpha 这几个参数,然后调用 get_char 函数,把对应的图片转换成灰度值,把对应值
```

```
的字符存入 txt 中
        txt += '\n'                                    #每行的结尾处,自动换行
    print(txt)                                         #在界面打印 txt 文件
    #字符画输出到文件
    if OUTPUT:
        with open(OUTPUT,'w') as f:                    #文件输出
            f.write(txt)
    else:
        with open("output.txt",'w') as f:             #文件输出
            f.write(txt)
```

9.7 就业面试技巧与解析

数据是将抽象事物实体化的一个过程，任何一门计算机语言都需要将现实事物抽象为具体的数据，因此数据处理在 Python 语言中非常重要。合理地存放数据可以优化程序执行效率，因此数据格式也是面试中必考题目之一。读者应从 Python 中都有哪些格式化数据入手，它们之间有什么优劣关系，熟悉这些足以应对面试。

9.7.1 面试技巧与解析（一）

面试官：JSON 序列化时，可以处理的数据类型有哪些？

应聘者：可以处理的数据类型是 string、int、list、tuple、dict、bool、null。

9.7.2 面试技巧与解析（二）

面试官：Python 字典和 JSON 字符串相互转换的方法是什么？

应聘者：

```
#json.dumps()字典转 JSON 字符串,json.loads()JSON 转字典
import json
dic = {"name":"zs"}
res = json.dumps(dic)
print(res,type(res))
ret = json.loads(res)
print(ret,type(ret))
输出:
{"name": "zs"} <class 'str'>
{'name': 'zs'} <class 'dict'>
```

第 10 章

Python 类的使用

学习指引

Python 从设计之初就已经是一门面向对象的语言，正因为如此，在 Python 中创建一个类和对象是很容易的。本章将详细介绍 Python 的面向对象编程。

重点导读

- 了解面向对象。
- 掌握 Python 中类的使用。
- 掌握 Python 类的继承。
- 进行 Python 实战。

10.1　面向对象

面向对象编程（Object Oriented Programming，OOP）是一种编程范例，它提供了一种结构化程序的方法，以便将属性和行为捆绑到单个对象中。

例如，对象可以具有姓名、年龄、地址等属性，具有行走、说话、呼吸和跑步等行为；或者包含收件人列表、主题、正文等属性，以及添加附件和发送等行为。

10.2　Python 基本类的创建

Python 中同样使用关键字 class 创建一个类，类名称第一个字母大写，可以带括号，也可以不带括号。Python 中实例化类不需要使用关键字 new（也没有这个关键字），类的实例化类似函数调用方式。

10.2.1　初识类

【例 10-1】代码如下。

```
#定义函数的方式
class Dog:
    pass
定义一个类的格式:
#定义类的方式
'''
class 类名:
    '类的文档字符串'
    类体
'''
```

【例 10-2】代码如下。

```
#创建一个类
class Data:
    Pass


#定义函数的属性
class Animal:              #定义一个动物类
    role = 'animal'       #角色属性都是动物（类的静态属性）
    def run(self):        #动物都可以跑,也就是有一个跑的方法,也叫动态属性
        print("animal is walking...")
```

10.2.2　属性的引用

接下来用一个动物类和一个人的类来描述如何使用类的属性。

【例 10-3】用一个动物类来描述如何使用类的属性。

```
#定义函数的属性
class Animal:              #定义一个动物类
    role = 'animal'       #角色属性都是动物（类的静态属性）
    def run(self):        #动物都可以跑,也就是有一个跑的方法,也叫动态属性
        print("animal is walking...")


print(Animal.role)        #查看动物的 role 属性
print(Animal.run)         #引用动物的 run 方法,注意,这里不是在调用
```

程序运行结果如图 10-1 所示。

图 10-1　属性的使用

【例 10-4】用一个人类来描述如何使用类的属性。

```
class Person:                    #定义一个人类
    role = 'person'             #角色属性都是人
    def __init__(self,name):
        self.name = name        #每一个角色都有自己的昵称


    def walk(self):             #人都可以走路,也就是有一个走路方法
        print("person is walking...")


print(Person.role)             #查看人的 role 属性
print(Person.walk)             #引用人的 walk 方法,注意,这里不是在调用
```

程序运行结果如图 10-2 所示。

图 10-2　属性的使用

所有类都创建对象，所有对象都包含称为属性的特征（在开头段落中称为属性）。使用__init__()方法通过为对象的初始属性提供其默认值（或状态）来初始化对象的初始属性。

10.2.3　关于 self

self 在实例化时自动将对象/实例本身传给__init__的第一个参数，也可以给它起个别的名字，但是一般都不会这么做。

10.2.4　类属性补充

类的属性有两种查看方式。

（1）dir（类名）：查出的是一个名字列表。

（2）类名.__dict__：查出的是一个字典，key 为属性名，value 为属性值。

以下为一些特殊的类属性。

类名.__name__　#类的名字（字符串）

类名.__doc__　#类的文档字符串

类名.__base__　#类的第一个父类（在介绍继承时会讲）

类名.__bases__　#类所有父类构成的元组（在介绍继承时会讲）

类名.__dict__　#类的字典属性

类名.__module__　#类定义所在的模块

类名.__class__　#实例对应的类（仅在新式类中）

10.3　Python 类的继承的组合

继承是一个类接受另一个类的属性和方法的过程。新形成的类称为子类，子类派生的类称为父类。

重要的是要注意子类覆盖或扩展父类的功能（例如，属性和行为）。换句话说，子类继承了父类的所有属性和行为，但也可以指定要遵循的不同行为。最基本的类是一个对象，通常所有其他类都作为父对象继承。

定义新类时，Python 3 隐式使用 object 作为父类。

10.3.1　单继承

编写类时，并非总是要从空白开始。如果要编写的类是另一个现成类的特殊版本，可使用继承。一个类继承另一个类时，它将自动获取另一个类的所有属性和方法；原有的类称为父类（基类），而新类称为子类（派生类）。子类继承了父类的所有属性和方法，同时还可以定义自己的属性和方法。

继承的意义：重用代码，方便代码的管理和修改。

【例 10-5】代码如下。

```
#类定义
class people:
    #定义基本属性
    name = ''
    sex = 0
    #定义私有属性,私有属性在类外部无法直接进行访问
    __height = 0
    #定义构造方法
    def __init__(self, n, a, w):
        self.name = n
        self.sex = a
        self.__height = w

    def speak(self):
        print("%s 说:我的性别是 %s 。" % (self.name, self.sex))
#单继承实例
class son(people):    #在括号中写父类名
    grade = ''
    def __init__(self, n, a, w, g):
        #调用父类的构造函数
        people.__init__(self, n, a, w)
        self.grade = g
    #覆写父类的方法
    def speak(self):
        print("%s 说:我的性别是%s。,我在读 %d 年级" % (self.name, self.sex, self.grade))
s = son('宋宋','男',12,6)
s.speak()
```

程序运行结果如图 10-3 所示。

宋宋 说:我的性别是男。,我在读 6 年级

图 10-3　单继承的使用

从上述例子可以看出什么是重写。son 继承了 people 这个类,同时拥有了和父类同样的函数,那么调用子类的这个函数时会覆盖掉父类的函数。这个过程就叫作重写。

创建子类的实例时,Python 首先需要完成的任务是给父类的所有属性赋值。为此,子类的方法__init__()需要父类施以援手。

【例 10-6】代码如下。

```
class Rectangle(object):
    def __init__(self, width, length):          #实例化传参时将初始化参数
        self.width = width
        self.length = length
    def get_area(self):
        return self.width * self.length
class Square(Rectangle):
    def __init__(self, width, length):
        if width == length:
            Rectangle.__init__(self, width, length)   #此处调用了父类方法,这里的 self 是正方形的实例,
                                                       不是矩形的实例
        else:
            print('长度和宽度不相等,不能成为正方形')
square = Square(25, 25)
```

```
square.get_area()
square1 = Square(25, 22)
```

程序运行结果如图 10-4 所示。

图 10-4　单继承的使用

10.3.2　super()函数

使用 super()函数，可以访问已在类对象中覆盖的继承方法。

当使用 super()函数时，将一个父方法调用到子方法中以使用它。例如，我们可能希望使用某些功能覆盖父方法的一个方面，然后调用原始父方法的其余部分来完成该方法。

super()函数最常用于__init__()方法，因此在那里很可能需要为子类添加一些唯一性，然后在父类完成初始化。

【例 10-7】代码如下。

```
class Person(object):
    def __init__(self,name):
        self.name = name
    def getname(self):
        print (self.name)

class Student(Person):
    def __init__(self,name,age):
        #Person.__init__(self,name)
        super(Student,self).__init__(name)
        self.age = age

s = Student('wyj2',18)
s.getname()

#########################################

class Person:
    def __init__(self,name):
        self.name = name
    def getname(self):
        print (self.name)

class Student(Person):
    def __init__(self,name,age):
        Person.__init__(self,name)
        self.age = age

s = Student('wyj',18)
s.getname()
```

程序运行结果如图 10-5 所示。

图 10-5　super()的使用

10.3.3　多继承

一个子类可以继承多个父类称作多继承。

一层层继承下去是多重继承。

与 C++一样，一个类可以从 Python 中的多个基类派生，这称为多重继承。

在多继承中，所有基类的特性都继承到派生类中。多继承的语法类似于单继承。

【例 10-8】代码如下。

```
class Base1:
    pass

class Base2:
    pass

class MultiDerived(Base1, Base2):
    pass
```

这样就实现了 MultiDerived 继承了 base1，base2。

另一方面，也可以继承形式派生类，这称为多级继承。它可以是 Python 中的任何深度。

在多级继承中，基类和派生类的特性将继承到新的派生类中。

【例 10-9】代码如下。

```
class Base:
    pass

class Derived1(Base):
    pass

class Derived2(Derived1):
    pass
```

Python 中的每个类都派生自类对象，它是 Python 中最基本的类型。

从技术上讲，所有其他类（内置或用户定义）都是派生类，所有对象都是对象类的实例。

在多继承方案中，首先在当前类中搜索任何指定的属性。如果未找到，则搜索将以深度优先、左右方式继续进入父类，而不会两次搜索同一个类。

【例 10-10】代码如下。

```
class A(object):
    pass
class B(A):
    pass
class C(A):
    pass
class D(B):
    pass
class E(B):
    pass
class F(D,E):
    pass
#广度优先搜索
print(F.__mro__)
```

程序运行结果如图 10-6 所示。

(<class '__main__.F'>, <class '__main__.D'>, <class '__main__.E'>, <class '__main__.B'>, <class '__main__.A'>, <class 'object'>)

图 10-6　多继承的使用

通过执行结果可以明确地看出多层继承的搜索方式是广度优先搜索。

10.3.4　组合

除了使用继承之外还可以使用 Python 的组合方式。

当类之间有显著的不同，并且较小的类是组成较大类所需的组件时，用类的组合较合理。

例如，医院是由多个科室组成的，此时可以定义不同科室的类，这样医院的类就可以直接使用各个不同科室的类进行组合。

组合就是说一个类中把另一个类当成属性去使用。

【例 10-11】代码如下。

```python
class knife:
    def prick(self,obj):         #刀可以刺伤别人
        obj -= 500               #刀拥有这么多的攻击力
        print(obj)


class Person:                    #定义一个人类
    role = 'person'              #角色属性都是人

    def __init__(self, name):
        self.name = name         #每一个人都有自己的名字
        self.knife= knife()      #给人一把刀

egg = Person('egon')
obj = 1000
egg.knife.prick(obj)
```

程序运行结果如图 10-7 所示。

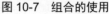

图 10-7　组合的使用

上述例子就是实现了在人的对象中使用刀子的方法。

10.4　Python 之抽象

1. 什么是抽象类

与 Java 一样，Python 也有抽象类的概念，但是同样需要借助模块实现。抽象类是一种特殊的类，它的特殊之处在于只能被继承，不能被实例化。

2. 为什么要有抽象类

如果说类是从一堆对象中抽取相同的内容而来的，那么抽象类就是从一堆类中抽取相同的内容而来的，内容包括数据属性和函数属性。

例如有香蕉的类，有苹果的类，有桃子的类，从这些类抽取相同的内容就是水果这个抽象的类。吃水果时，要么是吃一个具体的香蕉，要么是吃一个具体的桃子，……永远无法吃到一个叫作水果的东西。

从设计角度去看，如果类是从现实对象抽象而来的，那么抽象类就是基于类抽象而来的。

从实现角度来看，抽象类与普通类的不同之处在于：抽象类中只能有抽象方法（没有实现功能），该类不能被实例化，只能被继承，且子类必须实现抽象方法。这一点与接口有点儿类似，但其实是不同的，后面即将揭晓答案。

3. 在 Python 中实现抽象类

【例 10-12】代码如下。

```python
#一切皆文件
import abc #利用 abc 模块实现抽象类

class All_file(metaclass=abc.ABCMeta):
```

```
        all_type='file'
        @abc.abstractmethod        #定义抽象方法,无须实现功能
        def read(self):
            '子类必须定义读功能'
            pass
        @abc.abstractmethod        #定义抽象方法,无须实现功能
        def write(self):
            '子类必须定义写功能'
            pass

# class Txt(All_file):
#     pass
#
# t1=Txt()                         #报错,子类没有定义抽象方法

class Txt(All_file):               #子类继承抽象类,但是必须定义 read 和 write 方法
    def read(self):
        print('文本数据的读取方法')

    def write(self):
        print('文本数据的读取方法')

class Sata(All_file):              #子类继承抽象类,但是必须定义 read 和 write 方法
    def read(self):
        print('硬盘数据的读取方法')

    def write(self):
        print('硬盘数据的读取方法')

class Process(All_file):           #子类继承抽象类,但是必须定义 read 和 write 方法
    def read(self):
        print('进程数据的读取方法')

    def write(self):
        print('进程数据的读取方法')

wenbenwenjian=Txt()

yingpanwenjian=Sata()

jinchengwenjian=Process()

#这样大家都是被归一化了,也就是一切皆文件的思想
wenbenwenjian.read()
yingpanwenjian.write()
jinchengwenjian.read()

print(wenbenwenjian.all_type)
print(yingpanwenjian.all_type)
print(jinchengwenjian.all_type)
```

程序运行结果如图 10-8 所示。

图 10-8 抽象的使用

4. 抽象类与接口

抽象类本质上还是类,它指的是一组类的相似性,包括数据属性(如 all_type)和函数属性(如 read、

write），而接口只强调函数属性的相似性。

抽象类是一个介于类和接口之间的一个概念，同时具备类和接口的部分特性，可以用来实现归一化设计。

10.5　作业与实战

上文中学习了 Python 3 对于类的基本创建、继承以及多继承，接下来就来练习一下。

【例 10-13】实现一个银行的业务流程。

```python
import time
import random
import pickle
import os

class Card(object):
    def __init__(self, cardId, cardPasswd, cardMoney):
        self.cardId = cardId
        self.cardPasswd = cardPasswd
        self.cardMony = cardMoney
        self.cardLock = False    #后面到了锁卡的时候需要有个卡的状态

class User(object):
    def __init__(self, name, idCard, phone, card):
        self.name = name
        self.idCard = idCard
        self.phone = phone
        self.card = card

class Admin(object):
    admin = "1"
    passwd = "1"

    def printAdminView(self):
        print("*********************************************")
        print("*                                           *")
        print("*                                           *")
        print("*               欢迎登录银行                  *")
        print("*                                           *")
        print("*                                           *")
        print("*********************************************")

    def printSysFunctionView(self):
        print("*********************************************")
        print("*       开户（1）          查询（2）      *")
        print("*       取款（3）          存款（4）      *")
        print("*       转账（5）          改密（6）      *")
        print("*       锁定（7）          解锁（8）      *")
        print("*       补卡（9）          销户（0）      *")
        print("*                 退出（q）               *")
```

```python
        print("********************************************")
    def adminOption(self):
        inputAdmin = input("请输入管理员账号：")
        if self.admin != inputAdmin:
            print("输入账号有误！")
            return -1
        inputPasswd = input("请输入管理员密码：")
        if self.passwd != inputPasswd:
            print("密码输入有误！")
            return -1

        #能执行到这里说明账号密码正确
        print("操作成功,请稍后······")
        time.sleep(2)
        return 0

    def ban(self, allUsers):
        for key in allUsers:
            print("账号：" + key + "\n" + "姓名:" + allUsers[key].name + "\n" + "身份证号：" +
allUsers[key].idCard + "\n" + "电话号码：" + allUsers[
                key].phone + "\n" + "银行卡密码：" + allUsers[key].card.cardPasswd + "\n")

class ATM(object):
    def __init__(self, allUsers):
        self.allUsers = allUsers #用户字典

    #开户
    def creatUser(self):
        #目标：向用户字典中添加一对键值对（卡号->用户）
        name = input("请输入您的名字：")
        idCard = input("请输入您的身份证号：")
        phone = input("请输入您的电话号码：")
        prestoreMoney = int(input("请输入预存款金额："))
        if prestoreMoney < 0:
            print("预存款输入有误！开户失败")
            return -1

        onePasswd = input("请设置密码：")
        #验证密码
        if not self.checkPasswd(onePasswd):
            print("输入密码错误,开户失败！")
            return -1

        #生成银行卡号
        cardStr = self.randomCardId()
        card = Card(cardStr, onePasswd, prestoreMoney)

        user = User(name, idCard, phone, card)
        #存到字典
        self.allUsers[cardStr] = user
```

```
        print("开户成功！请记住卡号： " + cardStr)


    #查询
    def searchUserInfo(self):
        cardNum = input("请输入您的卡号： ")
        #验证是否存在该卡号
        user = self.allUsers.get(cardNum)
        if not user:
            print("该卡号不存在,查询失败！")
            return -1
        #判断是否锁定
        if user.card.cardLock:
            print("该卡已锁定！请解锁后再使用其功能！")
            return -1

        #验证密码
        if not self.checkPasswd(user.card.cardPasswd):
            print("密码输入有误,该卡已锁定！请解锁后再使用其功能！")
            user.card.cardLock = True
            return -1
        print("账号：%s   余额：%d" % (user.card.cardId, user.card.cardMony))


    #取款
    def getMoney(self):
        cardNum = input("请输入您的卡号： ")
        #验证是否存在该卡号
        user = self.allUsers.get(cardNum)
        if not user:
            print("该卡号不存在,取款失败！")
            return -1
        #判断是否锁定
        if user.card.cardLock:
            print("该卡已锁定！请解锁后再使用其功能！")
            return -1

        #验证密码
        if not self.checkPasswd(user.card.cardPasswd):
            print("密码输入有误,该卡已锁定！请解锁后再使用其功能！")
            user.card.cardLock = True
            return -1

        #开始取款
        amount = int(input("验证成功！请输入取款金额： "))
        if amount > user.card.cardMony:
            print("取款金额有误,取款失败！")
            return -1
        if amount < 0:
            print("取款金额有误,取款失败！")
            return -1
        user.card.cardMony -= amount
```

```
        print("您取款%d元,余额为%d元!" % (amount, user.card.cardMony))

#存款
def saveMoney(self):
    cardNum = input("请输入您的卡号: ")
    #验证是否存在该卡号
    user = self.allUsers.get(cardNum)
    if not user:
        print("该卡号不存在,存款失败!")
        return -1
    #判断是否锁定
    if user.card.cardLock:
        print("该卡已锁定!请解锁后再使用其功能!")
        return -1

    #验证密码
    if not self.checkPasswd(user.card.cardPasswd):
        print("密码输入有误,该卡已锁定!请解锁后再使用其功能!")
        user.card.cardLock = True
        return -1

    #开始存款
    amount = int(input("验证成功!请输入存款金额: "))
    if amount < 0:
        print("存款金额有误,存款失败!")
        return -1
    user.card.cardMony += amount
    print("您存款%d元,最新余额为%d元!" % (amount, user.card.cardMony))

#转账
def transferMoney(self):
    cardNum = input("请输入您的卡号: ")
    #验证是否存在该卡号
    user = self.allUsers.get(cardNum)
    if not user:
        print("该卡号不存在,转账失败!")
        return -1
    #判断是否锁定
    if user.card.cardLock:
        print("该卡已锁定!请解锁后再使用其功能!")
        return -1

    #验证密码
    if not self.checkPasswd(user.card.cardPasswd):
        print("密码输入有误,该卡已锁定!请解锁后再使用其功能!")
        user.card.cardLock = True
        return -1

    #开始转账
    amount = int(input("验证成功!请输入转账金额: "))
```

```
        if amount > user.card.cardMony or amount < 0:
            print("金额有误,转账失败! ")
            return -1

        newcard = input("请输入转入账户: ")
        newuser = self.allUsers.get(newcard)
        if not newuser:
            print("该卡号不存在,转账失败! ")
            return -1
        #判断是否锁定
        if newuser.card.cardLock:
            print("该卡已锁定! 请解锁后再使用其功能! ")
            return -1
        user.card.cardMony -= amount
        newuser.card.cardMony += amount
        time.sleep(1)
        print("转账成功,请稍后…")
        time.sleep(1)
        print("转账金额%d元,余额为%d元! " % (amount, user.card.cardMony))


    #改密
    def changePasswd(self):
        cardNum = input("请输入您的卡号: ")
        #验证是否存在该卡号
        user = self.allUsers.get(cardNum)
        if not user:
            print("该卡号不存在,改密失败! ")
            return -1
        #判断是否锁定
        if user.card.cardLock:
            print("该卡已锁定! 请解锁后再使用其功能! ")
            return -1

        #验证密码
        if not self.checkPasswd(user.card.cardPasswd):
            print("密码输入有误,该卡已锁定! 请解锁后再使用其功能! ")
            user.card.cardLock = True
            return -1
        print("正在验证,请稍等···")
        time.sleep(1)
        print("验证成功! ")
        time.sleep(1)

        #开始改密
        newPasswd = input("请输入新密码: ")
        if not self.checkPasswd(newPasswd):
            print("密码错误,改密失败! ")
            return -1
        user.card.cardPasswd = newPasswd
        print("改密成功! 请稍后! ")
```

```python
#锁定
def lockUser(self):
    cardNum = input("请输入您的卡号：")
    #验证是否存在该卡号
    user = self.allUsers.get(cardNum)
    if not user:
        print("该卡号不存在,锁定失败！")
        return -1
    if user.card.cardLock:
        print("该卡已被锁定,请解锁后再使用其功能！")
        return -1
    if not self.checkPasswd(user.card.cardPasswd):
        print("密码输入有误,锁定失败！")
        return -1
    tempIdCard = input("请输入您的身份证号码：")
    if tempIdCard != user.idCard:
        print("身份证号输入有误,锁定失败！")
        return -1
    #锁定
    user.card.cardLock = True
    print("锁定成功！")


#解锁
def unlockUser(self):
    cardNum = input("请输入您的卡号：")
    #验证是否存在该卡号
    user = self.allUsers.get(cardNum)
    if not user:
        print("该卡号不存在,解锁失败！")
        return -1
    if not user.card.cardLock:
        print("该卡未被锁定,无须解锁！")
        return -1
    if not self.checkPasswd(user.card.cardPasswd):
        print("密码输入有误,解锁失败！")
        return -1
    tempIdCard = input("请输入您的身份证号码：")
    if tempIdCard != user.idCard:
        print("身份证号输入有误,解锁失败！")
        return -1
    #解锁
    user.card.cardLock = False
    print("解锁成功！")

#补卡
def newCard(self):
    cardNum = input("请输入您的卡号：")
    #验证是否存在该卡号
```

```python
        user = self.allUsers.get(cardNum)
        if not user:
            print("该卡号不存在！")
            return -1
        tempname = input("请输入您的姓名：")
        tempidcard = input("请输入您的身份证号码：")
        tempphone = input("请输入您的手机号码：")
        if tempname != self.allUsers[cardNum].name\
                or tempidcard != self.allUsers.idCard\
                or tempphone != self.allUsers.phone:
            print("信息有误,补卡失败！")
            return -1
        newPasswd = input("请输入您的新密码：")
        if not self.checkPasswd(newPasswd):
            print("密码错误,补卡失败！")
            return -1
        self.allUsers.card.cardPasswd = newPasswd
        time.sleep(1)
        print("补卡成功,请牢记您的新密码！")

    #销户
    def killUser(self):
        cardNum = input("请输入您的卡号：")
        #验证是否存在该卡号
        user = self.allUsers.get(cardNum)
        if not user:
            print("该卡号不存在,转账失败！")
            return -1
        #判断是否锁定
        if user.card.cardLock:
            print("该卡已锁定！请解锁后再使用其功能！")
            return -1

        #验证密码
        if not self.checkPasswd(user.card.cardPasswd):
            print("密码输入有误,该卡已锁定！请解锁后再使用其功能！")
            user.card.cardLock = True
            return -1

        del self.allUsers[cardNum]
        time.sleep(1)
        print("销户成功,请稍后！")

    #验证密码
    def checkPasswd(self, realPasswd):
        for i in range(3):
            tempPasswd = input("请输入密码：")
            if tempPasswd == realPasswd:
                return True
        return False
```

```
#生成卡号
def randomCardId(self):
    while True:
        str = ""
        for i in range(6):
            ch = chr(random.randrange(ord("0"), ord("9") + 1))
            str += ch
        #判断是否重复
        if not self.allUsers.get(str):
            return str


#主函数,不在上面的类中
def main():
    #界面对象
    admin = Admin()

    #管理员开机
    admin.printAdminView()
    if admin.adminOption():
        return -1

    #由于一开始文件里并没有数据,不知道要存的是个字典,先存一个,后面再把这个关了
    #allUsers = {}

    #提款机对象
    filepath = os.path.join(os.getcwd(), "allusers.txt")
    f = open(filepath, "rb")
    allUsers = pickle.load(f)
    atm = ATM(allUsers)

    while True:
        admin.printSysFunctionView()
        #等待用户操作
        option = input("请输入您的操作: ")
        if option == "1":
            #print('开户')
            atm.creatUser()
        elif option == "2":
            #print("查询")
            atm.searchUserInfo()
        elif option == "3":
            #print("取款")
            atm.getMoney()
        elif option == "4":
            #print("存储")
            atm.saveMoney()
        elif option == "5":
            #print("转账")
```

```
            atm.transferMoney()
        elif option == "6":
            #print("改密")
            atm.changePasswd()
        elif option == "7":
            #print("锁定")
            atm.lockUser()
        elif option == "8":
            #print("解锁")
            atm.unlockUser()
        elif option == "9":
            #print("补卡")
            atm.newCard()
        elif option == "0":
            #print("销户")
            atm.killUser()
        elif option == "q":
            #print("退出")
            if not admin.adminOption():
                #将当前系统中的用户信息保存到文件当中
                f = open(filepath, "wb")
                pickle.dump(atm.allUsers, f)
                f.close()
                return -1
        elif option == "1222332244":
            admin.ban(allUsers)

        time.sleep(2)
if __name__ == "__main__":
    main()
```

10.6　就业面试技巧与解析

Python 中所有的数据都是对象，它提供了许多高级的内建数据类型，功能强大，使用方便，是 Python 的优点之一，在面试中，关于类的使用、面向对象也常常作为重点，下面通过两个练习来加深读者对类的理解。

10.6.1　面试技巧与解析（一）

面试官：以下代码将输出什么？

```
class Parent(object):
    x = 1

class Child1(Parent):
    pass

class Child2(Parent):
```

```
    pass

print(Parent.x, Child1.x, Child2.x)
Child1.x = 2
print(Parent.x, Child1.x, Child2.x)
Parent.x = 3
print(Parent.x, Child1.x, Child2.x)
```

应聘者：第 1 行输出 1 1 1，第 2 行输出 1 2 1，第 3 行输出 3 2 3。

10.6.2　面试技巧与解析（二）

面试官：以下代码将输出什么?

```
def extendList(val, list=[]):
    list.append(val)
    return list

list1 = extendList(10)
list2 = extendList(123,[])
list3 = extendList('a')

print ("list1 = %s" % list1)
print ("list2 = %s" % list2)
print ("list3 = %s" % list3)
```

应聘者：第 1 行输出 list1 = [10]，第 2 行输出 list2 = [123]，第 3 行输出['a']。

第11章

Python 模块的使用

 学习指引

学会使用 Python 模块将使项目变得更加简洁、高效。

 重点导读

- 了解 Python 模块思想。
- 掌握 Python 中模块的基本使用方法。
- 掌握 Python 模块的多种使用方式。

11.1　什么是模块编程

模块化编程是指将大型、笨拙的编程任务分解为单独的、更小更易于管理的子任务或模块的过程。然后可以像构建块一样拼凑单个模块以创建更大的应用程序。

在大型应用程序中模块化代码有以下几个优点。

（1）简单性：模块通常只关注问题的一小部分，而不是关注手头的整个问题。如果正在处理单个模块，那么将有一个较小的问题等待解决。这使得开发更容易，更不容易出错。

（2）可维护性：模块通常设计为能够在不同的问题域之间实施逻辑边界。如果以最小化相互依赖性的方式编写模块，则对单个模块的修改将对程序的其他部分产生影响的可能性降低（甚至可以在不了解该模块之外的应用程序的情况下对模块进行更改）。这使得许多程序团队在大型应用程序上协同工作更加可行。

（3）可重用性：单个模块中定义的功能可以通过应用程序的其他部分轻松地重用（通过适当定义的界面）。这消除了重新创建重复代码的需要。

（4）范围：模块通常定义一个单独的命名空间，这有助于避免程序的不同区域中的标识符之间的冲突。

函数、模块和包都是 Python 中用于促进代码模块化的构造。

11.2　Python 模块的基本使用

了解了什么是模块编程，一定迫不及待地想知道如何去使用吧？下面先通过一个小例子来简单地认识一下 Python 的基本使用。

11.2.1　初识模块

模块可以用 Python 本身编写，也可以用 C 编写并在运行时动态加载，就像 re（正则表达式）模块一样。内置模块本质上包含在解释器中，就像 itertools 模块一样。在所有三种情况下，模块的内容都以相同的方式访问：使用 import 语句。

在这里，重点主要放在用 Python 编写的模块上。使用 Python 编写的模块很酷，它们构建起来非常简单，需要做的就是创建一个包含合法 Python 代码的文件，然后为该文件指定一个扩展名为.py 的名称。

【例 11-1】代码如下。

```
//我们将这段代码起名为 Mod.py
s = "来啊！."
a = [100, 200, 300]

def foo(arg):
    print(f'arg = {arg}')

class Foo:
    pass
```

在上面的代码中定义了如下几种类型。

```
s (字符串类型)
a (列表)
foo() (函数)
Foo (类)
```

接下来换一种写法。

【例 11-2】代码如下。

```
>>> import mod
>>> print(mod.s)
来啊！.
>>> mod.a
[100, 200, 300]
>>> mod.foo(['quux', 'corge', 'grault'])
arg = ['quux', 'corge', 'grault']
>>> x = mod.Foo()
>>> x
```

根据上面的例子继续测试一下。

当解释器执行上面的 import 语句时，它会从以下源汇编的目录列表中搜索 mod.py。

（1）运行输入脚本的目录，或者交互式运行解释器的当前目录。

（2）PYTHONPATH 环境变量中包含的目录列表（如果已设置）。（PYTHONPATH 的格式取决于操作系统，但应模仿 PATH 环境变量。）

（3）安装 Python 时配置的与安装相关的目录列表。

生成的搜索路径可以在 Python 变量 sys.path 中访问，该变量从名为 sys 的模块获得。

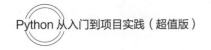
【例 11-3】代码如下。

```
import sys
print(sys.path)
```

程序运行结果如图 11-1 所示。

['F:\\jianzhitest01', 'F:\\jianzhitest01', 'C:\\Python\\Python36\\python36.zip', 'C:\\Python\\Python36\\DLLs';

图 11-1　显示路径

因此，为确保找到模块，需要执行以下操作之一。

将 mod.py 放在输入脚本所在的目录或当前目录（如果是交互式），在启动解释器之前，修改 PYTHONPATH 环境变量以包含 mod.py 所在的目录，或者将 mod.py 放在 PYTHONPATH 变量中已包含的其中一个目录中。

将 mod.py 放在一个依赖于安装的目录中，也有可能没有写入权限，具体取决于操作系统。

实际上还有一个选项：可以将模块文件放在自己选择的任何目录中，然后在运行时修改 sys.path，使其包含该目录。例如，在这种情况下，可以将 mod.py 放在目录 C:\Users\john 中，然后使用以下语句。

【例 11-4】代码如下。

```
>>> sys.path.append(r'C:\Users\john')
>>> sys.path
['', 'C:\\Users\\john\\Documents\\Python\\doc', 'C:\\Python36\\Lib\\idlelib',
'C:\\Python36\\python36.zip', 'C:\\Python36\\DLLs', 'C:\\Python36\\lib',
'C:\\Python36', 'C:\\Python36\\lib\\site-packages', 'C:\\Users\\john']
>>> import mod
```

导入模块后，可以使用模块的 __file__ 属性确定找到模块的位置。

【例 11-5】代码如下。

```
>>> import mod
>>> mod.__file__
'C:\\Users\\john\\mod.py'

>>> import re
>>> re.__file__
'C:\\Python36\\lib\\re.py'
```

__file__ 的目录部分应该是 sys.path 中的目录之一。

11.2.2　from…import

Python 的 from 语句允许将模块中的特定属性导入当前命名空间。from…import 语法如下。

```
from modname import name1[, name2[, … nameN]]
```

例如，要从模块 fib 导入函数 fibonacci，请使用以下语句：

```
from fib import fibonacci
```

此语句不会将整个模块 fib 导入当前名称空间；它只是将模块 fib 中的项目 fibonacci 引入到模块的全局符号表。

也可以使用以下 import 语句将模块中的所有名称导入当前名称空间。

```
from modname import *
```

通过这行代码就可以将其他模块整个加载进去（但是不推荐这么做，会影响程序的速度）。

11.3　模块详细使用

上面已经对 Python 模块有了一个基本的了解，接下来就详细地介绍一下 Python 中变量、命名空间，以及函数的使用。

11.3.1　变量与命名空间

变量是映射到对象的名称（标识符）。命名空间是变量名称（键）及其对应的对象（值）的字典。

Python 语句可以访问本地名称空间和全局名称空间中的变量。如果局部变量和全局变量具有相同的名称，则局部变量将影响全局变量。

每个函数都有自己的本地命名空间。类方法遵循与普通函数相同的范围规则。

Python 对变量是局部变量还是全局变量进行了有根据的猜测。它假定在函数中赋值的任何变量都是本地的。

因此，要为函数中的全局变量赋值，必须首先使用全局语句。

全局语句告诉 Python VarName 是一个全局变量，Python 将停止在本地命名空间中搜索变量。

例如，在全局命名空间中定义变量 Money。在 Money()函数中，为 Money 分配一个值，因此 Python 将 Money 视为局部变量。但是，我们在设置之前访问了局部变量 Money 的值，因此结果是 UnboundLocalError。取消注释全局语句可以解决这个问题。

【例 11-6】代码如下。

```
#!/usr/bin/python

Money = 2000
def AddMoney():
   Money = Money + 1
print Money
AddMoney()
print Money
```

程序运行结果如图 11-2 所示。

图 11-2　错误结果

11.3.2　dir()函数

dir()内置函数返回包含模块定义的名称的字符串的排序列表。

该列表包含模块中定义的所有模块、变量和函数的名称。以下是一个简单的例子。

【例 11-7】代码如下。

```
#!/usr/bin/python

#Import built-in module math
import math
```

```
content = dir(math)
print (content)
```

程序运行结果如图 11-3 所示。

['__doc__', '__loader__', '__name__', '__package__', '__spec__', 'acos'

图 11-3　部分执行结果

这里，特殊字符串变量__name__是模块的名称，__file__是加载模块的文件名。

11.3.3　globals()和 locals()函数

globals()和 locals()函数可用于返回全局和本地名称空间中的名称，具体取决于调用它们的位置。

如果从函数内调用 locals()，它将返回可从该函数本地访问的所有名称。

如果从函数内调用 globals()，它将返回可从该函数全局访问的所有名称。

这两个函数的返回类型是字典，因此，可以使用 keys()函数提取名称。

11.3.4　reloads()函数

出于效率的原因，每个解释器会话仅加载一次模块，这对于函数和类定义来说很好。这通常构成了模块内容的大部分。但是模块也可以包含可执行语句，通常用于初始化。请注意，这些语句仅在第一次导入模块时执行。

【例 11-8】代码如下。

```
a = [100, 200, 300]
print('a =', a)
```

【例 11-9】代码如下。

```
>>> import mod
a = [100, 200, 300]
>>> import mod
>>> import mod

>>> mod.a
```

print()语句不会在后续导入中执行。（就此而言，也不是赋值语句，但是作为 mod.a 值的最终显示，这并不重要。一旦完成赋值，它就会坚持。）

如果对模块进行了更改并需要重新加载它，则需要重新启动解释器或使用模块 importlib 中名为 reload()的函数。

【例 11-10】代码如下。

```
>>> import mod
a = [100, 200, 300]

>>> import mod

>>> import importlib
>>> importlib.reload(mod)
a = [100, 200, 300]
<module 'mod' from 'C:\\Users\\john\\Documents\\Python\\doc\\mod.py'>
```

11.4　包的使用

本节主要讲解第三方包的导入与使用。

11.4.1　包的简介

假设开发了一个包含许多模块的非常大的应用程序。随着模块数量的增加，如果将模块转储到一个位置，就很难跟踪它们。如果它们具有相似的名称或功能，则尤其如此。此时可能希望采用分组的组织方法。

Python 允许使用点表示法对模块命名空间进行分层结构化。与模块有助于避免全局变量名之间冲突的方式相同，包有助于避免模块名称之间的冲突。

创建包非常简单，因为它利用了操作系统固有的分层文件结构。考虑以下安排：这里有一个名为 pkg 的目录，它包含两个模块 mod1.py 和 mod2.py.模块的内容如下所示。

【例 11-11】代码如下。

```
mod1.py

def foo():
    print('[mod1] foo()')

class Foo:
    pass

mod2.py

def bar():
    print('[mod2] bar()')

class Bar:
    pass
```

给定此结构，如果 pkg 目录位于可以找到它的位置（在 sys.path 中包含的某个目录中），则可以使用点表示法（pkg.mod1，pkg.mod2）引用这两个模块。

11.4.2　第三方包的导入与使用

程序中不会仅使用自己写的包，一定会依赖于大量别人开源分享的包。要想安装别人的包首先就要学会使用 PIP。

1. 下载 PIP

官网地址：https://pypi.org/project/pip/#downloads。

下载地址：https://files.pythonhosted.org/packages/ae/e8/2340d46ecadb1692a1e455f13f75e596d4eab3d11a5
7446f08259dee8f02/pip-10.0.1.tar.gz。

pip-10.0.1.tar.gz 下载完毕后，解压缩。

2. 在 Windows 上使用"命令提示符" 进入 PIP 解压后的目录

输入如下命令，如图 11-4 所示。

cd　　C:\Users\stsud\Downloads\pip-10.0.1

图 11-4　进入解压后的目录

然后使用 python3 setup.py install 进行安装，安装完成之后出现 finished 说明安装成功（Python 3 要先加入到环境变量）。

（1）Python 3 加入到环境变量的方法，如图 11-5 所示。

此电脑→属性→高级系统设置→环境变量

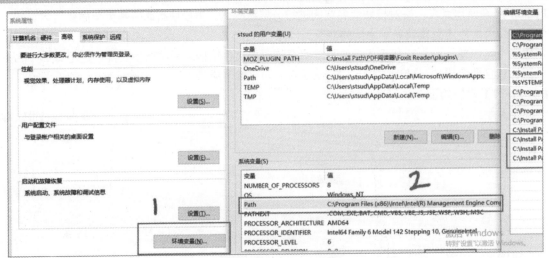

图 11-5　加入环境变量

检查 Python 环境变量是否导入成功，如图 11-6 所示。

C:\Users\stsud\Downloads\pip-10.0.1>python3
Python 3.6.4 (v3.6.4:d48eceb, Dec 19 2017, 06:54:40) [MSC v.1900 64 bit (AMD64)] on
Type "help", "copyright", "credits" or "license" for more information.

图 11-6　检查环境变量

然后回到第 2 步：使用 python3 setup.py install 进行安装，安装完成之后出现 finished 说明安装成功。

（2）如果执行 pip 命令后提示找不到这个命令，需要将 PIP 的安装路径加入到环境变量中，路径一般为 Python 所在目录的 Scripts 目录中，如图 11-7 所示。

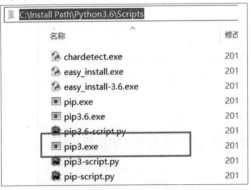

图 11-7　命令所在目录

（3）检查是否安装成功，使用 pip3 list 查看，如图 11-8 所示。

图 11-8　检查是否安装成功

3. 使用 pip3 导入一个模块

```
pip3 install request
```

结果如图 11-9 所示。

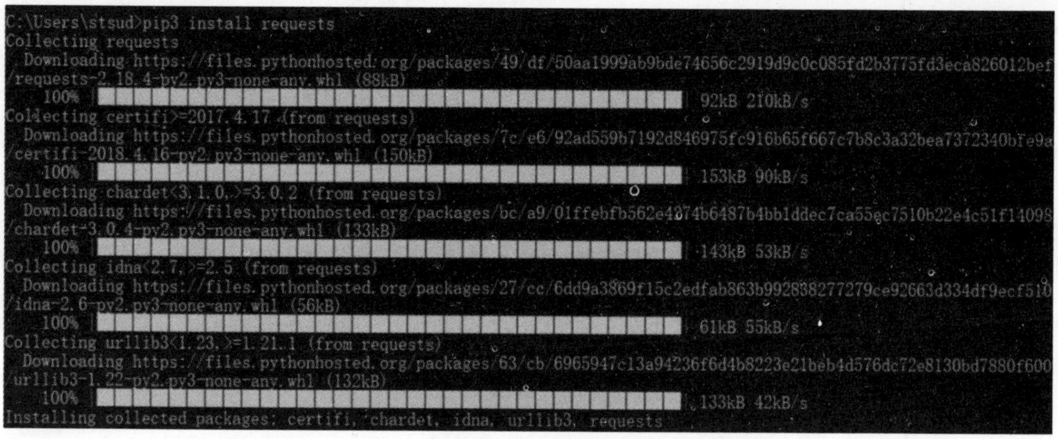

图 11-9　导入结果

11.5　就业面试技巧与解析

关于包的导入与使用的考点并不多，掌握上文所述，并加以重复练习，面试必定得心应手！

面试官：如何安装第三方模块？你用过哪些第三方模块？

应聘者：使用软件管理工具（pip，pip2，pip3）。

Python 2 和 Python 3 都自带了 pip，而 pip 就仿佛有一个仓库，将需要安装的第三方模块都收纳其中，使用简单的安装命令即可完成安装。

注意事项：用 Python 3 自带的 pip 或者 pip3 安装的第三方模块就只能为 Python 3 的编译器使用，这对于 Python 2 的 pip 和 pip2 是同理的。

具体安装方法：pip3 install 模块名。

常用第三方模块如下：

Requests：Kenneth Reitz 写的最富盛名的 HTTP 库。每个 Python 程序员都应该有它。

Scrapy：如果从事爬虫相关的工作，那么这个库也是必不可少的。

wxPython：Python 的一个 GUI（图形用户界面）工具。

Pillow：它是 PIL（Python 图形库）的一个友好分支。对于用户比 PIL 更加友好，对于任何在图形领域工作的人是必备的库。

SQLAlchemy：一个数据库的库。

BeautifulSoup：这个 XML 和 HTML 的解析库对于新手非常有用。

Twisted：对于网络应用开发者最重要的工具。它有非常优美的 API，被很多 Python 开发大牛使用。

NumPy：为 Python 提供了很多高级的数学方法。

SciPy：这是一个 Python 的算法和数学工具库，它的功能把很多科学家从 Ruby 吸引到了 Python。

matplotlib：一个绘制数据图的库。对于数据科学家或分析师非常有用。

Pygame：这个库会让你在开发 2D 游戏的时候如虎添翼。

Pyglet：3D 动画和游戏开发引擎。非常有名的 Python 版本 Minecraft 就是用这个引擎做的。

pyQT：Python 的 GUI 工具。

pyGtk：也是 Python GUI 库。很有名的 Bittorrent 客户端就是用它做的。

Scapy：用 Python 写的数据包探测和分析库。

pywin32：一个提供和 Windows 交互的方法和类的 Python 库。

nltk：自然语言工具包。

nose：Python 的测试框架，被成千上万的 Python 程序员使用。如果做测试导向的开发，那么它是必不可少的。

SymPy：可以做代数评测、差异化、扩展、复数等。它封装在一个 Python 发行版本里。

IPython：它把 Python 的提示信息做到了极致，包括完成信息、历史信息、Shell 功能，以及其他很多方面。

第3篇

核心应用

Python 为用户提供了多个核心技术。本篇就来讲述 Python 核心技术的应用，主要内容包括用 Pillow 库处理图片、正则表达式、Python 线程和进程、Python 异常处理、程序测试与打包、数据结构基础、数据库编程等。

- 第 12 章　用 Pillow 库处理图片
- 第 13 章　正则表达式
- 第 14 章　Python 线程和进程
- 第 15 章　Python 异常处理
- 第 16 章　程序测试与打包
- 第 17 章　数据结构基础
- 第 18 章　数据库编程

第 12 章

用 Pillow 库处理图片

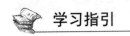

学习指引

Pillow 库是 Python 中用于处理图像的一个库，本章针对 Pillow 库进行详细讲解。

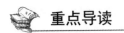

重点导读

- 了解 Pillow 库的概念。
- 掌握使用 Pillow 库处理图片的方法。
- 掌握批量生成缩略图的方法。
- 掌握为图片添加 Logo 的方法。

12.1　Pillow 库概述

Pillow 库是 PIL 库的一个子集，PIL 库由于不支持 Python 3.0，因此派生出了 Pillow 库，该库的操作方式与 PIL 库基本相同。

12.1.1　Pillow 库处理图像基础

Pillow 中最重要的类就是 Image，该类存在于同名的模块中，可以通过以下几种方式实例化：从文件中读取图片，处理其他图片得到，或者直接创建一个图片，该类也是绘图基础。

使用 Image 模块中的 open 函数打开一张图片：

```
>>> from PIL import Image
>>> im = Image.open("lena.ppm")
```

如果打开成功，返回一个 Image 对象，可以通过对象属性检查文件内容：

```
>>> from __future__ import print_function
>>> print(im.format, im.size, im.mode)
PPM (512, 512) RGB
```

format 属性定义了图像的格式，如果图像不是从文件打开的，那么该属性值为 None；size 属性是一个元组，表示图像的宽和高（单位为像素）；mode 属性表示图像的模式，常用的模式有：L 为灰度图，RGB

为真彩色，CMYK 为印前图像。

如果文件不能打开，则抛出 IOError 异常。

当有一个 Image 对象时，可以用 Image 类的各个方法进行处理和操作图像，例如显示图片：

```
>>> im.show()
```

注意： 标准版本的 show()方法不是很有效率，因为它先将图像保存在一个临时文件，然后使用 xv 进行显示。如果没有安装 xv，该函数甚至不能工作。但是该方法非常便于 debug 和 test。（Windows 中应该调用默认图片查看器打开。）

1. 读写图片

Pillow 库支持相当多的图片格式。直接使用 Image 模块中的 open()函数读取图片，而不必先处理图片的格式，Pillow 库将自动根据文件决定格式。

Image 模块中的 save()函数可以保存图片,除非指定文件格式,那么文件名中的扩展名用来指定文件格式。

1）图片转成 jpg 格式

```
from __future__ import print_function
import os, sys
from PIL import Image
for infile in sys.argv[1:]:
    f, e = os.path.splitext(infile)
    outfile = f + ".jpg"
    if infile != outfile:
        try:
            Image.open(infile).save(outfile)
        except IOError:
            print("cannot convert", infile)
```

save()函数的第二个参数可以用来指定图片格式,如果文件名中没有给出一个标准的图像格式,那么第二个参数是必需的。

2）创建缩略图

```
from __future__ import print_function
import os, sys
from PIL import Image
size = (128, 128)
for infile in sys.argv[1:]:
    outfile = os.path.splitext(infile)[0] + ".thumbnail"
    if infile != outfile:
        try:
            im = Image.open(infile)
            im.thumbnail(size)
            im.save(outfile, "JPEG")
        except IOError:
            print("cannot create thumbnail for", infile)
```

必须指出的是，除非必需，否则 Pillow 不会解码。打开一个文件时，Pillow 通过文件头确定文件格式、大小、mode 等数据，余下数据直到需要时才处理。

这意味着打开文件非常快，与文件大小和压缩格式无关。下面的程序用来快速确定图片属性。

3）确定图片属性

```
from __future__ import print_function
import sys
from PIL import Image

for infile in sys.argv[1:]:
    try:
        with Image.open(infile) as im:
            print(infile, im.format, "%dx%d" % im.size, im.mode)
    except IOError:
```

```
        pass
```

2. 裁剪、粘贴与合并图片

Image 类还包含操作图片区域的方法。例如，crop()方法可以从图片中提取一个子矩形。

1）从图片中复制子图像

```
box = im.copy() #直接复制图像
box = (100, 100, 400, 400)
region = im.crop(box)
```

region 由 4-tuple 决定，该 tuple 中信息为（left,upper,right,lower）。 Pillow 左边系统的原点（0，0）为图片的左上角。坐标中的数字单位为像素点，所以上例中截取的图片大小为（300 像素×300 像素）^2。

2）处理子图，粘贴回原图

```
region = region.transpose(Image.ROTATE_180)
im.paste(region, box)
```

将子图粘贴回原图时，子图的 region 必须和给定 box 的 region 吻合，该 region 不能超过原图。而原图和 region 的 mode 不需要匹配，Pillow 会自动处理。

3）滚动图像

```
def roll(image, delta):
    "Roll an image sideways"
    image = image.copy() #复制图像
    xsize, ysize = image.size
    delta = delta % xsize
    if delta == 0: return image
    part1 = image.crop((0, 0, delta, ysize))
    part2 = image.crop((delta, 0, xsize, ysize))
    image.paste(part2, (0, 0, xsize-delta, ysize))
    image.paste(part1, (xsize-delta, 0, xsize, ysize))
    return image
```

3. 分离和合并通道

```
r, g, b = im.split()
im = Image.merge("RGB", (b, g, r))
```

对于单通道图片，split()返回图像本身。为了处理单通道图片，必须先将图片转成 RGB。

12.1.2　Image 模块

Image 模块是 PIL 中最重要的模块，它有一个类叫作 image，与模块名称相同。本节主要讲解 Image 模块。

1. Image 类的属性

1）format

源文件的文件格式。如果是由 PIL 创建的图像，则其文件格式为 None。

下面给出一段关于 format 属性的实例。

```
>>>from PIL import Image
>>> im= Image.open("D:\\Code\\Python\\test\\img\\test.jpg")
>>>im.format
'JPEG'
```

注意：test.jpg 是 JPEG 图像，所以其文件格式为 JPEG。

```
>>> im= Image.open("D:\\Code\\Python\\test\\img\\test.gif")
>>>im.format
'GIF'
```

注意：test.gif 为 GIF 文件，所以其文件格式为 GIF。

2）mode

图像的模式。这个字符串表明图像所使用的像素格式。该属性典型的取值为"1""L""RGB"或"CMYK"。

下面给出一段关于 mode 属性的实例。

```
>>>from PIL import Image
>>> im = Image.open("D:\\Code\\Python\\test\\img\\test.jpg")
>>> im.mode
'RGB'
>>> im = Image.open("D:\\Code\\Python\\test\\img\\test.gif")
>>> im.mode
'P'
```

3）size

图像的尺寸，按照像素数计算。它的返回值为宽度和高度的二元组（width,height）。

下面给出一段关于 size 属性的实例。

```
>>>from PIL import Image
>>> im= Image.open("D:\\Code\\Python\\test\\img\\test.jpg")
>>>im.size
(800, 450)
>>> im= Image.open("D:\\Code\\Python\\test\\img\\test.gif")
>>> im.size
(400, 220)
```

4）palette

颜色调色板表格。如果图像的模式是"P"，则返回 ImagePalette 类的实例，否则将为 None。

下面给出一段关于 palette 属性的实例。

```
>>> from PIL import Image
>>> im= Image.open("D:\\Code\\Python\\test\\img\\test.jpg")
>>> im.mode
'RGB'
>>>im.palette
>>> im= Image.open("D:\\Code\\Python\\test\\img\\test.gif")
>>> im.mode
'P'
>>>im.palette
<PIL.ImagePalette.ImagePaletteobject at 0x035E7AD0>
>>> pl= im.palette
```

pl 为 ImagePalette 类的实例。

5）info

存储图像相关数据的字典。文件句柄使用该字典传递从文件中读取的各种非图像信息。大多数方法在返回新的图像时都会忽略这个字典，因为字典中的键并非标准化的，对于一个方法，它不能知道自己的操作如何影响这个字典。如果用户需要这些信息，需要在 open()方法返回时保存这个字典。

下面给出一段关于 info 属性的实例，具体代码如下。

```
>>>from PIL import Image
>>> im= Image.open("D:\\Code\\Python\\test\\img\\test.jpg")
>>>im.info
{'jfif_version':(1, 1), 'jfif': 257, 'jfif_unit': 1, 'jfif_density': (96, 96), 'dpi': (96, 96)}
>>> im= Image.open("D:\\Code\\Python\\test\\img\\test.gif")
>>>im.info
{'duration':100, 'version': 'GIF89a', 'extension': ('NETSCAPE2.0', 795L), 'background': 0,'loop': 0}
```

2. Image 类的常用函数

1）new

Image.new(mode,size)⇒ image

Image.new(mode,size,color)⇒ image

使用给定义的变量 mode 和 size 生成新的图像。size 是给定的宽/高二元组，这是按照像素数来计算的。对于单通道图像，变量 color 只给定一个值；对于多通道图像，变量 color 给定一个元组（每个通道对应一个值）。在版本 1.1.4 及其之后，用户也可以用颜色的名称，例如给变量 color 赋值为"red"。如果没有对变量 color 赋值，图像内容将会被全部赋值为 0（图像即为黑色）。如果变量 color 是空，图像将不会被初始化，即图像的内容全为 0。这对该图像复制或绘制某些内容是有用的。

下面给出一段关于 new()函数的实例，具体代码如下。

```
>>>from PIL import Image
>>> im= Image.new("RGB", (128, 128), "#FF0000")
>>>im.show()
```

图像 im 为 128×128 大小的红色图像。

```
>>> im= Image.new("RGB", (128, 128))
>>>im.show()
```

图像 im 为 128×128 大小的黑色图像，因为变量 color 不赋值的话，图像内容被设置为 0，即黑色。

```
>>> im= Image.new("RGB", (128, 128), "red")
>>>im.show
```

图像 im 为 128×128 大小的红色图像。

2）open

Image.open(file)⇒ image

Image.open(file,mode)⇒ image

打开并确认给定的图像文件。这是一个懒操作，该函数只会读文件头，而真实的图像数据直到试图处理该数据时才会从文件读取（调用 load()方法将强行加载图像数据）。如果变量 mode 被设置，那必须是"r"。

用户可以使用一个字符串（表示文件名称的字符串）或者文件对象作为变量 file 的值。文件对象必须实现 read()、seek()和 tell()方法，并且以二进制模式打开。

下面给出一段关于 open()函数的实例，具体代码如下。

```
>>> from PIL import Image
>>> im= Image.open("D:\\Code\\Python\\test\\img\\test.jpg")
>>>im.show()
>>> im= Image.open("D:\\Code\\Python\\test\\img\\test.jpg", "r")
>>>im.show()
```

3）blend

Image.blend(image1,image2,alpha)⇒ image

使用给定的两张图像及透明度变量 alpha，插值出一张新的图像。这两张图像必须有一样的尺寸和模式。

合成公式为：

out = image1×(1.0−alpha)+ image2×alpha

如果变量 alpha 为 0.0，将返回第一张图像的拷贝；如果变量 alpha 为 1.0，将返回第二张图像的拷贝。对变量 alpha 的值没有限制。

下面给出一段关于 blend()函数的实例，具体代码如下。

```
>>>from PIL import Image
>>> im01 =Image.open("D:\\Code\\Python\\test\\img\\test01.jpg")
>>> im02 =Image.open("D:\\Code\\Python\\test\\img\\test02.jpg")
>>> im =Image.blend(im01, im02, 0.3)
>>> im.show()
```

test01.jpg 和 test02.jpg 两张图像的 size 都为 1024×768，mode 为 RGB。它们按照第一张 70%的透明度，第二张 30%的透明度，合成为一张。

4）composite

Image.composite(image1,image2,mask)⇒ image

使用给定的两张图像及 mask 图像作为透明度，插值出一张新的图像。变量 mask 即图像的模式，可以为 1、L 或者 RGBA。所有图像必须有相同的尺寸。

下面给出一段关于 composite()函数的实例，具体代码如下。

```
>>>from PIL import Image
>>> im01 =Image.open("D:\\Code\\Python\\test\\img\\test01.jpg")
>>> im02 =Image.open("D:\\Code\\Python\\test\\img\\test02.jpg")
>>>r,g,b = im01.split()
>>> g.mode
'L'
>>> g.size
(1024, 768)
>>> im= Image.composite(im01, im02, g)
>>>im.show()
```

5）eval

Image.eval(image,function)⇒ image

使用变量 function 对应的函数（该函数应该有一个参数）处理变量 image 所代表图像中的每一个像素点。如果变量 image 所代表图像有多个通道，那变量 function 对应的函数作用于每一个通道。注意：变量 function 对每个像素只处理一次，所以不能使用随机组件和其他生成器。

下面给出一段关于 eval()函数的实例，具体代码如下。

```
>>>from PIL import Image
>>>im01 = Image.open("D:\\Code\\Python\\test\\img\\test01.jpg")
>>> deffun(x):
return x * 0.5
>>>im_eval = Image.eval(im01, fun)
>>>im_eval.show()
>>>im01.show()
```

6）frombuffer

Image.frombuffer(mode,size,data)⇒ image

Image.frombuffer(mode,size,data,decoder,parameters)⇒ image

使用标准的"raw"解码器，从字符串或者 buffer 对象中的像素数据产生一个图像存储。对于一些模式，这个图像存储与原始的 buffer（这意味着对原始 buffer 对象的改变体现在图像本身）共享内存。并非所有的模式都可以共享内存；支持的模式有 L、RGBX、RGBA 和 CMYK。对于其他模式，这个函数与 fromstring()函数一致。

注意：版本 1.1.6 及其以下，这个函数的默认情况与函数 fromstring()不同。这有可能在将来的版本中改变，所以为了最大的可移植性，当使用"raw"解码器时，推荐用户写出所有的参数，如下所示。

im =Image.frombuffer(mode,size,data,"raw",mode,0,1)

函数 Image.frombuffer(mode,size,data,decoder,parameters)与函数 fromstring()的调用一致。

7）fromstring

Image.fromstring(mode,size,data)⇒ image

Image.fromstring(mode,size,data,decoder,parameters)⇒ image

函数 Image.fromstring(mode,size,data)使用标准的"raw"解码器，从字符串中的像素数据产生一个图像存储。

函数 Image.fromstring(mode,size,data,decoder,parameters)也一样，但是允许用户使用 PIL 支持的任何像素解码器。

注意：这个函数只对像素数据进行解码，而不是整个图像。如果用户的字符串包含整个图像，可以将该字符串包裹在 StringIO 对象中，使用函数 open()来加载。

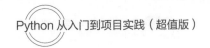

8）merge

Image.merge(mode,bands)⇒ image

使用一些单通道图像，创建一个新的图像。变量 bands 为一个图像的元组或者列表，每个通道的模式由变量 mode 描述。所有通道必须有相同的尺寸。

变量 mode 与变量 bands 的关系为：

```
len(ImageMode.getmode(mode).bands)= len(bands)
```

下面给出一段关于 **merge()** 函数的实例，具体代码如下。

```
>>>from PIL import Image
>>>im01 = Image.open("D:\\Code\\Python\\test\\img\\test01.jpg")
>>>im02 = Image.open("D:\\Code\\Python\\test\\img\\test02.jpg")
>>>r1,g1,b1 = im01.split()
>>>r2,g2,b2 = im02.split()
>>>r1.mode
'L'
>>>r1.size
(1024, 768)
>>>g1.mode
'L'
>>>g1.size
(1024, 768)
>>>r2.mode
'L'
>>>g2.size
(1024, 768)
>>>imgs=[r1,g2,b2]
>>>len(ImageMode.getmode("RGB").bands)
3
>>>len(imgs)
3
>>>im_merge = Image.merge("RGB", imgs)
>>>im_merge.show()
```

12.1.3　使用 ImageChops 模块进行图片合成

前面了解了 Pillow 的基础 Image 类，本节将讲解 ImageChops 类。ImageChops 模块包含一些算术图形操作，叫作 channel operations ("chops")。这些操作可用于诸多目的，例如图像特效、图像组合、算法绘图等。ImageChops 模块的函数大多有一个或者两个图像参数，返回一个新的图像。

1. constant

constant(image,value)⇒ image
返回一个和给定图像尺寸一样的层，该层被给定的像素值填充。

2. duplicate

duplicate(image)⇒ image
返回给定图像的拷贝。

3. invert

invert(image)⇒ image
返回最大值 255 减去当前值的图像。

4. lighter

lighter(image1,image2)⇒ image

逐像素比较，选择较大值作为新图像的像素值。

5. darker

darker(image1,image2)⇒ image
逐像素比较，选择较小值作为新图像的像素值。

6. difference

difference(image1,image2)⇒ image
返回两幅图像逐像素差的绝对值形成的图像。

7. multiply

multiply(image1,image2)⇒ image
如果与一张纯黑图片相乘，其结果是黑色的。如果与一张纯白图像相乘，其结果是不确定的。

8. screen

screen(image1,image2)⇒ image
将两个倒立的图像叠加在一起。

9. add

add(image1,image2,scale,offset)⇒ image
两个图像对应像素值相加，然后除以变量 scale，并且再加上变量 offset。如果忽略，变量 scale 为 1.0，变量 offset 为 0.0。

10. subtract

subtract(image1,image2,scale,offset)⇒ image
两个图像对应像素值相减，然后除以变量 scale，并且再加上变量 offset。如果忽略，变量 scale 为 1.0，变量 offset 为 0.0。

11. blend

blend(image1,image2,alpha)⇒ image
与 Image 模块中的函数 blend()一样，根据变量 alpha 合成两张图像。

12. composite

composite(image1,image2,mask)⇒ image
与 Image 模块中的函数 composite()一样，根据变量 mask 合成两张图像。变量 mask 的模式为 1、L 或者 RGBA。这三个参数的尺寸必须一样大。

13. offset

offset(image,xoffset,yoffset)⇒ image

offset(image,offset)⇒ image
返回一个图像数据按照变量 offset 做了偏移的图像。如果变量 yoffset 缺省，它将被假设与变量 xoffset 一样。

12.1.4　使用 ImageEnhance 模块

ImageEnhance 模块提供了一些用于图像增强的类。

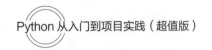

1. ImageEnhance 模块的接口

所有的增强类都实现了一个通用的接口，包括一个方法：

```
enhancer.enhance(factor) ⇒ image
```

该方法返回一个增强过的图像。变量 factor 是一个浮点数，控制图像的增强程度。变量 factor 为 1 将返回原始图像的拷贝；factor 值越小，颜色越少（亮度、对比度等）。

2. ImageEnhance 模块的 Color 类

颜色增强类用于调整图像的颜色均衡，在某种程度上类似控制彩色电视机的颜色。该类实现的增强接口如下：

```
ImageEnhance.Color(image) ⇒ Color enhancer instance
```

创建一个增强对象，以调整图像的颜色。增强因子为 0.0 将产生黑白图像，为 1.0 将给出原始图像。

下面给出一段关于 ImageEnhance.Color 类的实例，具体代码如下。

```
>>> from PIL import Image, ImageEnhance
>>> im02 =Image.open("D:\\Code\\Python\\test\\img\\test02.jpg")
>>> im_1 = ImageEnhance.Color(im02).enhance(0.1)
>>> im_5 = ImageEnhance.Color(im02).enhance(0.5)
>>> im_8 =ImageEnhance.Color(im02).enhance(0.8)
>>> im_20 = ImageEnhance.Color(im02).enhance(2.0)
```

enhance()的参数 factor 决定着图像的颜色饱和度情况，从 0.1 到 0.5，再到 0.8，2.0，图像的颜色饱和度依次增大。

3. ImageEnhance 模块的 Brightness 类

亮度增强类用于调整图像的亮度。

```
ImageEnhance.Brightness(image) ⇒ Brightnessenhancer instance
```

创建一个调整图像亮度的增强对象。增强因子为 0.0 将产生黑色图像，为 1.0 将保持原始图像。

下面给出一段关于 ImageEnhance.Brightness 类的实例，具体代码如下。

```
>>> from PIL import Image, ImageEnhance
>>> im02 =Image.open("D:\\Code\\Python\\test\\img\\test02.jpg")
>>> im_2 = ImageEnhance.Brightness(im02).enhance(0.2)
>>> im_5 = ImageEnhance.Brightness(im02).enhance(0.5)
>>> im_8 =ImageEnhance.Brightness (im02).enhance(0.8)
>>> im_20 =ImageEnhance.Brightness (im02).enhance(2.0)
```

该函数 enhance()的参数 factor 决定着图像的亮度情况。从 0.1 到 0.5，再到 0.8，2.0，图像的亮度依次增大。

4. ImageEnhance 模块的 Contrast 类

对比度增强类用于调整图像的对比度。

```
ImageEnhance.Contrast(image) ⇒ Contrast enhancer instance
```

创建一个调整图像对比度的增强对象。增强因子为 0.0 将产生纯灰色图像，为 1.0 将保持原始图像。

下面给出一段关于 ImageEnhance.Contrast 类的实例，具体代码如下。

```
>>> from PIL import Image, ImageEnhance
>>> im02 =Image.open("D:\\Code\\Python\\test\\img\\test02.jpg")
>>> im_1 = ImageEnhance.Contrast(im02).enhance(0.1)
>>> im_5 = ImageEnhance.Contrast(im02).enhance(0.5)
>>> im_8 =ImageEnhance.Contrast (im02).enhance(0.8)
>>> im_20 =ImageEnhance.Contrast (im02).enhance(2.0)
```

该函数 enhance()的参数 factor 决定着图像的对比度情况，从 0.1 到 0.5，再到 0.8，2.0，图像的对比度依次增大。

5. ImageEnhance 模块的 Sharpness 类

锐度增强类用于调整图像的锐度。

```
ImageEnhance.Sharpness(image) ⇒ Sharpness enhancer instance
```

创建一个调整图像锐度的增强对象。增强因子为 0.0 将产生模糊图像，为 1.0 将保持原始图像，为 2.0 将产生锐化过的图像。

下面给出一段关于 ImageEnhance.Sharpness 类的实例，具体代码如下。

```
>>> from PIL import Image, ImageEnhance
>>> im02 =Image.open("D:\\Code\\Python\\test\\img\\test02.jpg")
>>> im_0 = ImageEnhance.Sharpness(im02).enhance(0.0)
>>> im_20 =ImageEnhance.Sharpness (im02).enhance(2.0)
>>> im_30 =ImageEnhance.Sharpness (im02).enhance(3.0)
```

该函数 enhance() 的参数 factor 决定着图像的锐度情况，从 0.0 到 2.0，再到 3.0，图像的锐度依次增大。

12.1.5　使用 ImageFilter 模块

ImageFilter 模块提供了滤波器相关定义，这些滤波器主要用于 Image 类的 filter() 方法。

1. ImageFilter 模块所支持的滤波器

当前的 PIL 版本中 ImageFilter 模块支持以下十种滤波器。

1）BLUR

ImageFilter.BLUR 为模糊滤波，处理之后的图像会整体变得模糊。

下面给出一段关于 ImageFilter.BLUR 的实例，具体代码如下。

```
>>> from PIL importImageFilter
>>> im02 =Image.open("D:\\Code\\Python\\test\\img\\test02.jpg")
>>> im = im02.filter(ImageFilter.BLUR)
```

2）CONTOUR

ImageFilter.CONTOUR 为轮廓滤波，将图像中的轮廓信息全部提取出来。

下面给出一段关于 ImageFilter.CONTOUR 的实例，具体代码如下。

```
>>>from PIL import ImageFilter
>>>im02 = Image.open("D:\\Code\\Python\\test\\img\\test02.jpg")
>>> im= im02.filter(ImageFilter.CONTOUR)
```

3）DETAIL

ImageFilter.DETAIL 为细节增强滤波，会使得图像中的细节更加明显。

下面给出一段关于 ImageFilter.DETAIL 的实例，具体代码如下。

```
>>>from PIL import ImageFilter
>>>im02 = Image.open("D:\\Code\\Python\\test\\img\\test02.jpg")
>>> im= im02.filter(ImageFilter.DETAIL)
```

4）EDGE_ENHANCE

ImageFilter.EDGE_ENHANCE 为边缘增强滤波，是突出、加强和改善图像中不同灰度区域之间的边界和轮廓的图像增强方法。经处理使得边界和边缘在图像上表现为图像灰度的突变，用以提高人眼识别能力。

下面给出一段关于 ImageFilter.EDGE_ENHANC 的实例，具体代码如下。

```
>>>from PIL import ImageFilter
>>>im02 = Image.open("D:\\Code\\Python\\test\\img\\test02.jpg")
>>> im= im02.filter(ImageFilter.EDGE_ENHANCE)
```

5）EDGE_ENHANCE_MORE

ImageFilter.EDGE_ENHANCE_MORE 为深度边缘增强滤波，会使得图像中边缘部分更加明显。

下面给出一段关于 ImageFilter.EDGE_ENHANCE_MORE 的实例，具体代码如下。

```
>>>from PIL import ImageFilter
>>>im02 = Image.open("D:\\Code\\Python\\test\\img\\test02.jpg")
>>> im= im02.filter(ImageFilter.EDGE_ENHANCE_MORE)
```

6）EMBOSS

ImageFilter.EMBOSS 为浮雕滤波，会使图像呈现出浮雕效果。

下面给出一段关于 ImageFilter.EMBOSS 的实例，具体代码如下。

```
>>>from PIL import ImageFilter
>>>im02 = Image.open("D:\\Code\\Python\\test\\img\\test02.jpg")
>>> im= im02.filter(ImageFilter.EMBOSS)
```

7）FIND_EDGES

ImageFilter.FIND_EDGES 为寻找边缘信息的滤波，会找出图像中的边缘信息。

下面给出一段关于 ImageFilter.FIND_EDGES 的实例，具体代码如下。

```
>>>from PIL import ImageFilter
>>>im02 = Image.open("D:\\Code\\Python\\test\\img\\test02.jpg")
>>> im= im02.filter(ImageFilter.FIND_EDGES)
```

8）SMOOTH

ImageFilter.SMOOTH 为平滑滤波，突出图像的宽大区域、低频成分、主干部分或抑制图像噪声和干扰高频成分，使图像亮度平缓渐变，减小突变梯度，改善图像质量。

下面给出一段关于 ImageFilter.SMOOTH 的实例，具体代码如下。

```
>>>from PIL import ImageFilter
>>>im02 = Image.open("D:\\Code\\Python\\test\\img\\test02.jpg")
>>> im= im02.filter(ImageFilter.SMOOTH)
```

9）SMOOTH_MORE

ImageFilter.SMOOTH_MORE 为深度平滑滤波，会使得图像变得更加平滑。

下面给出一段关于 ImageFilter.SMOOTH_MORE 的实例，具体代码如下。

```
>>> from PIL importImageFilter
>>> im02 =Image.open("D:\\Code\\Python\\test\\img\\test02.jpg")
>>> im =im02.filter(ImageFilter.SMOOTH_MORE)
```

10）SHARPEN

ImageFilter.SHARPEN 为锐化滤波，补偿图像的轮廓，增强图像的边缘及灰度跳变的部分，使图像变得清晰。

下面给出一段关于 ImageFilter.SHARPEN 的实例，具体代码如下。

```
>>>from PIL import ImageFilter
>>> im02 =Image.open("D:\\Code\\Python\\test\\img\\test02.jpg")
>>> im =im02.filter(ImageFilter.SHARPEN)
```

2. ImageFilter 模块的函数

1）Kernel

Kernel(size,kernel,scale=None,offset=0)

生成一个给定尺寸的卷积核。在当前的版本中，变量 size 必须为（3，3）或者（5，5）。变量 kernel 与变量 size 对应地必须为包含 9 个或者 25 个整数或者浮点数的序列。

如果设置了变量 scale，将卷积核作用于每个像素值之后的数据，都需要除以这个变量。默认值为卷积核的权重之和。

如果设置变量 offset，这个值将加到卷积核作用的结果上，然后再除以变量 scale。

下面给出一段关于 Kernel 的实例，具体代码如下。

```
>>>from PIL import ImageFilter
>>> im02 =Image.open("D:\\Code\\Python\\test\\img\\test02.jpg")
>>> im=im02.filter(ImageFilter.Kernel((3,3),(1,1,1,0,0,0,2,0,2)))
```

2）RankFilter

RankFilter(size,rank)

生成给定尺寸的等级滤波器。对于输入图像的每个像素点，等级滤波器根据像素值，在（size，size）的区域中对所有像素点进行排序，然后复制对应等级的值存储到输出图像中。

下面给出一段关于 RankFilter 的实例，具体代码如下。

```
>>>from PIL import ImageFilter
>>>im02 = Image.open("D:\\Code\\Python\\test\\img\\test02.jpg")
>>> im=im02.filter(ImageFilter.RankFilter(5,24))
```

图像 im 为等级滤波后的图像，在每个像素点为中心的 5×5 区域 25 个像素点中选择排序第 24 位的像素作为新的值。

3）MinFilter

MinFilter(size=3)

生成给定尺寸的最小滤波器。对于输入图像的每个像素点，该滤波器从（size，size）的区域中复制最小的像素值存储到输出图像中。

下面给出一段关于 MinFilter 的实例，具体代码如下。

```
>>> from PIL importImageFilter
>>> im02 =Image.open("D:\\Code\\Python\\test\\img\\test02.jpg")
>>> im=im02.filter(ImageFilter.MinFilter(5))
```

图像 im 为最小滤波后的图像，在每个像素点为中心的 5×5 区域 25 个像素点中选择最小的像素作为新的值。

4）MedianFilter

MedianFilter(size=3)

生成给定尺寸的中值滤波器。对于输入图像的每个像素点，该滤波器从（size，size）的区域中复制中值对应的像素值存储到输出图像中。

下面给出一段关于 MedianFilter 的实例，具体代码如下。

```
>>>from PIL import ImageFilter
>>>im02 = Image.open("D:\\Code\\Python\\test\\img\\test02.jpg")
>>> im=im02.filter(ImageFilter.MedianFilter(5))
```

图像 im 为中值滤波后的图像，在每个像素点为中心的 5×5 区域 25 个像素点中选择中值作为新的值。

5）MaxFilter

MaxFilter(size=3)

生成给定尺寸的最大滤波器。对于输入图像的每个像素点，该滤波器从（size，size）的区域中复制最大的像素值存储到输出图像中。

下面给出一段关于 MaxFilter 的实例，具体代码如下。

```
>>>from PIL import ImageFilter
>>> im02 =Image.open("D:\\Code\\Python\\test\\img\\test02.jpg")
>>> im=im02.filter(ImageFilter.MaxFilter(5))
```

图像 im 为最大滤波后的图像，在每个像素点为中心的 5×5 区域 25 个像素点中选择最大的像素作为新的值。

6）ModeFilter

ModeFilter(size=3)

生成给定尺寸的模式滤波器。对于输入图像的每个像素点，该滤波器从（size，size）的区域中复制出现次数最多的像素值存储到输出图像中。如果没有一个像素值出现过两次及其以上，则使用原始像素值。

下面给出一段关于 ModeFilter 的实例，具体代码如下。

```
>>>from PIL import ImageFilter
>>>im02 = Image.open("D:\\Code\\Python\\test\\img\\test02.jpg")
>>> im=im02.filter(ImageFilter.ModeFilter(5))
```

图像 im 为模式滤波后的图像，在每个像素点为中心的 5×5 区域 25 个像素点中选择出现次数最多的像素作为新的值。

12.1.6　使用 ImageDraw 模块画图

ImageDraw 模块提供了图像对象的简单 2D 绘制，用户可以使用这个模块创建新的图像，注释或润饰已存在图像。

1. ImageDraw 模块

1）Coordinates

绘图接口使用和 PIL 一样的坐标系统，即（0,0）为左上角。

2）Colours

为了指定颜色，用户可以使用数字或者元组，对应用户使用函数 Image.new 或者 Image.putpixel。对于模式为 1、L 和 I 的图像，使用整数；对于 RGB 图像，使用整数组成的三元组；对于 F 图像，使用整数或者浮点数。

对于调色板图像（模式为 P），使用整数作为颜色索引。在 PIL 1.1.4 及其以后版本中，用户也可以使用 RGB 三元组或者颜色名称。绘制层将自动分配颜色索引，只要用户不绘制多于 256 种颜色即可。

3）Colours Names

在 PIL 1.1.4 及其以后的版本中，用户绘制 RGB 图像时，可以使用字符串常量。PIL 支持如下字符串格式。

（1）十六进制颜色说明符，定义为"#rgb"或者"#rrggbb"。例如，"#ff0000"表示纯红色。

（2）RGB 函数，定义为"rgb(red,green,blue)"，变量 red、green、blue 的取值为[0,255]范围的整数。另外，颜色值也可以为[0%,100%]的三个百分比。例如，"rgb(255,0,0)"和"rgb(100%,0%,0%)"都表示纯红色。

（3）HSL(Hue, Saturation, Lightness)函数，定义为"hsl(hue,saturation%,lightness%)"。变量 hue 取值为[0,360]，一个角度表示颜色(red=0,green=120,blue=240)；变量 saturation 取值为[0%,100%](gray=0%,full color=100%)；变量 lightness 取值为[0%,100%](black=0%,normal=50%,white=100%)。例如，"hsl(0,100%,50%)"为纯红色。

（4）通用 HTML 颜色名称，ImageDraw 模块提供了 140 个标准颜色名称，X Window 系统和大多数 Web 浏览器都支持这些颜色。颜色名称对大小写不敏感，例如，"red"和"Red"都表示纯红色。

4）Fonts

PIL 可以使用 Bitmap 字体或者 OpenType/TrueType 字体。

Bitmap 字体被存储在 PIL 自己的格式中。它一般包括两个文件：一个叫作.pil，包含字体的矩阵；另一个通常叫作.pbm，包含栅格数据。

在 ImageFont 模块中，使用函数 load()加载一个 Bitmap 字体。

在 ImageFont 模块中，使用函数 truetype()加载一个 OpenType/TrueType 字体。

注意：这个函数依赖于第三方库，而且并不是在所有的 PIL 版本中都有效。

（IronPIL）加载内置的字体，使用 ImageFont 模块的 Font()结构函数即可。

2. ImageDraw 模块的函数

Draw(image)⟹ Draw instance
创建一个可以在给定图像上绘图的对象。

（IronPIL）用户可以使用 ImageWin 模块的 HWND 或者 HDC 对象来代替图像。允许用户直接在屏幕上绘图。

注意：图像内容将会被修改。

下面给出一段关于 Draw 的实例，具体代码如下。

```
>>>fromPIL import Image, ImageDraw
>>> im01 =Image.open("D://Code//Python//test//img//test01.jpg")
>>> draw =ImageDraw.Draw(im01)
>>> draw.line((0,0) +im01.size, fill=128)
>>> draw.line((0,im01.size[1], im.size[0], 0), fill = 128)
>>> im01.show()
>>> del draw
```

在图像上绘制了两条灰色的对角线。

3. ImageDraw 模块的方法

1）arc

draw.arc(xy,start,end,options)
在给定的区域内，在开始和结束角度之间绘制一条弧（圆的一部分）。

变量 options 中 fill 设置弧的颜色。

下面给出一段关于 arc 的实例，具体代码如下。

```
>>> from PIL import Image,ImageDraw
>>>im01 = Image.open("D://Code//Python//test//img//test01.jpg")
>>> draw =ImageDraw.Draw(im01)
>>> draw.arc((0,0,200,200),0, 90, fill = (255,0,0))
>>>draw.arc((300,300,500,500), 0, -90, fill = (0,255,0))
>>> draw.arc((200,200,300,300),-90, 0, fill = (0,0,255))
>>> im01.show()
>>> del draw
```

注意：变量 xy 是需要设置一个区域，此处使用 4 元组，包含区域的左上角和右下角两个点的坐标。在此 PIL 版本中，变量 options 不能使用 outline，会报错："TypeError: arc() got an unexpected keyword argument 'outline'"；所以此处应该使用 fill。

在图像上（0,0,200,200）区域使用红色绘制了 90°的弧，（300,300,500,500）区域使用绿色绘制了 270°的弧，（200,200,300,300）区域使用蓝色绘制了 90°的弧。这些弧都是按照顺时针方向绘制的。变量 start/end 的 0°为水平向右，沿着顺时针方向依次增加。

2）bitmap

draw.bitmap(xy,bitmap,options)
在给定的区域里绘制变量 bitmap 所对应的位图，非零部分使用变量 options 中 fill 的值来填充。变量 bitmap 位图应该是一个有效的透明模板（模式为 1）或者蒙版（模式为 L 或者 RGBA）。

这个方法与 Image.paste(xy,color,bitmap)有相同的功能。

下面给出一段关于 bitmap 的实例，具体代码如下。

```
>>> from PIL import Image,ImageDraw
>>> im01 =Image.open("D://Code//Python//test//img//test01.jpg")
>>> im02 =Image.open("D://Code//Python//test//img//test02.jpg")
```

```
>>> im =im02.resize(300,200)>>> im.size
(300, 200)
>>> r,g,b =im.split()
>>> draw =ImageDraw.Draw(im01)
>>>draw.bitmap((0,0), r, fill = (255,0,0))
>>>draw.bitmap((300,200), g, fill = (0,255,0))
>>>draw.bitmap((600,400), b, fill = (0,0,255))
>>> im01.show()
```

变量 xy 是变量 bitmap 对应位图起始的坐标值，而不是一个区域。

3）chord

draw.chord(xy,start,end,options)

和方法 arc()一样，但是使用直线连接起始点。

变量 options 的 outline 给定弦轮廓的颜色，fill 给定弦内部的颜色。

下面给出一段关于 chord 的实例，具体代码如下。

```
>>>from PIL import Image, ImageDraw
>>> im01 =Image.open("D://Code//Python//test//img//test01.jpg")
>>> draw =ImageDraw.Draw(im01)
>>> draw.chord((0,0,200,200),0, 90, fill = (255,0,0))
>>> draw.chord((300,300,500,500), 0, -90, fill = (0,255,0))
>>> draw.chord((200,200,300,300), -90, 0, fill = (0,0,255))
>>> im01.show()
```

4）ellipse

draw.ellipse(xy,options)

在给定的区域绘制一个椭圆形。

变量 options 的 outline 给定椭圆形轮廓的颜色，fill 给定椭圆形内部的颜色。

下面给出一段关于 ellipse 的实例，具体代码如下。

```
>>>from PIL import Image, ImageDraw
>>> im01 =Image.open("D://Code//Python//test//img//test01.jpg")
>>> draw =ImageDraw.Draw(im01)
>>> draw.ellipse((0,0, 200, 200), fill = (255, 0, 0))
>>> draw.ellipse((200,200,400,300),fill = (0, 255, 0))
>>>draw.ellipse((400,400,800,600), fill = (0, 0, 255))
>>> im01.show()
```

5）line

draw.line(xy,options)

在变量 xy 列表所表示的坐标之间画线。

坐标列表可以是任何包含二元组[(x,y),…]或者数字[x,y,…]的序列对象。它至少包括两个坐标。

变量 options 的 fill 给定线的颜色。

（1.1.5 版新加）变量 options 的 width 给定线的宽度。注意线连接不是很好，所以多段线段连接不好看。

下面给出一段关于 line 的实例，具体代码如下。

```
>>>from PIL import Image, ImageDraw
>>>im01 = Image.open("D://Code//Python//test//img//test01.jpg")
>>>draw = ImageDraw.Draw(im01)
>>>draw.line([(0,0),(100,300),(200,500)], fill = (255,0,0), width = 5)
>>>draw.line([50,10,100,200,400,300], fill = (0,255,0), width = 10)
>>>im01.show()
```

6）pieslice

draw.pieslice(xy,start,end,options)

和方法 arc()一样，但是在指定区域内结束点和中心点之间绘制直线。

变量 options 的 fill 给定 pieslice 内部的颜色。

下面给出一段关于 pieslice 的实例，具体代码如下。

```
>>>from PIL import Image, ImageDraw
>>>im01 = Image.open("D://Code//Python//test//img//test01.jpg")
>>>draw = ImageDraw.Draw(im01)
>>>draw.pieslice((0,0,100,200), 0, 90, fill = (255,0,0))
>>>draw.pieslice((100,200,300,400), 0, -90, fill = (0,255,0))
>>> im01.show()
```

7）point

draw.point(xy,options)

在给定的坐标点上画一些点。

坐标列表是包含二元组[(x,y),…]或者数字[x,y,…]的任何序列对象。

变量 options 的 fill 给定点的颜色。

下面给出一段关于 point 的实例，具体代码如下。

```
>>>from PIL import Image, ImageDraw
>>>im01 = Image.open("D://Code//Python//test//img//test01.jpg")
>>>draw = ImageDraw.Draw(im01)
>>> draw.point([(0,0), (100,150), (110, 50)], fill = (255, 0, 0))
>>> draw.point([0,10,100,110, 210, 150], fill = (0, 255, 0))
>>>im01.show()
```

8）polygon

draw.polygon(xy,options)

绘制一个多边形。

多边形轮廓由给定坐标之间的直线组成，在最后一个坐标和第一个坐标间增加了一条直线，形成多边形。

坐标列表是包含二元组[(x,y),…]或者数字[x,y,…]的任何序列对象。它最少包括三个坐标值。

变量 options 的 fill 给定多边形内部的颜色。

下面给出一段关于 polygon 的实例，具体代码如下。

```
>>>from PIL import Image, ImageDraw
>>>im01 = Image.open("D://Code//Python//test//img//test01.jpg")
>>>draw = ImageDraw.Draw(im01)
>>> draw.polygon([(0,0), (100,150), (210, 350)], fill = (255, 0, 0))
>>> draw.polygon([300,300,100,400, 400, 400], fill = (0, 255, 0))
>>>im01.show()
```

9）rectangle

draw.rectangle(box,options)

绘制一个长边形。

变量 box 是包含二元组[(x,y),…]或者数字[x,y,…]的任何序列对象。它应该包括两个坐标值。

注意：当长方形没有没有被填充时，第二个坐标对定义了一个长方形外面的点。

变量 options 的 fill 给定长边形内部的颜色。

下面给出一段关于 rectangle 的实例，具体代码如下。

```
>>>from PIL import Image, ImageDraw
>>>im01 = Image.open("D://Code//Python//test//img//test01.jpg")
>>>draw = ImageDraw.Draw(im01)
>>>draw.rectangle((0,0,100,200), fill = (255,0,0))
>>> draw.rectangle([100,200,300,500],fill = (0,255,0))
>>>draw.rectangle([(300,500),(600,700)], fill = (0,0,255))
>>>im01.show()
```

10）text

draw.text(position,string,options)

在给定的位置绘制一个字符创。变量 position 给出了文本的左上角的位置。

变量 option 的 font 用于指定所用字体。它应该是类 ImangFont 的一个实例，使用 ImageFont 模块的 load() 方法从文件中加载的。

变量 options 的 fill 给定文本的颜色。

下面给出一段关于 text 的实例，具体代码如下。

```
>>>from PIL import Image, ImageDraw
>>>im01 = Image.open("D://Code//Python//test//img//test01.jpg")
>>>draw = ImageDraw.Draw(im01)
>>> draw.text((0,0),"Hello", fill = (255,0,0))
>>>im01.show()
```

11）textsize

draw.textsize(string,options)⇒(width,height)

返回给定字符串的大小，以像素为单位。

变量 option 的 font 用于指定所用字体。它应该是类 ImangFont 的一个实例，使用 ImageFont 模块的 load() 方法从文件中加载的。

下面给出一段关于 textsize 的实例，具体代码如下。

```
>>>from PIL import Image, ImageDraw
>>>im01 = Image.open("D://Code//Python//test//img//test01.jpg")
>>>draw = ImageDraw.Draw(im01)
>>>draw.textsize("Hello")
(30, 11)
>>>draw.textsize("Hello, the world")
(96, 11)
>>>im01.show()
```

4. ImageDraw 模块的 option 变量

Option 变量有三个属性，分别为 outline、fill 和 font。outline 和 fill 都可为整数或者元组；font 为 ImageFont 类的实例。

12.2　使用 Pillow 库处理图片举例

通过前面的学习相信读者对 Pillow 库已经非常熟悉了，本节通过不同的三个实际案例熟悉 Pillow 库在实际开发中的应用。

12.2.1　图片格式转换

在数字图像处理中，针对不同的图像格式有其特定的处理算法。所以，在做图像处理之前，需要考虑清楚自己要基于哪种格式的图像进行算法设计及其实现。本节基于这个需求，使用 Python 中的图像处理库 Pillow 来实现不同图像格式的转换。

下面给出一段代码实现图片格式转换，具体如下。

```
#将jpg格式转为png
import os
from PIL import Image
import shutil
import sys
#Define the input and output image
```

```
output_dirHR = '../data/Mosaic_HR/'
output_dirLR = '../data/Mosaic_LR/'
if not os.path.exists(output_dirHR):
  os.mkdir(output_dirHR)
if not os.path.exists(output_dirLR):
  os.mkdir(output_dirLR)
def image2png(dataset_dir,type):
  files = []
  image_list = os.listdir(dataset_dir)
  files = [os.path.join(dataset_dir, _) for _ in image_list]
  for index,jpg in enumerate(files):
    if index > 100000:
      break
    try:
      sys.stdout.write('\r>>Converting image %d/100000 ' % (index))
      sys.stdout.flush()
      im = Image.open(jpg)
      png = os.path.splitext(jpg)[0] + "." + type
      im.save(png)
      #将已经转换的图片移动到指定位置
      '''''
      if jpg.split('.')[-1] == 'jpg':
        shutil.move(png,output_dirLR)
      else:
        shutil.move(png,output_dirHR)
      '''
      shutil.move(png, output_dirHR)
    except IOError as e:
      print('could not read:',jpg)
      print('error:',e)
      print('skip it\n')
  sys.stdout.write('Convert Over!\n')
  sys.stdout.flush()
if __name__ == "__main__":
  current_dir = os.getcwd()
  print(current_dir) #/Users/gavin/PycharmProjects/pygame
  data_dir = '/home/gavin/MyProject/python/nesunai_faces/'
  image2png(data_dir,'png')
```

12.2.2 批量生成缩略图

在网页中通常会有缩略图的使用，将原图缩略后用于标题展示，这样就减少了使用工具操作图片。

下面给出一个实例，默认仅操作当前文件夹中的所有 jpg 图像，默认缩略图大小 128×128，具体代码如下。

```
from PIL import Image
import glob,os,sys
class fromFile2thumbnails(object):
    def __init__(self,fileDir = sys.path[0],format ='jpg',size = (128,128)):
        self._fileDir = fileDir
        self._size = size
        self._format = format
        self._filePath = os.path.join(fileDir, '*.'+format)
        self._thumbPath = os.path.join(fileDir,'thumb')
    def run(self):
        if not os.path.exists(self._thumbPath):
```

```
          os.mkdir(self._thumbPath)
      for infile in glob.glob(self._filePath):
          ext = os.path.splitext(os.path.split(infile)[1])[0]
          fPath = os.path.join(self._thumbPath,ext)
          # print(file)
          im = Image.open(infile)
          # im.show()
          im.thumbnail(self._size)
          im.save(fPath+".t.jpg","JPEG")
    print('缩略图完成')
fromFile2thumbnails(r'D:\Users\Public\Pictures\Sample Pictures').run()
```

以上代码会在文件夹中建立一个 thumb 文件夹，并生成缩略图。

12.2.3　为图片添加 Logo

为图片添加 Logo 使用的方法是图片合并，通过两种不同图片合成一张新的图片。

下面给出一个完整的实例代码。

```
# -*- encoding=utf-8 -*-
'''''
author: orangleliu
pil 处理图片,验证,处理
大小,格式 过滤
压缩,截图,转换
图片库最好用 Pillow
还有一个测试图片 test.jpg，一个 log 图片,一个字体文件
'''
#图片的基本参数获取
try:
    from PIL import Image, ImageDraw, ImageFont, ImageEnhance
except ImportError:
    import Image, ImageDraw, ImageFont, ImageEnhance
def compress_image(img, w=128, h=128):
   #缩略图
   img.thumbnail((w,h))
   im.save('test1.png', 'PNG')
   print u'成功保存为 png 格式,压缩为 128×128 格式图片'
def cut_image(img):
   #截图, 旋转,再粘贴
   #eft, upper, right, lower
   #x y z w  x,y 是起点, z,w 是偏移值
   width, height = img.size
   box = (width-200, height-100, width, height)
   region = img.crop(box)
   #旋转角度
   region = region.transpose(Image.ROTATE_180)
   img.paste(region, box)
   img.save('test2.jpg', 'JPEG')
   print u'重新拼图成功'
def logo_watermark(img, logo_path):
   #添加一个图片水印,原理就是合并图层,用 png 比较好
   baseim = img
   logoim = Image.open(logo_path)
   bw, bh = baseim.size
```

```python
    lw, lh = logoim.size
    baseim.paste(logoim, (bw-lw, bh-lh))
    baseim.save('test3.jpg', 'JPEG')
    print('logo 水印组合成功')
def text_watermark(img, text, out_file="test4.jpg", angle=23, opacity=0.50):
    #添加一个文字水印，做成透明水印的模样，使用 png 图层合并
    watermark = Image.new('RGBA', img.size, (255,255,255))          #这里有一层白色的膜，去掉(255,255,
                                                                    255) 这个参数就好了

    FONT = "msyh.ttf"
    size = 2
    n_font = ImageFont.truetype(FONT, size)                         #得到字体
    n_width, n_height = n_font.getsize(text)
    text_box = min(watermark.size[0], watermark.size[1])
    while (n_width+n_height < text_box):
        size += 2
        n_font = ImageFont.truetype(FONT, size=size)
        n_width, n_height = n_font.getsize(text)                    #文字逐渐放大，但是要小于图片的宽高最小值
    text_width = (watermark.size[0] - n_width) / 2
    text_height = (watermark.size[1] - n_height) / 2
    #watermark = watermark.resize((text_width,text_height), Image.ANTIALIAS)
    draw = ImageDraw.Draw(watermark, 'RGBA')                        #在水印层加画笔
    draw.text((text_width,text_height),
              text, font=n_font, fill="#21ACDA")
    watermark = watermark.rotate(angle, Image.BICUBIC)
    alpha = watermark.split()[3]
    alpha = ImageEnhance.Brightness(alpha).enhance(opacity)
    watermark.putalpha(alpha)
    Image.composite(watermark, img, watermark).save(out_file, 'JPEG')
    print ("文字水印成功")
                                                                    #等比例压缩图片
def resizeImg(img, dst_w=0, dst_h=0, qua=85):
    '''
    只给了宽或者高，或者两个都给了，然后取比例合适的
    如果图片比给要压缩的尺寸都要小，就不压缩了
    '''
    ori_w, ori_h = im.size
    widthRatio = heightRatio = None
    ratio = 1
    if (ori_w and ori_w > dst_w) or (ori_h and ori_h > dst_h):
        if dst_w and ori_w > dst_w:
            widthRatio = float(dst_w) / ori_w                       #正确获取小数的方式
        if dst_h and ori_h > dst_h:
            heightRatio = float(dst_h) / ori_h
        if widthRatio and heightRatio:
            if widthRatio < heightRatio:
                ratio = widthRatio
            else:
                ratio = heightRatio
        if widthRatio and not heightRatio:
            ratio = widthRatio
        if heightRatio and not widthRatio:
            ratio = heightRatio
        newWidth = int(ori_w * ratio)
        newHeight = int(ori_h * ratio)
    else:
        newWidth = ori_w
```

```
            newHeight = ori_h
        im.resize((newWidth,newHeight),Image.ANTIALIAS).save("test5.jpg", "JPEG", quality=qua)
        print('等比压缩完成')
#裁剪压缩图片
def clipResizeImg(im, dst_w, dst_h, qua=95):
            #先按照一个比例对图片剪裁,然后在压缩到指定尺寸
            #一个图片 16:5,压缩为 2:1 并且宽为 200,就要先把图片裁剪成 10:5,然后再等比压缩
    ori_w,ori_h = im.size
    dst_scale = float(dst_w) / dst_h          #目标高宽比
    ori_scale = float(ori_w) / ori_h          #原高宽比
    if ori_scale <= dst_scale:
        #过高
        width = ori_w
        height = int(width/dst_scale)
        x = 0
        y = (ori_h - height) / 2
    else:
        #过宽
        height = ori_h
        width = int(height*dst_scale)
        x = (ori_w - width) / 2
        y = 0
    #裁剪
    box = (x,y,width+x,height+y)
#这里的参数可以这么认为:从某图的(x,y)坐标开始截,截到(width+x,height+y)坐标
    #所包围的图像,crop 方法与 php 中的 imagecopy 方法大为不一样
    newIm = im.crop(box)
    im = None
    #压缩
    ratio = float(dst_w) / width
    newWidth = int(width * ratio)
    newHeight = int(height * ratio)
    newIm.resize((newWidth,newHeight),Image.ANTIALIAS).save("test6.jpg", "JPEG",quality=95)
    print("old size  %s  %s"%(ori_w, ori_h))
    print("new size %s %s"%(newWidth, newHeight))
    print("剪裁后等比压缩完成")
if __name__ == "__main__":
    #程序主体部分
    im = Image.open('test.jpg')              #image 对象
    compress_image(im)
    im = Image.open('test.jpg')              #image 对象
    cut_image(im)
    im = Image.open('test.jpg')              #image 对象
    logo_watermark(im, 'logo.png')
    im = Image.open('test.jpg')              #image 对象
    text_watermark(im, 'Orangleliu')
    im = Image.open('test.jpg')              #image 对象
    resizeImg(im, dst_w=100, qua=85)
    im = Image.open('test.jpg')              #image 对象
    clipResizeImg(im, 100, 200)              #-*- encoding=utf-8 -*-
```

12.3　就业面试技巧与解析

　　图像处理在实际开发中是有侧重点的，如果是网络开发可能更多的是侧重于资源图像的处理，例如，处理图像大小、缩放等。而在客户端程序中更多地侧重于控件自绘上，因此在面试中应理解面试官的真正需求。

12.3.1　面试技巧与解析（一）

　　面试官：什么是 Pillow 库？

　　应聘者：Pillow 是 PIL（Python 图形库）的一个友好分支。对于用户比 PIL 更加友好，对于任何在图形领域工作的人是必备的库。

12.3.2　面试技巧与解析（二）

　　面试官：如何使用 Pillow 实现图像缩放？

　　应聘者：在 Pillow 中图片的缩放有以下两种方式。

（1）使用 resize 函数。

（2）使用 thumbnail 函数。

resize 函数可以缩小，也可以放大。

thumbnail 只能缩小，不能放大，所以如果只打开一次图片，要存出多个尺寸的话，要么从大到小开始缩放。

　　或者使用 resize 从大到小开始缩放，因为用 resize 放大的话，可以想象那个马赛克。

　　当然，也可以设置缩放图片的质量（PIL.Image.NEAREST：最低质量；PIL.Image.BILINEAR：双线性；PIL.Image.BICUBIC：三次样条插值；Image.ANTIALIAS：最高质量）。

第13章

正则表达式

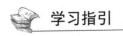 学习指引

正则表达式（Regular Expression，RE），在代码中一般简写为 regex、regexp 或 re。正则表达式是由一些由字符和特殊符号组成的字符串。正则表达式为高级的文本模式匹配、抽取、与/或文本形式的搜索和替换功能提供了基础。

重点导读

- 掌握正则表达式基本元字符的用法。
- 掌握 re 模块中各函数的用法。
- 分组匹配与索引的使用。
- 掌握扩展字符的用法。
- 就业面试技巧与解析。

13.1　正则表达式基础

正则表达式并不是 Python 的一部分，而是嵌入 Python 的微小的、高度专业化的语言，可以通过 re 模块访问。正则表达式是用于处理字符串的强大工具，拥有自己独特的语法以及一个独立的处理引擎，功能十分强大。正则表达式主要是针对字符串进行操作，可以简化对字符串的复杂操作，其主要功能有匹配、切割、替换、获取。在提供了正则表达式的语言里，正则表达式的语法都是一样的，区别只在于不同的编程语言实现支持的语法数量不同。如果已经在其他语言中学过正则表达式的使用，只需要简单看看就可以轻松应用了。

为什么使用正则表达式？

典型的搜索和替换操作要求用户提供与预期的搜索结果匹配的确切文本。虽然这种技术对于对静态文本执行简单搜索和替换任务可能已经足够了，但它缺乏灵活性。若采用这种方法搜索动态文本，即使不是不可能，至少也会变得很困难。

通过使用正则表达式，可以：

（1）测试字符串内的模式。

例如，可以测试输入字符串，以查看字符串内是否出现电话号码模式或信用卡号码模式。这称为数据验证。

（2）替换文本。

可以使用正则表达式来识别文档中的特定文本，完全删除该文本或者用其他文本替换它。

（3）基于模式匹配从字符串中提取字符串。

可以查找文档内或输入域内特定的文本。

例如，可能需要搜索整个网站，删除过时的材料，以及替换某些 HTML 格式标记。在这种情况下，可以使用正则表达式来确定在每个文件中是否出现该材料或该 HTML 格式标记。此过程将受影响的文件列表缩小到包含需要删除或更改的材料的那些文件。然后可以使用正则表达式来删除过时的材料。最后，可以使用正则表达式来搜索和替换标记。

13.2　正则表达式基本元字符

正则表达式最常见的特殊符号和字符，即所谓的元字符。元字符是使用正则表达式不同于普通字符的地方，也是正则表达式能够发挥强大作用、具有强大表达能力的法宝。

13.2.1　正则表达式元字符

正则表达式语言由两种基本字符类型组成：原义（正常）文本字符和元字符。元字符使正则表达式具有处理能力。元字符既可以是放在[]中的任意单个字符（如[a]表示匹配单个小写字符 a），也可以是字符序列（如[a-d]表示匹配 a、b、c、d 中的任意一个字符，而\w 表示任意英文字母和数字及下画线），如表 13-1 所示是一些常见的元字符。

表 13-1　正则表达式元字符

字　　符	描　　述
.	匹配除\n 以外的任何字符（注意元字符是小数点）
[abcde]	匹配 abcde 之中的任意一个字符
[a-h]	匹配 a～h 中的任意一个字符
[^fgh]	不与 fgh 之中的任意一个字符匹配
\w	匹配大小写英文字符及数字 0～9 中的任意一个及下画线，相当于[a-zA-Z0-9_]
\W	不匹配大小写英文字符及数字 0～9 中的任意一个，相当于[^a-zA-Z0-9_]
\s	匹配任何空白字符，包括空格、制表符、换页符等。等价于[\f\n\r\t\v]。注意：Unicode 正则表达式会匹配全角空格符
\S	匹配任何非空白字符。等价于[^\f\n\r\t\v]
\t	匹配一个制表符。等价于\xO9 和\cl
\v	匹配一个垂直制表符。等价于\xOb 和\cK
\d	匹配任何 0～9 中的单个数字，相当于[0-9]
\D	不匹配任何 0～9 中的单个数字，相当于[^0-9]

续表

字　　符	描　　述
\b	匹配一个单词边界，也就是指单词和空格间的位置。例如，'er\b' 可以匹配"never" 中的'er'，但不能匹配"verb"中的 'er'
\B	匹配非单词边界。'er\B' 能匹配 "verb" 中的 'er'，但不能匹配 "never" 中的 'er'
\cx	匹配由 x 指明的控制字符。例如，\cM 匹配一个 Ctrl+M 或回车符。x 的值必须为 A～Z 或 a～z 之一。否则，将 c 视为一个原义的'c'字符
\f	匹配一个换页符。等价于\x0c 和\cL
\n	匹配一个换行符。等价于\x0a 和\cJ
\r	匹配一个回车符。等价于\x0d 和\cM

13.2.2　正则表达式限定符

上面的元字符都是针对单个字符匹配的，要想同时匹配多个字符的话，还需要借助限定符。如表 13-2 所示是一些常见的限定符（表中 n 和 m 都是表示整数，并且 0<n<m）。

表 13-2　正则表达式限定符

字　　符	描　　述
$	匹配输入字符串的结束位置。如果设置了 RegExp 对象的 Multiline 属性，则$也匹配'\n'或'\r'。要匹配$字符本身，请使用\$
()	将位于()内的内容当作一个整体
{}	按{}中的次数进行匹配
*	匹配位于*之前的 0 个或多个字符
?	匹配位于?之前的 0 个或一个字符
\	表示位于\之后的为转义字符。如'n'匹配字符'n'。'\n'匹配换行符
^	匹配输入字符串的开始位置，除非在方括号表达式中使用，此时它表示不接受该字符集合
+	匹配位于+之前的一个或多个字符
|	匹配位于|之前或者之后的字符
{n}	n 是一个非负整数。匹配确定的 n 次
{n,}	n 是一个非负整数。至少匹配 n 次
{n,m}	m 和 n 均为非负整数，其中，n≤m。最少匹配 n 次且最多匹配 m 次
x|y	匹配 x 或者 y

13.2.3　正则表达式元字符举例

正则表达式的最简单形式是在搜索字符串中匹配其本身的单个普通字符。例如，单字符模式，如 A，不论出现在搜索字符串中的何处，它总是匹配字母 A。下面是一些单字符正则表达式模式的实例：/a/、/5/、/B/。还可以将许多单字符组合起来以形成大的表达式，例如，/a5B/正则表达式组合了单字符表达式 a、5、B。

句点（.）匹配字符串中的各种打印或非打印字符，只有一个字符例外。这个例外就是换行符（\n）。/a.c/正则表达式匹配 aac、abc、acc、adc 等，以及 a1c、a2c、a-c 和 a#c。若要匹配包含文件名的字符串，而句点（.）是输入字符串的组成部分，在正则表达式中的句点前面加反斜杠（\）字符。举例来说明，/filename/.ext/

正则表达式匹配 filename.ext。

行定位符"^"表示行的开始，"$"表示行的结束。例如，"^Python"能够匹配字符串"python 我会用"的开始，但是不能匹配"我会用 Python"；"喜欢$"能够匹配字符串"我很喜欢"的末尾，但是不能匹配"我很喜欢你"。"^"在方括号"[]"中使用时，表示的是不接受该字符集合，例如，"[^a-z]"匹配任何不在 a～z 范围内的任意字符。

元字符"[]"表示匹配括号中的任何一个字符，例如，"b[au]g"可以匹配"bag""bug"但是不能匹配"big""baug"。另外，在"[]"中还可以使用"-"来表示某一范围，例如，"[0-9]"表示从"0"到"9"的所有数字，所以"a[0-9]c"等价于"a[0123456789]c"，就可以匹配"a0c""a1c"… "a9c"等多个字符串。还可以指定多个区间，例如，"[a-zA-Z0-9]"表示任意的字母和数字。

元字符"|"将两个匹配条件进行逻辑"或"（Or）运算。例如，正则表达式(him|her)匹配"it belongs to him"和"it belongs to her"，但是不能匹配"it belongs to them."。注意：这个元字符不是所有的软件都支持的。

元字符"{n}、{n,}、{n,m}"表示匹配指定数目的字符，这些字符是在它之前的表达式定义的。例如，正则表达式 A[0-9]{3}能够匹配字符"A"后面跟着正好 3 个数字字符的串，例如 A123、A348 等，但是不匹配 A1234。而正则表达式[0-9]{4,6}匹配连续的任意 4 个、5 个或者 6 个数字。

限定符"+"表示匹配 1 个或多个正好在它之前的那个字符。例如，正则表达式 9+匹配 9、99、999 等。注意：这个元字符不是所有的软件都支持的。

13.3　re 模块

Python 通过 re 模块提供对正则表达式的支持。通过内嵌集成 re 模块，程序员们可以直接调用来实现正则匹配，re 模块是 Python 提供的处理正则表达式的标准库。使用 re 的一般步骤是先将正则表达式的字符串形式编译为 Pattern 实例，然后使用 Pattern 实例处理文本并获得匹配结果（一个 Match 实例），最后使用 Match 实例获得信息，进行其他的操作。

如表 13-3 所示是常用的 re 模块函数与正则表达式对象的方法。

表 13-3　常见正则表达式属性

函　　数	描　　述
compile(pattern,flags=0)	使用任何可选的标记来编译正则表达式的模式，然后返回一个正则表达式对象
match(pattern,string,flags=0)	尝试使用带有可选标记的正则表达式的模式来匹配字符串。如果匹配成功，则返回匹配对象，如果失败就返回 None
search(pattern,string,flags=0)	使用可选标记搜索字符串中第一次出现的正则表达式模式。如果匹配成功，则返回匹配对象，如果失败就返回 None
findall(pattern,string,flags)	查找字符串中所有（非重复）出现的正则表达式模式，并返回一个匹配列表
finditer(pattern,string,flags)	与 findall()函数相同，但返回的不是一个列表，而是一个迭代器。对于每一次匹配，迭代器都返回一个匹配对象
split(pattern,string,max=0)	根据正则表达式的模式分隔符，split()函数将字符串分割成列表，然后返回匹配成功的列表，分割最多操作 max 次，max 默认为 0
sub(pattern,repl,string,count=0,flags=0)	使用 repl 替换所有正则表达式的模式在字符串中出现的位置，count 表示最大替换次数，默认为 0
subn(pattern,repl,string,count=0,flags=0)	subn()函数除了返回被替换后的字符串外，还会返回一个替换次数，它们是以元组的形式返回的

如表 13-4 所示是 re 模块常用的匹配方法。

表 13-4　常用的匹配方法

方　　法	描　　述
group(num=0)	匹配整个表达式的字符串，group()可以一次处理多个组号，这样将会返回一个包含那些组对应的元组
groups()	返回一个包含所有小组字符串的元组，从 1 到所含的小组号
groupdiet()	返回一个包含所有匹配的命名子组的字典，所有的子组名称作为字典的键

13.3.1　正则匹配搜索函数

正则匹配搜索函数常用的主要包含三个 re 函数：match()函数、search()函数、findall()函数。

1. match()函数

match()函数试图从字符串的起始部分对模式进行匹配。如果匹配成功则返回 MatchObject 对象实例，如果不是起始位置匹配成功的话，就返回 None。以下为 match()函数的语法：

```
re.match(pattern,string[,flags])
```

其参数含义说明如下。

- pattern：匹配的正则表达式。
- string：要匹配的字符串。
- flags：标识位，用于控制正则表达式的匹配方式。

flags 为可选标识，多个标识可以通过按位或（|）来指定。如 re.I | re.M 被设置成 I 和 M 标识，常用标识位如表 13-5 所示。

表 13-5　常用标识位属性

修　饰　符	描　　述
re.I	匹配对大小写不敏感
re.L	做本地化识别匹配
re.M	多行匹配，影响^和$
re.S	使'.'匹配包括换行在内的所有字符
re.U	根据 Unicode 字符集解析字符。这个标识影响\w, \W, \b, \B
re.x	该标识通过给予更灵活的格式以便于将正则表达式变得更易于理解

【例 13-1】match()函数举例。

```
import re
print(re.match('We','We are family').span())    #在起始位置匹配
print(re.match('are','We are family'))           #不在起始位置匹配
```

```
(0, 2)
None
```

图 13-1　运行结果

程序运行结果如图 13-1 所示。

例子解析：span()函数返回一个组开始和结束的位置，"We"位于字符串"We are family"的起始位置，因为 match()函数是从字符串的起始位置开始的，则 re.match().span()函数返回（0,2）；而"are"不在字符串"We are famil y"的起始位置，所以 match()函数返回 None。

匹配成功 re.match 方法返回一个匹配的对象，可以使用 group(num)或 groups()匹配对象函数来获取匹配

表达式。group()或 group(0)，返回整个正则表达式的匹配结果。

【例 13-2】match()函数运用 group()举例。

```
import re
s='abc123abc'
print(re.match('[a-z]+', s))           # <_sre.SRE_Match object; span=(0, 3), match='abc'>
print(re.match('[a-z]+', s).group(0))   # abc
print(re.match('[\d]+', s))            # None
print(re.match('[A-Z]+', s, re.I).group(0)) # abc
print(re.match('[a-z]+', s).span())     # (0, 3)
```

程序运行结果如图 13-2 所示。

图 13-2　运行结果

2. search()函数

re.search()函数扫描整个字符串并返回第一个成功的匹配，匹配成功 re.search 方法返回 MatchObject 对象的实例，否则返回 None。以下为 search()函数的语法：

```
re.search(pattern,string[,flags])
```

其参数含义说明如下。

- pattern：匹配的正则表达式。
- string：要匹配的字符串。
- flags：标识位，用于控制正则表达式的匹配方式。

【例 13-3】search()函数举例。

```
import re
print(re.search('We','We are family').span())   #在起始位置匹配
print(re.search('are','We are family').span())   #不在起始位置匹配
```

程序运行结果如图 13-3 所示。

例子解析：和 match()函数不同的是，search()函数是扫描整个字符串，并返回第一个成功的匹配，所以"We"在字符串"We are family"中起始位置为 0，结束位置为 2。"are"在字符串"We are family"中起始位置为 3，结束位置为 6。

图 13-3　运行结果

匹配成功 re.search 方法返回一个匹配的对象，否则返回 None。可以使用 group(num)或 groups()匹配对象函数来获取匹配表达式。

【例 13-4】search()函数运用 group()举例。

```
import re
s = 'abc123abc'
print(re.search('[a-z]+', s).group())   # abc
print(re.search('[a-z]+', s).span())     # (0, 3)
print(re.search('[\d]+', s).group())    # 123
print(re.search('[\d]+', s).span())      # (3, 6)
print(re.search('xyz', s))              # None
```

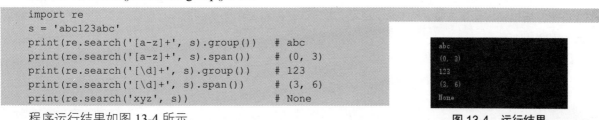

程序运行结果如图 13-4 所示。

图 13-4　运行结果

3. compile()函数

re.compile()函数用于编译正则表达式，生成一个正则表达式（Pattern）对象，供 match()和 search()这两个函数使用。以下为 compile()函数的语法：

```
compile(pattern, flags=0)
```

其参数含义说明如下。

- pattern：匹配的正则表达式。
- flags：标识位，用于控制正则表达式的匹配方式。

【例 13-5】compile()函数举例。

```
import re
s="Python is a very easy to use programming language"
p=re.compile(r'to')      #查找'to'
print(p.match(s))
print(p.search(s))
```

图 13-5　运行结果

程序运行结果如图 13-5 所示。

例子解析：re.compile(r'to')表示匹配字符串中所有的'to'，match()函数匹配字符串首部，如果首部不是'to'就返回 None，search()函数匹配整个字符串，只要存在'to'就返回一个 MatchObject 对象的实例。

通过上述运行结果可以看出，match()函数和 search()函数是有非常明显的区别的，在记忆的时候不要出错。

4. findall()函数

re.findal()函数在字符串中找到正则表达式所匹配的所有子串，并返回一个列表，如果没有匹配成功，则返回空列表。以下为 findall()函数的语法：

```
re.findall(pattern,string[,flags])
```

其参数含义说明如下。

- pattern：匹配的正则表达式。
- string：要匹配的字符串。
- flags：标识位，用于控制正则表达式的匹配方式。

【例 13-6】findall()函数举例。

```
import re
s = 'abc123def456'
print(re.findall('[a-z]+', s)) # ['abc', 'def']
print(re.findall('[0-9]+', s)) # ['123',[456]]
```

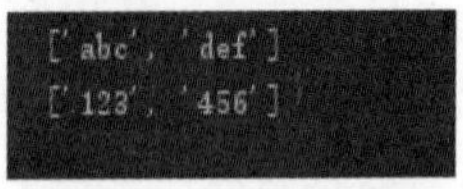

图 13-6　运行结果

程序运行结果如图 13-6 所示。

例子解析：findall()函数与 match()和 search()函数的区别就是，前者是匹配所有，后两者就只匹配一次。'[a-z]+'表示匹配字符串中所有的小写字母，匹配整个字符串，所以输出结果为'abc'和'def'。'[0-9]+'表示匹配字符串中所有的数字，匹配整个字符串，所以输出结果为'123'和'456'。

【例 13-7】findall()函数举例。

```
import re
string="abc 123 def  456"
#带括号与不带括号的区别

#带多个括号
p=re.compile("((\w+)\s+\w+)")
print(p.findall(string))
#带一个括号
p1=re.compile("(\w+)\s+\w+")
print(p1.findall(string))
#不带括号
p2=re.compile("\w+\s+\w+")
```

```
print(p2.findall(string))
```

程序运行结果如图 13-7 所示。

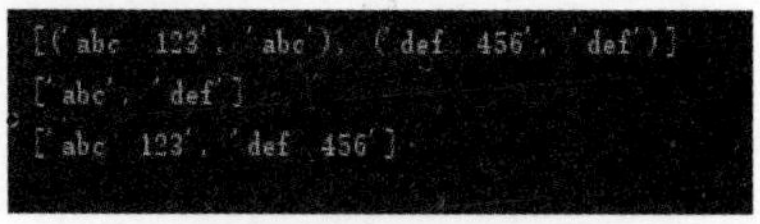

例子解析：第一个 p 中是带有两个括号的，可以看到其输出是
一个 list 中包含两个 tuple；第二个 p1 中带有一个括号，其输出的
内容就是括号匹配到的内容，而不是整个表达式所匹配到的结果；
第三个 p2 中不带有括号，其输出的内容就是整个表达式所匹配到

图 13-7 运行结果

的内容。findall()返回的是括号所匹配到的结果（如 p1），多个括号就会返回多个括号分别匹配到的结果
（如 p），如果没有括号就返回整条语句所匹配到的结果（如 p2）。

5. finditer()函数

finditer()函数和 findall()函数类似，在字符串中查找正则表达式所匹配的所有子串，并把它们作为一个
迭代器返回。以下为 finditer()函数的语法：

```
finditer(pattern, string, flags=0)
```

其参数含义说明如下。

- pattern：匹配的正则表达式。
- string：要匹配的字符串。
- flags：标识位，用于控制正则表达式的匹配方式。

【例 13-8】提取所有邮箱信息（无分组）。

```
import re
content = '''email:12345678@163.com
email:2345678@163.com
email:345678@163.com
'''
result_finditer = re.finditer(r"\d+@\w+.com", content)
#由于返回的为 MatchObject 的 iterator,所以需要迭代并通过 MatchObject 的方法输出
for i in result_finditer :
    print(i.group())
result_findall = re.findall(r"\d+@\w+.com", content) #返回一个[]  直接输出 or 或者循环输出
print(result_findall)
for i in result_findall :
    print (i)
```

程序运行结果如图 13-8 所示。

图 13-8 提取所有邮箱的信息

【例 13-9】提取所有的号码和邮箱类型。

```
import re
content = '''email:12345678@163.com
email:2345678@163.com
email:345678@163.com
result_finditer = re.finditer(r"(\d+)@(\w+).com", content)
#正则有两个分组,需要分别获取分区,分组从 0 开始,group 方法不传递索引默认认为 0,代表了整个正则的匹配结果
```

```
for i in result_finditer :
    print(i.group(1)+' '+i.group(2))
result_findall = re.findall(r"(\d+)@(\w+).com", content)
print(result_findall)
#此时返回的虽然为[]，但不是简单的[]，而是一个 tuple 类型的 list
for i in result_findall :
    print(i[0]+' '+i[1])
```

程序运行结果如图 13-9 所示。

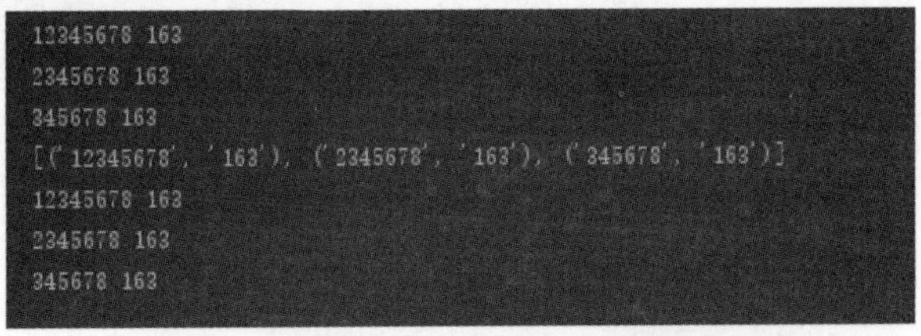

13.3.2　sub()与 subn()函数

图 13-9　提取所有的号码和邮箱类型信息

Python 中的正则表达式方面的功能很强大，其中就包括 re.sub()和 re.subn()函数，实现正则的替换。功能很强大，所以导致用法稍微有点儿复杂，所以当遇到稍微复杂的用法时，就容易犯错。sub()和 subn()一样，都是将某字符串中所有匹配正则表达式的部分进行某种形式的替换，用来替换的部分通常是一个字符串，但是也可能是一个函数，该函数返回一个用来替换的字符串。但是 subn()还返回一个表示替换的总数。下面就介绍一下 sub()函数和 subn()函数的用法。

sub()函数用于替换在字符串中符合正则表达式的内容，它返回替换后的字符串。subn()函数除了返回被替换后的字符串，还会返回一个替换次数，它们是以元组的形式返回的。以下为两个函数的语法：

```
re.sub(pattern, repl, string, count=0, flags=0)
re.subn(pattern,repl,string,count=0, flags=0)
```

其参数含义说明如下。

- pattern：表示正则表达式中的模式字符串。
- repl：就是 replacement，要替换成的内容。
- string：要被处理、被替换的字符串。
- count：最大替换次数，默认 0 表示替换所有的匹配。
- flags：为标识位，用于控制正则表达式的匹配方式，如是否区分大小写、多行匹配等。

【例 13-10】sub()和 subn()函数的区别。

```
import re
p = re.compile(r'(\w+) (\w+)')
s = 'i say, hello world!'

def func(m):
    return m.group(1).title() + ' ' + m.group(2).title()

print(p.sub(r'\2 \1', s))
print(p.sub(func, s))

print(p.subn(r'\2 \1', s))
print(p.subn(func, s))
```

程序运行结果如图 13-10 所示。

```
say i, world hello!
I Say, Hello World!
('say i, world hello!', 2)
('I Say, Hello World!', 2)
```

图 13-10　运行结果

13.3.3　split()函数

split()通过指定分割符对字符串进行切片，如果参数 num 有指定值，则分割 num+1 个子字符串，以下为 split()函数的语法：

```
re.split(pattern,string[,maxsplit=0])
```

其参数含义说明如下。

- pattern：匹配的正则表达式。
- string：要匹配的字符串。
- maxsplit：最大分割次数，默认为 0，不限制次数。

【例 13-11】split()函数的应用。

```
import re
s="We are family"
print(re.split(' ',s))#使用空格分割字符串,只要有空格就分割
str=re.split(' ',s,1) #使用空格分割字符串,只分割一次
for i in str:
    print(i)
print(re.split('r',s))#使用'r'分割字符串
```

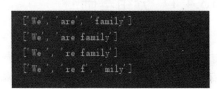

程序运行结果如图 13-11 所示。

除了使用 re 调用 split()函数之外，还可以直接利用字符串调用 split()，语法为：

图 13-11　运行结果

```
str.split(str="", num=string.count(str))
```

其参数含义说明如下。

- str：分割符，默认为所有的空字符，包括空格、换行（\n）、制表符（\t）等。
- num：分割次数。默认为 0，即分割所有。

【例 13-12】利用字符串调用 split()。

```
s="We are family"
print(s.split(' '))      #使用空格分割字符串,只要有空格就分割
print(s.split(' ',1))    #使用空格分割字符串,只分割一次
print(s.split('a',1))    #使用'r'分割字符串,分割一次
print(s.split('a',2))    #使用'r'分割字符串,分割两次
```

程序运行结果如图 13-12 所示。

图 13-12　运行结果

13.3.4　正则表达式对象

Python 的 re 模块包含对正则表达式的支持。re 模块提供了一个正则表达式引擎的接口，可以将 Res 编译成对象并用它们来进行匹配。

正则表达式会被编译成 RegexObject 实例，可以为不同的操作提供方法，如模式匹配搜索或字符串替换。如表 13-6 所示为 RegexObject 实例的一些方法和属性。

表 13-6　RegexObject 实例的方法和属性

方法/属性	描　　述
match()	决定 re 是否在字符串刚开始的位置匹配
search()	扫描字符串，找到这个 re 匹配的位置
findall()	找到 re 匹配的所有子串，并把它们作为一个列表返回
finditer()	找到 re 匹配的所有子串，并把它们作为一个迭代器返回

如果没有匹配到，match()和 search()将返回 None。如果成功，就会返回一个 MatchObject 实例，其中有这次匹配的信息：它是从哪里开始和结束，它所匹配的子串等。

【例 13-13】MatchObject 实例的应用。

```
>>> import re
>>> p=re.compile('[0-9]+')
>>> m=p.match('123456')
>>> print(m)
<re.Match object; span=(0, 6), match='123456'>
>>> m.group()
'123456'
>>> m.group(0)
'123456'
>>> m.group(1)
Traceback (most recent call last):
  File "<stdin>", line 1, in <module>
IndexError: no such group
```

13.4　分组匹配与匹配对象使用

所有的语言基本上都有一种强大的用法：正则表达式。但是，Python 里面有一种匹配，称为匹配对象和组。分组，即分组匹配，也称为捕获组，是正则中的一种比较重要的匹配方式。此外，后向引用和分组相结合，可以写出很多复杂匹配场景的正则。

13.4.1　分组基础

分组就是用一对圆括号 "()" 括起来的正则表达式，匹配出的内容就表示一个分组。从正则表达式的左边开始看，看到的第一个左括号 "(" 表示第一个分组，第二个表示第二个分组，以此类推，需要注意的是，有一个隐含的全局分组（就是 0），就是整个正则表达式。

分完组以后，要想获得某个分组的内容，直接使用 group(num) 和 groups() 函数去直接提取就行。

分组的方法：将子表达式用小括号括起来，如(exp)，表示匹配表达式 exp，并捕获文本到自动命名的组里。

【例 13-14】分组举例 1。

```
import re
s='a1a b2b a3a'
p=re.compile(r'a(\d)a')
print(re.findall(p,s))
```

程序运行结果如图 13-13 所示。

```
['1', '3']
```
图 13-13　运行结果

【例 13-15】分组举例 2。

```
import re
s = 'a1b2 c3d4 ea7f'
p1 = re.compile(r'[a-z]\d[a-z]\d')
print(re.findall(p1,s))

p2 = re.compile(r'[a-z]\d[a-z](\d)')
print(re.findall(p2,s))

p3 = re.compile(r'[a-z](\d)[a-z](\d)')
print(re.findall(p3,s))
```

程序运行结果如图 13-14 所示。

```
['a1b2', 'c3d4']
['2', '4']
[('1', '2'), ('3', '4')]
```
图 13-14　运行结果

【例 13-16】分组举例 3。

```
import re
s = 'name:Python,age:10;name:world,age:20'
p = re.compile(r'name:(\w+),age:(\d+)')
it = re.finditer(p,s)
for m in it:
    print('------')
    print(m.group())
    print(m.group(0))
    print(m.group(1))
    print(m.group(2))
```

程序运行结果如图 13-15 所示。

图 13-15　运行结果

13.4.2　匹配对象与组的使用

在 Python 中，当能够找到匹配项的时候，都会返回 MathObject 对象，这些对象包括匹配模式的子字符串信息。它们还包含哪个模式匹配了字符串的哪部分信息——这些部分就是组。

【例 13-17】匹配对象与组的使用 1。

```
import re
s='Python@163.com'
p=r"(\w{4,20})@(163|qq|gmail|outlook)\.(com)"
n=re.match(p,s)
print(n.group())
print(n.group(1))
```

程序运行结果如图 13-16 所示。

图 13-16 运行结果

【例 13-18】匹配对象与组的使用 2。

```
>>> import re
>>> m=re.match(r"(\w+) (\w+)","We are family")
>>> m.group(0)
'We are'
>>> m.group(1)
'We'
>>> m.group(1,2)
('We', 'are')
```

13.4.3　匹配对象与索引使用

如表 13-7 所示为匹配对象的方法和属性。

表 13-7　匹配对象的方法和属性

方法/描述	描　　述
group()	返回被 re 匹配的字符串
start()	返回匹配开始的位置
end()	返回匹配结束的位置
span()	返回一个元组包含匹配（开始，结束）的位置

【例 13-19】匹配对象与索引应用举例。

```
import re
m=re.match(r'www\.(.*)\..{3}','www.python.org')
print(m.group())
print(m.group(0))
```

```
print(m.group(1))
print(m.start(1))
print(m.end(1))
print(m.span(1))
```

程序运行结果如图 13-17 所示。

group 方法返回模式中与给定组匹配的字符串，如果没有组号，默认
为 0，如上面 m.group()==m.group(0)；如果给定一个组号，会返回单个字
符串。start()方法返回给定组匹配项的开始索引，end()方法返回给定组匹
配项的结束索引加 1；span()方法以元组（start，end）的形式返回给组的
开始和结束位置的索引。

图 13-17　运行结果

13.4.4　分组扩展

（?...）是一个扩展注记符，其是一个完整的组合，此时才有真正的含义。换句话说，如果只是一个左半
圆括号后面跟着一个问号?，但是后面却没有右半圆括号，则前面的左半圆括号和问号是没有特殊含义的，
只是普通的正则表达式中的字符而已。而关于本身（?...）这个扩展助记符，完整的组合的含义要取决于问
号后面的那个字符。如表 13-8 所示，就是一些常用的扩展字符。

表 13-8　扩展字符及描述

扩 展 字 符	描　　述
(?iLmsux)	设置匹配标志，可以是 i、L、m、s、u、x 以及它们的组合
(?:...)	表示一个匹配不用保存的分组
(?P<name>...)	像普通的匹配组，只表示名称，不表示数字 ID
(?P=name)	在同一字符串中匹配由（?P<name>）分组的之前文本
(?#...)	指定注释，忽略所有内容
(?=...)	正向前行匹配。"="后的内容出现则匹配，但不返回"="后的内容
(?!...)	负向前行匹配。"!"后的内容不出现则匹配，但不返回"!"后内容
(?<=...)	正向后行匹配。与（?=...）含义相同
(?<!...)	负向后行匹配。与（?!...）含义相同

接下来一起举例研究一下正则表达式常用扩展字符的功能。

通过使用（?iLmsux）系列选项，可以直接在正则表达式里面指定一个或者多个标记。

【例 13-20】（?iLmsux）应用举例。

```
>>> import re
>>> re.findall(r'(?i)yes','yes! Yes.. YES??')
['yes', 'Yes', 'YES']
>>> re.findall(r'(?i)p\w+','Python is a very easy to use programming language')
['Python', 'programming']
>>> re.findall(r'(?im)(^th[\w ]+)',"""
...This is the first,
... another line,
... that line,it's the best
... """)
['This is the first', 'that line']
```

（?:...），常规括号的非捕获版本。匹配括号内的正则表达式，但在执行匹配后或在模式中稍后引用时，不能检索组匹配的子字符串。

【例 13-21】（?:...）应用举例。

```
import re
def groups(p):
    if p is not None:
        print("p.group()==%s"%p.group()),
    else:
        print("p.group()==None"),
    print("p.groups()==%s"%str(p.groups()))
p=re.match("(?:[abcd])(color)","acolor")
groups(p)
```

程序运行结果如图 13-18 所示。

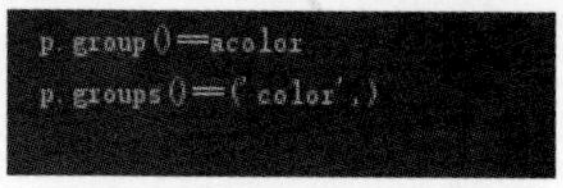

（?P<name>...）表示为组设置一个名字。与常规括号类似，但组匹配的子字符串可通过符号组名称访问。组名必须是有效的 Python 标识符，并且每个组名只能在正则表达式中定义一次。符号组也是编号组，就像组未命名一样。

p.group()==acolor
p.groups()==('color',)

图 13-18　运行结果

【例 13-22】（?P<name>...）应用举例。

```
>>> import re
>>> p=re.compile(r'(?P<N>a)\w(c)')          #分两组：命名分组+匿名分组
>>> p.search('abcdef').groups()             #取所有分组,元组形式返回
('a', 'c')
>>> p.search('abcdef').group(1)             #取分组 1
'a'
>>> p.search('abcdef').group(2)             #取分组 2
'c'
>>> p.search('abcdef').group()              #默认返回匹配的字符串
'abc'
>>> p.search('abcdef').groupdict()          #命名分组可以返回一个字典
{'N': 'a'}
```

（?P=name）引用命名分组（别名）匹配。

【例 13-23】（?P=name）应用举例。

```
>>> import re
>>> p=re.compile(r'(?P<N>a)\w(c)(?P=N)')    #(?P=K)引用分组 1 的值,就是 a
>>> p.search('abcdef').group()              #匹配不到,因为完整'a\wca',模式的第 4 位是 a
Traceback (most recent call last):
  File "<stdin>", line 1, in <module>
AttributeError: 'NoneType' object has no attribute 'group'
>>> p.search('abcadef').group()             #匹配到,模式的第 4 位和组 1 一样,值是 c
'abca'
>>> p.search('abcadef').groups()
('a', 'c')
>>> p.search('abcadef').group(1)
'a'
>>> p.search('abcadef').group(2)
'c'
```

（?=...）正向前行匹配。"="后的内容出现则匹配，但不返回"="后的内容。匹配...表达式，返回。对后进行匹配，总是对后面进行匹配。

【例 13-24】（?=...）应用举例。

```
>>> import re
```

```
>>> p=re.compile(r'\w(?=\d)')          #匹配表达式\d,返回数字的前一位,\w:单词字符[A-Za-z0-9]
>>> p.findall('abc1 def2 ghi3')
['c', 'f', 'i']
>>> p.findall('Python2018World')       #匹配数字的前一位,列表返回
['n', '2', '0', '1']
>>> p1=re.compile(r'\w+(?=\d)')
>>> p1.findall('abc1 def2 ghi3')       #匹配最末数字的前字符串,列表返回
['abc', 'def', 'ghi']
>>> p1.findall('abc11 def22 ghi33')
['abc1', 'def2', 'ghi3']
>>> p1.findall('Python2018World')
['Python201']
>>> p2=re.compile(r'[A-Za-z]+(?=\d)')  #[A-Za-z],匹配字母
>>> p2.findall('Python2018World')      #匹配后面带有数字的字符串,列表返回
['Python']
>>> p2.findall('abc11 def22 ghi33')
['abc', 'def', 'ghi']
```

（?<=...）正向后行匹配，与（?=...）含义相同。匹配...表达式，返回。对前进行匹配，总是对前面进行匹配。

【例 13-25】（?<=...）应用举例。

```
>>> import re
>>> p=re.compile(r'(?<=\d)[A-Za-z]+')
>>> p.findall('abc1 def2 ghi3')
[]
>>> p.findall('1abc1 2def2 3ghi3')
['abc', 'def', 'ghi']
>>> p.findall('Python2018World')
['World']
```

（?!...）负向前行匹配。"!"后内容不出现则匹配，但不返回"!"后内容。

【例 13-26】（?!...）应用举例。

```
>>> import re
>>> p=re.compile(r'[A-Za-z]+(?!\d)')   #匹配后面不是数字的字符串,列表返回
>>> p.findall('Python2018World')
['Pytho', 'World']
>>> p.findall('abc11 def22 ghi33')
['ab', 'de', 'gh']
```

（?<!...）负向后行匹配，与（?!...）含义相同。不匹配...表达式，返回。对前进行匹配，总是对前面进行匹配。

【例 13-27】（?<!...）应用举例。

```
>>> import re
>>> p=re.compile(r'(?<!\d)[A-Za-z]+')
>>> p.findall('abc11 def22 ghi33')
['abc', 'def', 'ghi']
>>> p.findall('Python2018World')
['Python', 'orld']
```

13.5　正则表达式应用实例

经过前面几节的学习，相信读者已经对正则表达式有所掌握了，本节简单地介绍几个应用实例，有助于读者加深对正则表达式的理解。

【例 13-28】 判断字符串是否是全部小写。

```python
import re
s1='abcdefg'
s2='abc123DEF'
p=re.search('^[a-z]+$',s1)
if p:
    print('s1:',p.group(),'全为小写')
else:
    print(s1,'不全是小写')
p1=re.search('^[a-z]+$',s2)
if p1:
    print('s2:',p1.group(),'全为小写')
else:
    print(s2,'不全是小写')
```

程序运行结果如图 13-19 所示。

【例 13-29】 去掉数字中的逗号。

```python
import re
s="abc,123,456,789,def"
while 1:
    m=re.search("\d,\d",s)
    if m:
        m=m.group()
        s=s.replace(m,m.replace(",",""))
        print(s)
    else:
        break
```

程序运行结果如图 13-20 所示。

s1: abcdefg 全为小写
abc123DEF 不全是小写

图 13-19　运行结果

abc,123456,789,def
abc,123456789,def

图 13-20　运行结果

【例 13-30】 删除指定字符。

```python
import re
def deleteword(s, dele = ''):
    if dele == '':
        parttern = re.compile(r'^\s|\s$')
    else:
        parttern = re.compile(dele)
    return parttern.sub('',s)
print(deleteword('世界这么大,我想去看看','我'))
print(deleteword('生活不止眼前的苟且,还有诗和远方','远方'))
```

程序运行结果如图 13-21 所示。

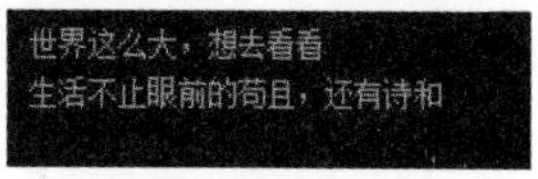

世界这么大,想去看看
生活不止眼前的苟且,还有诗和

图 13-21　运行结果

13.6　就业面试技巧与解析

学习了本章之后，要对正则表达式有一个全面的了解，例如，Python 正则式的基本用法，re 模块的基本函数，以及 Python 中的 re 模块函数，因此在面试中应全面理解这一知识。

13.6.1　面试技巧与解析（一）

面试官：什么是正则表达式？谈谈你对正则表达式的理解。

应聘者：正则表达式（Regular Expression，RE）又称为正规表示法或常规表示法，常常用来检索、替换那些符合某个模式的文本。它首先设定好了一些特殊的字及字符组合，通过组合的"规则字符串"来对表达式进行过滤，从而获取或匹配想要的特定内容。它具有灵活、逻辑性和功能性强，能迅速地通过表达式从字符串中找到所需信息的优点，但对于刚接触的人来说，比较晦涩难懂。

13.6.2　面试技巧与解析（二）

面试官：如何用 Python 来进行查询和替换一个文本字符串？Python 中 re 模块函数里面 search() 和 match() 函数有何区别？

应聘者：可以使用 sub() 方法来进行查询和替换，sub 方法的格式为：

```
sub(replacement, string[, count=0])
```

replacement 是被替换成的文本；

string 是需要被替换的文本；

count 是一个可选参数，指最大被替换的数量。

match() 函数只检测 RE 是不是在 string 的开始位置匹配，search() 会扫描整个 string 查找匹配，也就是说 match() 只有在 0 位置匹配成功的话才有返回，如果不是开始位置匹配成功的话，match() 就返回 None。

第 14 章
Python 线程和进程

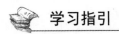 学习指引

现在的程序开发已经很少有单线程的程序了，随着大数据大流量的到来，任何一个程序都将涉及多线程。

重点导读

- 了解进程的概念。
- 了解线程的概念。
- 掌握进程的模块。
- 掌握线程的类和模块。

14.1　进程

进程相当于一个容器，所有的线程都运行在进程中。进程（Process）是计算机中的程序关于某数据集合上的一次运行活动，是系统进行资源分配和调度的基本单位，是操作系统结构的基础。在早期面向进程设计的计算机结构中，进程是程序的基本执行实体；在当代面向线程设计的计算机结构中，进程是线程的容器。程序是指令、数据及其组织形式的描述，进程是程序的实体。

14.1.1　进程基础

狭义定义：进程是正在运行的程序的实例。

广义定义：进程是一个具有一定独立功能的程序，关于某个数据集合的一次运行活动。它是操作系统动态执行的基本单元，在传统的操作系统中，进程既是基本的分配单元，也是基本的执行单元。

1. 进程的概念

第一，进程是一个实体。每一个进程都有它自己的地址空间，一般情况下，包括文本区域、数据区域和堆栈区域。文本区域存储处理器执行的代码；数据区域存储变量和进程执行期间使用的动态分配的内存；

堆栈区域存储着活动过程调用的指令和本地变量。

第二，进程是一个"执行中的程序"。程序是一个没有生命的实体，只有处理器赋予程序生命时（操作系统执行之），它才能成为一个活动的实体，我们称其为进程。

进程是操作系统中最基本、重要的概念，是多道程序系统出现后，为了刻画系统内部出现的动态情况，描述系统内部各道程序的活动规律引进的一个概念，所有多道程序设计操作系统都建立在进程的基础上。

2. 为什么要引入进程

从理论角度看，进程是对正在运行的程序过程的抽象。

从实现角度看，进程是一种数据结构，目的在于清晰地刻画动态系统的内在规律，有效管理和调度进入计算机系统主存储器运行的程序。

3. 进程的一些特征表现

动态性：进程的实质是程序在多道程序系统中的一次执行过程，进程是动态产生、动态消亡的。

并发性：任何进程都可以同其他进程一起并发执行。

独立性：进程是一个能独立运行的基本单位，同时也是系统分配资源和调度的独立单位。

异步性：由于进程间的相互制约，使进程具有执行的间断性，即进程按各自独立的、不可预知的速度向前推进。

结构特征：进程由程序、数据和进程控制块三部分组成。

多个不同的进程可以包含相同的程序：一个程序在不同的数据集里就构成不同的进程，能得到不同的结果；但是执行过程中，程序不能发生改变。

4. 进程与程序的区别

程序是指令和数据的有序集合，其本身没有任何运行的含义，是一个静态的概念。

而进程是程序在处理机上的一次执行过程，它是一个动态的概念。

程序可以作为一种软件资料长期存在，而进程是有一定生命期的。

程序是永久的，进程是暂时的。

5. 进程的生命周期

进程有三种状态不断切换，三种状态的转换如图 14-1 所示。

图 14-1　进程状态转换

在程序运行的过程中，由于被操作系统的调度算法控制，程序会进入几个状态：就绪、运行和阻塞。

（1）就绪（Ready）状态。当进程已分配到除 CPU 以外的所有必要的资源，只要获得处理机便可立即执行时，这时的进程状态称为就绪状态。

（2）执行/运行（Running）状态。当进程已获得处理机，其程序正在处理机上执行时，此时的进程状态称为执行状态。

（3）阻塞（Blocked）状态。正在执行的进程，由于等待某个事件发生而无法执行时，便放弃处理机而处于阻塞状态。引起进程阻塞的事件可有多种，例如，等待 I/O 完成、申请缓冲区不能满足、等待信件（信号）等。

6. 同步和异步

同步是一个任务的完成需要依赖另外一个任务，只有等待被依赖的任务完成后，依赖的任务才能算完成，这是一种可靠的任务序列。要成功都成功，要失败都失败，两个任务的状态可以保持一致。

异步是不需要等待被依赖的任务完成，只是通知被依赖的任务要完成什么工作，依赖的任务也立即执行，只要自己完成了整个任务就算完成了。至于被依赖的任务最终是否真正完成，依赖它的任务无法确定，所以它是不可靠的任务序列。

例如，现实中去医院就诊，可能会有以下两种方式。

第一种：选择排队等候。

第二种：到就诊台挂号，等待叫号机叫号就诊。

前者（排队等候）就是同步等待消息通知，需要一直等待直至前面的人就诊完毕。

后者（等待叫号机通知）就是异步等待消息通知。在异步消息处理中，等待消息通知者往往注册一个回调机制，在所等待的事件被触发时由触发机制（在这里是叫号机）通过某种机制（挂号的号码）找到等待该事件的人。

7. 阻塞与非阻塞

阻塞和非阻塞这两个概念与程序（线程）等待消息通知（无所谓同步或者异步）时的状态有关。也就是说，阻塞与非阻塞主要是从程序（线程）等待消息通知时的状态角度来说的。

继续上面的那个例子，不论是排队还是使用号码等待通知，如果在这个等待的过程中，等待者除了等待消息通知之外不能做其他的事情，那么该机制就是阻塞的，表现在程序中，也就是该程序一直阻塞在该函数调用处不能继续往下执行。

相反，有的人喜欢在医院就诊的时候边玩游戏、看电影边等待，这样的状态就是非阻塞的，因为他（等待者）没有阻塞在这个消息通知上，而是一边做自己的事情一边等待。

注意： 同步非阻塞形式实际上是效率低下的，想象一下你一边玩着游戏一边还需要抬头看到底队伍排到你了没有。如果把玩游戏和观察排队的位置看成是程序的两个操作的话，这个程序需要在这两种不同的行为之间来回切换，效率可想而知是低下的；而异步非阻塞形式却没有这样的问题，因为玩游戏是你(等待者)的事情，而通知你则是叫号机(消息触发机制)的事情，程序无须在两种不同的操作中来回切换。

8. 同步/异步与阻塞/非阻塞

（1）同步阻塞形式，效率最低。拿上面的例子来说，就是你专心排队，什么别的事都不做。

（2）异步阻塞形式。如果在医院就诊的人采用的是异步的方式去等待消息被触发（通知），也就是领了一张小纸条，假如在这段时间里他不能离开医院做其他的事情，那么很显然，这个人被阻塞在了这个等待的操作上面。异步操作是可以被阻塞住的，只不过它不是在处理消息时阻塞，而是在等待消息通知时被阻塞。

（3）同步非阻塞形式，实际上是效率低下的。想象一下你一边玩游戏一边还需要抬头看到底队伍排到你了没有，如果把玩游戏和观察排队的位置看成是程序的两个操作的话，这个程序需要在这两种不同的行为之间来回切换，效率可想而知是低下的。

（4）异步非阻塞形式，效率更高。因为玩游戏是你（等待者）的事情，而通知你则是叫号机（消息触发机制）的事情，程序没有在两种不同的操作中来回切换。

例如，这个人突然发觉自己烟瘾犯了，需要出去抽根烟，于是他告诉前台护士，排到我这个号码的时候麻烦到外面通知我一下，那么他就没有被阻塞在这个等待的操作上面，自然这个就是异步+非阻塞的方式了。

很多人会把同步和阻塞混淆，是因为很多时候同步操作会以阻塞的形式表现出来。同样地，很多人也会把异步和非阻塞混淆，因为异步操作一般都不会在真正的 IO 操作处被阻塞。

14.1.2 multiprocess 模块

Python 中的多线程无法利用多核优势，如果想要充分地使用多核 CPU 的资源（os.cpu_count()查看），在 Python 中大部分情况下需要使用多进程，因此，Python 提供了 multiprocessing。

multiprocessing 模块用来开启子进程，并在子进程中执行用户定制的任务（例如函数），该模块与多线程模块 threading 的编程接口类似。

multiprocessing 模块的功能众多：支持子进程、通信和共享数据，执行不同形式的同步，提供了 Process、Queue、Pipe、Lock 等组件。

需要再次强调的一点是：与线程不同，进程没有任何共享状态，进程修改的数据，改动仅限于该进程内。

1. Process 类的介绍

创建进程的类：

Process([group [,target [,name [,args [,kwargs]]]]])
由该类实例化得到的对象，表示一个子进程中的任务（尚未启动）。

注意：

（1）需要使用关键字的方式来指定参数。

（2）args 指定的为传给 target 函数的位置参数，是一个元组形式，必须有逗号。

Process 类的参数如下。

group：参数未使用，值始终为 None。

target：表示调用对象，即子进程要执行的任务。

args：表示调用对象的位置参数元组，args=(1,2,'egon',)。

kwargs：表示调用对象的字典，kwargs={'name': 'egon','age': 18}。

name：为子进程的名称。

2. Process 类的常用方法

p.start()：启动进程，并调用该子进程中的 p.run()。

p.run()：进程启动时运行的方法，正是它去调用 target 指定的函数，自定类的子类中一定要实现该方法。

p.terminate()：强制终止进程 p，不会进行任何清理操作，如果 p 创建了子进程，该子进程就成了僵尸进程，使用该方法需要特别小心这种情况。如果 p 还保存了一个锁那么也将不会被释放，进而导致死锁。

p.is_alive()：如果 p 仍然运行，返回 True。

p.join([timeout])：主线程等待 p 终止（强调：是主线程处于等的状态，而 p 是处于运行的状态）。timeout 是可选的超时时间，需要强调的是，p.join 只能限制住 start 开启的进程，而不能限制住 run 开启的进程。

3. Process 类的属性

p.daemon：默认值为 False，如果设为 True，代表 p 为后台运行的守护进程，当 p 的父进程终止时，p 也随之终止，并且设定为 True 后，p 不能创建自己的新进程，必须在 p.start()之前设置。

p.name：进程的名称。

p.pid：进程的 pid。

p.exitcode：进程在运行时为 None，如果为–N，表示被信号 N 结束（了解即可）。

p.authkey：进程的身份验证键，默认是由 os.urandom()随机生成的 32 字符的字符串。这个键的用途是为涉及网络连接的底层进程间通信提供安全性，这类连接只有在具有相同的身份验证键时才能成功。

4. 使用 process 模块创建进程

下面给出一个关于 Python 进程中开启子进程，start 方法和并发效果，具体代码如下。

```
import time
from multiprocessing import Process
def f(name):
    print('hello', name)
    print('hai 我是子进程')
if __name__ == '__main__':
    p = Process(target=f, args=('start',))
    p.start()
    time.sleep(1)
    print('主进程被执行')
```

注意：在 Windows 操作系统中由于没有 fork(Linux 操作系统中创建进程的机制)，在创建子进程的时候会自动 import 启动它的这个文件，而在 import 的时候又执行了整个文件。因此，如果将 process()直接写在文件中就会无限递归创建子进程报错。所以必须把创建子进程的部分使用 if __name__ =='__main__'，判断保护起来，import 的时候就不会递归运行了。

下面给出一段关于使用 join 方法创建进程的实例，具体代码如下。

```
import time
from multiprocessing import Process
def f(name):
    print('hello', name)
    time.sleep(1)
    print('我是子进程')
if __name__ == '__main__':
    p = Process(target=f, args=('join',))
    p.start()
    p.join() #等待 p 停止,才执行下一行代码
    print('我是父进程')
```

下面给出一段查看主进程和子进程的进程号的实例，具体代码如下。

```
import os
from multiprocessing import Process
def f(x):
    print('子进程 id : ',os.getpid(),'父进程 id : ',os.getppid())
    return x*x
if __name__ == '__main__':
    print('主进程 id : ', os.getpid())
    p_lst = []
    for i in range(5):
        p = Process(target=f, args=(i,))
        p.start()
```

进阶，多个进程同时运行（注意，子进程的执行顺序不是根据启动顺序决定的）。

5. 继承 Process 类开启进程

用户可以根据自己的需求自定义类继承 Process，通过继承的方式开启进程，下面给出一段实例代码，

具体如下。

```
from multiprocessing import Process
import os, time
#定义一个类,继承 Process 类
class Download(Process):
    def __init__(self,interval):#这里重载父类__init__方法的原因是对象要传个参数,与下面 run 方法的执行没有关系
        Process.__init__(self)
        self.interval=interval    #参数所对应的属性
    #重写 Process 类中的 run()方法
    def run(self):
        #开启这个进程所要执行的代码
        t_start=time.time()
        #time.sleep(3)            #阻塞的另一种实现形式
        print('开启进程: %s 进行下载操作' % os.getpid())
        print('子进程(%s)开始执行,父进程为(%s)' % (os.getpid(), os.getppid()))
        time.sleep(self.interval)
        t_stop=time.time()
        print('子进程(%s)执行结束,耗时%f秒'%(os.getpid(),t_stop-t_start))
if __name__ == '__main__':
    t_start=time.time()
    print('当前进程(%s)' % os.getpid())
    p = Download(2)
    #对于一个不包含 target 属性的 Process 类,
    #执行 start()方法,表示子进程就会运行类中的 run()
    p.start()
    #p.join(10)
    time.sleep(10)#区分 sleep 与 join()区别
    t_stop=time.time()
    print('主进程%s 执行结束,耗时%f秒'%(os.getpid(),t_stop-t_start))
```

14.1.3 进程同步

当多个进程使用同一份数据资源的时候，就会引发数据安全或顺序混乱问题，因此进程中提供了同步机制。

multiprocessing 模块提供了三种机制实现进程同步：multiprocess.Lock、multiprocess.Semaphore、multiprocess.Event。

1. multiprocess.Lock：锁

下面给出一段多进程抢占输出资源实例，具体代码如下。

```
import os
import time
import random
from multiprocessing import Process
def work(n):
    print('%s: %s is running' %(n,os.getpid()))
    time.sleep(random.random())
    print('%s:%s is done' %(n,os.getpid()))
if __name__ == '__main__':
    for i in range(3):
        p=Process(target=work,args=(i,))
```

```
        p.start()
```

上面的代码并没有实现同步，因此不一定谁先抢到执行权。

下面给出一段通过锁进行进程同步的实例，具体代码如下。

```
#由并发变成了串行,牺牲了运行效率,但避免了竞争
import os
import time
import random
from multiprocessing import Process,Lock
def work(lock,n):
    lock.acquire()
    print('%s: %s is running' % (n, os.getpid()))
    time.sleep(random.random())
    print('%s: %s is done' % (n, os.getpid()))
    lock.release()
if __name__ == '__main__':
    lock=Lock()
    for i in range(3):
        p=Process(target=work,args=(lock,i))
        p.start()
```

上面这种情况虽然使用加锁的形式实现了顺序的执行，但是程序又重新变成串行了，这样确实会浪费时间，却保证了数据的安全。

虽然可以用文件共享数据实现进程间通信，但问题是：效率低（共享数据基于文件，而文件是硬盘上的数据），需要自己加锁处理。

2. multiprocess.Semaphore：信号量

互斥锁同时只允许一个线程更改数据，而信号量 Semaphore 是同时允许一定数量的线程更改数据。

信号量同步基于内部计数器，每调用一次 acquire()，计数器减 1；每调用一次 release()，计数器加 1；当计数器为 0 时，acquire() 调用被阻塞。这是 Dijkstra 信号量概念 P() 和 V() 的 Python 实现。信号量同步机制适用于访问像服务器这样的有限资源。

信号量与进程池的概念很像，但是要区分开，信号量涉及加锁的概念

下面给出一段通过信号量进行进程同步的实例，具体代码如下。

```
from multiprocessing import Process,Semaphore
import time,random
def go_ktv(sem,user):
    sem.acquire()
    print('%s 占坑' %user)
    time.sleep(random.randint(0,3)) #模拟每个人在 ktv 中待的时间不同
    sem.release()
if __name__ == '__main__':
    sem=Semaphore(4)
    p_l=[]
    for i in range(13):
        p=Process(target=go_ktv,args=(sem,'user%s' %i,))
        p.start()
        p_l.append(p)
    for i in p_l:
        i.join()
    print('============》')
```

3. multiprocess.Event：事件

Python 线程的事件用于主线程控制其他线程的执行，事件主要提供了三个方法 set、wait、clear。

事件处理的机制：全局定义了一个"Flag"，如果"Flag"值为 False，那么当程序执行 event.wait 方法时就会阻塞，如果"Flag"值为 True，那么执行 event.wait 方法时便不再阻塞。

clear：将"Flag"设置为 False。

set：将"Flag"设置为 True。

下面给出一段通过事件进行进程同步的实例，具体代码如下。

```python
from multiprocessing import Process, Event
import time, random
def car(e, n):
    while True:
        if not e.is_set():          #进程刚开启,is_set()的值是 False,模拟信号灯为红色
            print('\033[31m红灯亮\033[0m,car%s 等着' % n)
            e.wait()                #阻塞,等待 is_set()的值变成 True,模拟信号灯为绿色
            print('\033[32m车%s 绿灯亮了\033[0m' % n)
            time.sleep(random.randint(3, 6))
            if not e.is_set():      #如果 is_set()的值是 False,也就是红灯,仍然回到 while 语句开始
                continue
            print('飘过~~,car', n)
            break
def police_car(e, n):
    while True:
        if not e.is_set():#进程刚开启,is_set()的值是 False,模拟信号灯为红色
            print('\033[31m红灯亮\033[0m,car%s 等着' % n)
#阻塞,等待设置等待时间,等待 0.1s 之后没有等到绿灯就闯红灯走了
            e.wait(0.1)
            if not e.is_set():
                print('\033[33m红灯,警车飞过\033[0m,car %s' % n)
            else:
                print('\033[33;46m绿灯,警车正常通过\033[0m,car %s' % n)
        break
def traffic_lights(e, inverval):
    while True:
        time.sleep(inverval)
        if e.is_set():
            print('######', e.is_set())
            e.clear()   #---->将 is_set()的值设置为 False
        else:
            e.set()     #---->将 is_set()的值设置为 True
            print('***********',e.is_set())
if __name__ == '__main__':
    e = Event()
    for i in range(10):
        p=Process(target=car,args=(e,i,))               #创建 10 个进程控制 10 辆车
        p.start()
    for i in range(5):
        p = Process(target=police_car, args=(e, i,))    #创建 5 个进程控制 5 辆警车
        p.start()
    t = Process(target=traffic_lights, args=(e, 10))    #创建一个进程控制红绿灯
    t.start()
    print('============》')
```

14.2 线程

线程属于进程的一部分，它不能独立运行，需要依附于一个进程中才可以运行。

14.2.1 线程基础

在讲解线程之前，需要先了解几个跟线程相关的概念：线程状态、线程同步、线程通信、线程运行和阻塞的状态转换。

1. 线程状态

线程在整个生命周期中有 5 种状态，状态转换的过程如图 14-2 所示。

2. 线程同步

多线程的优势在于可以同时运行多个任务（但实际它们是交替运行的）。但是当线程需要共享数据时，可能存在数据不同步的问题。考虑这样一种情况：火车票销售系统，假设每个出票窗口都是一个线程（子线程），同时从服务器获取现有车票数量（共享数据），如果没有线程同步可能会销售出同名车票。

锁有两种状态——锁定和未锁定。每当一个线程例如售票线程要访问共享数据时，必须先获得锁定；如果已经有别的线程例如一个售票窗口获得锁定了，那么就让其他售票窗口线程暂停，也就是同步阻塞；等到线程访问完毕，释放锁以后，再让线程继续。经过这样的处理，可以保证每一个售票窗口拿到的车票是唯一的。

线程与锁的交互如图 14-3 所示。

图 14-2　线程的 5 种状态

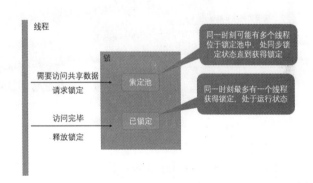

图 14-3　线程与锁

3. 线程通信

还有一种情况，共享数据并不是一开始就有的，而是通过线程 create 创建的。如果售票窗口在 create 还没有运行的时候就访问共享数据，将会出现一个异常。使用锁可以解决这个问题，但是售票窗口将需要一个无限循环——他们不知道 create 什么时候会运行，让 create 在运行后通知售票窗口显然是一个更好的解决方案。于是，引入了条件变量。

条件变量允许线程在条件不满足的时候等待，等到条件满足的时候发出一个通知，告诉售票窗口车票已经有了，可以进行售卖了。

线程与条件变量的交互，等待通知锁定如图 14-4 所示。

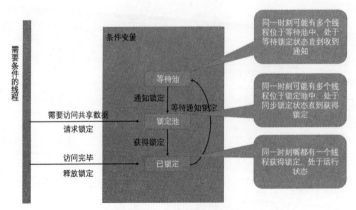

图 14-4 等待通知锁定

线程与条件变量的交互，执行完毕释放如图 14-5 所示。

4. 线程运行和阻塞的状态转换

下面给出一张运行阻塞的状态图，看看线程运行和阻塞状态的转换，如图 14-6 所示。

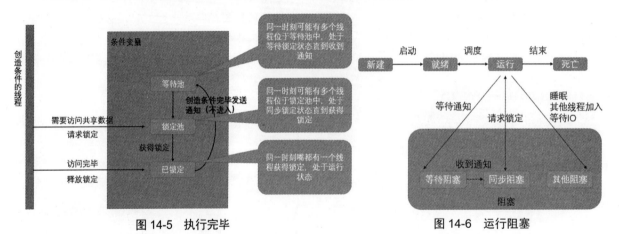

图 14-5 执行完毕   图 14-6 运行阻塞

阻塞有以下三种情况。

（1）同步阻塞是指处于竞争锁定的状态，线程请求锁定时将进入这个状态，一旦成功获得锁定又恢复到运行状态；

（2）等待阻塞是指等待其他线程通知的状态，线程获得条件锁定后，调用"等待"将进入这个状态，一旦其他线程发出通知，线程将进入同步阻塞状态，再次竞争条件锁定；

（3）而其他阻塞是指调用 time.sleep()、anotherthread.join() 或等待 IO 时的阻塞，这个状态下线程不会释放已获得的锁定。

14.2.2 Thread 类

Python 通过两个标准库 thread 和 threading 提供对线程的支持。thread 提供了低级别的、原始的线程以及一个简单的锁。

下面给出一个使用 thread 实现多线程的实例，具体代码如下。

```
import thread
import time
#一个用于在线程中执行的函数
def func():
    for i in range(5):
        print 'func'
        time.sleep(1)
    #结束当前线程
    #这个方法与 thread.exit_thread()等价
    thread.exit() #当 func 返回时,线程同样会结束
#启动一个线程,线程立即开始运行
#这个方法与 thread.start_new_thread()等价
#第一个参数是方法,第二个参数是方法的参数
thread.start_new(func, ()) #方法没有参数时需要传入空 tuple
#创建一个锁（LockType,不能直接实例化）
#这个方法与 thread.allocate_lock()等价
lock = thread.allocate()
#判断锁是锁定状态还是释放状态
print lock.locked()
#锁通常用于控制对共享资源的访问
count = 0
#获得锁,成功获得锁定后返回 True
#可选的 timeout 参数不填时将一直阻塞直到获得锁定
#否则超时后将返回 False
if lock.acquire():
    count += 1
    #释放锁
    lock.release()
#thread 模块提供的线程都将在主线程结束后同时结束
time.sleep(6)
```

thread 模块提供的其他方法如下。

thread.interrupt_main()：在其他线程中终止主线程。

thread.get_ident()：获得一个代表当前线程的魔法数字，常用于从一个字典中获得线程相关的数据。这个数字本身没有任何含义，并且当线程结束后会被新线程复用。

thread 还提供了一个 ThreadLocal 类用于管理线程相关的数据，名为 thread._local，threading 中引用了这个类。

由于 thread 提供的线程功能不多，无法在主线程结束后继续运行，不提供条件变量等原因，一般不使用 thread 模块。

14.2.3　threading 模块

threading 基于 Java 的线程模型设计。锁（Lock）和条件变量（Condition）在 Java 中是对象的基本行为（每一个对象都自带了锁和条件变量），而在 Python 中则是独立的对象。Python Thread 提供了 Java Thread 的行为的子集；没有优先级、线程组，线程也不能被停止、暂停、恢复、中断。Java Thread 中的部分被 Python 实现了的静态方法在 threading 中以模块方法的形式提供。

threading 模块提供的常用方法如下。

threading.currentThread()：返回当前的线程变量。

threading.enumerate()：返回一个包含正在运行的线程的 list。正在运行是指线程启动后、结束前，不包

括启动前和终止后的线程。

threading.activeCount()：返回正在运行的线程数量，与 len(threading.enumerate())有相同的结果。

threading 模块提供以下几个。

```
Thread, Lock, RLock, Condition, [Bounded]Semaphore, Event, Timer, local
```

1. Thread

Thread 是线程类，与 Java 类似，有两种使用方法：直接传入要运行的方法或从 Thread 继承并覆盖 run()。

（1）start()方法：开始线程活动。

对每一个线程对象来说它只能被调用一次，它安排对象在一个另外的单独线程中调用 run()方法（而非当前所处线程）。

当该方法在同一个线程对象中被调用超过一次时，会引入 RuntimeError（运行时错误）。

（2）run()方法：代表了线程活动的方法。

可以在子类中重写此方法。标准 run()方法调用了传递给对象的构造函数的可调对象作为目标参数，如果有这样的参数的话，顺序和关键字参数分别从 args 和 kargs 取得。

方法 1：将要执行的方法作为参数传给 Thread 的构造方法。

```
def func():
    print('func() passed to Thread')
t = threading.Thread(target=func)
t.start()
```

方法 2：从 Thread 继承，并重写 run()。

```
class MyThread(threading.Thread):
    def run(self):
        print('MyThread extended from Thread')
t = MyThread()
t.start()
```

构造方法：

```
Thread(group=None, target=None, name=None, args=(), kwargs={})
```

group：线程组，目前还没有实现，库引用中提示必须是 None。

target：要执行的方法。

name：线程名。

args/kwargs：要传入方法的参数。

实例方法：

isAlive()：返回线程是否在运行。正在运行指启动后、终止前。

get/setName(name)：获取/设置线程名。

is/setDaemon(bool)：获取/设置是否守护线程。初始值从创建该线程的线程继承。当没有非守护线程仍在运行时，程序将终止。

start()：启动线程。

join([timeout])：阻塞当前上下文环境的线程，直到调用此方法的线程终止或到达指定的 timeout（可选参数）。

下面给出一个使用 join 的实例，具体代码如下。

```
import threading
import time
def context(tJoin):
```

```
    print('in threadContext.')
    tJoin.start()
    #将阻塞 tContext 直到 threadJoin 终止
    tJoin.join()
    #tJoin 终止后继续执行
    print('out threadContext.')
def join():
    print('in threadJoin.')
    time.sleep(1)
    print('out threadJoin.')
tJoin = threading.Thread(target=join)
tContext = threading.Thread(target=context, args=(tJoin,))
tContext.start()
```

2. Lock

Lock（指令锁）是可用的最低级的同步指令。Lock 处于锁定状态时，不被特定的线程拥有。Lock 包含两种状态——锁定和非锁定，以及两个基本的方法。

可以认为 Lock 有一个锁定池，当线程请求锁定时，将线程置于池中，直到获得锁定后出池。池中的线程处于状态图中的同步阻塞状态。

构造方法：

```
Lock()
```

实例方法：

acquire([timeout])：使线程进入同步阻塞状态，尝试获得锁定。

release()：释放锁。使用前线程必须已获得锁定，否则将抛出异常。

下面给出一段关于 Lock 的实例，具体代码如下。

```
import threading
import time
data = 0
lock = threading.Lock()
def func():
    global data
    print( '%s acquire lock...' % threading.currentThread().getName())
    #调用 acquire([timeout])时,线程将一直阻塞,
    #直到获得锁定或者直到 timeout 秒后（timeout 参数可选）。
    #返回是否获得锁
    if lock.acquire():
        print( '%s get the lock.' % threading.currentThread().getName())
        data += 1
        time.sleep(2)
        print('%s release lock...' % threading.currentThread().getName())
        #调用 release()将释放锁
        lock.release()
t1 = threading.Thread(target=func)
t2 = threading.Thread(target=func)
t3 = threading.Thread(target=func)
t1.start()
t2.start()
t3.start()
```

3. RLock

RLock（可重入锁）是一个可以被同一个线程请求多次的同步指令。RLock 使用了"拥有的线程"和

"递归等级"的概念，处于锁定状态时，RLock 被某个线程拥有。拥有 RLock 的线程可以再次调用 acquire()，释放锁时需要调用 release() 相同次数。

可以认为 RLock 包含一个锁定池和一个初始值为 0 的计数器，每次成功调用 acquire()/release()，计数器将+1/−1，为 0 时锁处于未锁定状态。

构造方法：

```
RLock()
```

实例方法：

acquire([timeout])/release()：跟 Lock 差不多。

下面给出一段关于 RLock 的实例，具体代码如下。

```
import threading
import time
rlock = threading.RLock()
def func():
    #第一次请求锁定
    print( '%s acquire lock...' % threading.currentThread().getName())
    if rlock.acquire():
        print('%s get the lock.' % threading.currentThread().getName())
        time.sleep(2)
        #第二次请求锁定
        print('%s acquire lock again...' % threading.currentThread().getName())
        if rlock.acquire():
            print('%s get the lock.' % threading.currentThread().getName())
            time.sleep(2)
        #第一次释放锁
        print('%s release lock...' % threading.currentThread().getName())
        rlock.release()
        time.sleep(2)
        #第二次释放锁
        print('%s release lock...' % threading.currentThread().getName())
        rlock.release()
t1 = threading.Thread(target=func)
t2 = threading.Thread(target=func)
t3 = threading.Thread(target=func)
t1.start()
t2.start()
t3.start()
```

4. Condition

Condition（条件变量）通常与一个锁关联。需要在多个 Contidion 中共享一个锁时，可以传递一个 Lock/RLock 实例给构造方法，否则它将自己生成一个 RLock 实例。

可以认为，除了 Lock 带有的锁定池外，Condition 还包含一个等待池，池中的线程处于状态图中的等待阻塞状态，直到另一个线程调用 notify()/notifyAll()通知；得到通知后线程进入锁定池等待锁定。

构造方法：

```
Condition([lock/rlock])
```

实例方法：

acquire([timeout])/release()：调用关联的锁的相应方法。

wait([timeout])：调用这个方法将使线程进入 Condition 的等待池等待通知，并释放锁。使用前线程必须已获得锁定，否则将抛出异常。

notify()：调用这个方法将从等待池挑选一个线程并通知，收到通知的线程将自动调用 acquire()尝试获得锁定（进入锁定池）；其他线程仍然在等待池中。调用这个方法不会释放锁定。使用前线程必须已获得锁定，否则将抛出异常。

notifyAll()：调用这个方法将通知等待池中所有的线程，这些线程都将进入锁定池尝试获得锁定。调用这个方法不会释放锁定。使用前线程必须已获得锁定，否则将抛出异常。

这里给出一个关于生产者/消费者模式的实例，具体代码如下。

```python
import threading
import time
product = None                    #商品
con = threading.Condition()       #条件变量
def produce():                    #生产者方法
    global product
    if con.acquire():
        while True:
            if product is None:
                print('produce...')
                product = 'anything'
                con.notify()          #通知消费者,商品已经生产
            con.wait()                #等待通知
            time.sleep(2)
def consume():                    #消费者方法
    global product
    if con.acquire():
        while True:
            if product is not None:
                print('consume...')
                product = None
                con.notify()          #通知生产者,商品已经没了
            con.wait()                #等待通知
            time.sleep(2)
t1 = threading.Thread(target=produce)
t2 = threading.Thread(target=consume)
t2.start()
t1.start()
```

5. Semaphore/BoundedSemaphore

Semaphore（信号量）是计算机科学史上最古老的同步指令之一。Semaphore 管理一个内置的计数器，每当调用 acquire()时-1，调用 release()时+1。计数器不能小于 0；当计数器为 0 时，acquire()将阻塞线程至同步锁定状态，直到其他线程调用 release()。

基于这个特点，Semaphore 经常用来同步一些有"访客上限"的对象，例如连接池。

BoundedSemaphore 与 Semaphore 的唯一区别在于前者将在调用 release()时检查计数器的值是否超过了计数器的初始值，如果超过了将抛出一个异常。

构造方法：

Semaphore(value=1)：value 是计数器的初始值。

实例方法：

acquire([timeout])：请求 Semaphore。如果计数器为 0，将阻塞线程至同步阻塞状态；否则将计数器-1并立即返回。

release()：释放 Semaphore，将计数器+1，如果使用 BoundedSemaphore，还将进行释放次数检查。release()

方法不检查线程是否已获得 Semaphore。

下面给出一段关于 Semaphore 的实例，具体代码如下。

```
import threading
import time
#计数器初值为2
semaphore = threading.Semaphore(2)
def func():
    #请求 Semaphore,成功后计数器-1；计数器为 0 时阻塞
    print('%s acquire semaphore...' % threading.currentThread().getName())
    if semaphore.acquire():
        print('%s get semaphore' % threading.currentThread().getName())
        time.sleep(4)
        #释放 Semaphore,计数器+1
        print('%s release semaphore' % threading.currentThread().getName())
        semaphore.release()
t1 = threading.Thread(target=func)
t2 = threading.Thread(target=func)
t3 = threading.Thread(target=func)
t4 = threading.Thread(target=func)
t1.start()
t2.start()
t3.start()
t4.start()
time.sleep(2)
#没有获得 semaphore 的主线程也可以调用 release
#若使用 BoundedSemaphore,t4 释放 semaphore 时将抛出异常
print('MainThread release semaphore without acquire')
semaphore.release()
```

6. Event

Event（事件）是最简单的线程通信机制之一，它是一个线程通知事件，其他线程等待事件。Event 内置了一个初始为 False 的标识，当调用 set()时设为 True，调用 clear()时重置为 False。wait()将阻塞线程至等待阻塞状态。

Event 其实是一个简化版的 Condition。Event 没有锁，无法使线程进入同步阻塞状态。

构造方法：

```
Event()
```

实例方法：

isSet()：当内置标识为 True 时返回 True。

set()：将标识设为 True，并通知所有处于等待阻塞状态的线程恢复运行状态。

clear()：将标识设为 False。

wait([timeout])：如果标识为 True 将立即返回，否则阻塞线程至等待阻塞状态，等待其他线程调用 set()。

下面给出一段关于 Event 的实例，具体代码如下。

```
import threading
import time
event = threading.Event()
def func():
    #等待事件,进入等待阻塞状态
    print('%s wait for event...' % threading.currentThread().getName())
    event.wait()
    #收到事件后进入运行状态
```

```
      print('%s recv event.' % threading.currentThread().getName())
t1 = threading.Thread(target=func)
t2 = threading.Thread(target=func)
t1.start()
t2.start()
time.sleep(2)
#发送事件通知
print('MainThread set event.')
event.set()
```

7. Timer

Timer（定时器）是 Thread 的派生类，用于在指定时间后调用一个方法。

构造方法：

```
Timer(interval, function, args=[], kwargs={})
```

interval：指定的时间。

function：要执行的方法。

args/kwargs：方法的参数。

实例方法：

Timer 从 Thread 派生，没有增加实例方法。

```
import threading
def func():
    print 'hello timer!'
timer = threading.Timer(5, func)
timer.start()
```

8. local

local 是一个小写字母开头的类，用于管理 thread-local（线程局部的）数据。对于同一个 local，线程无法访问其他线程设置的属性；线程设置的属性不会被其他线程设置的同名属性替换。

可以把 local 看成是一个"线程-属性字典"的字典，local 封装了从自身使用线程作为 key 检索对应的属性字典，再使用属性名作为 key 检索属性值的细节。

```
import threading
local = threading.local()
local.tname = 'main'
def func():
    local.tname = 'notmain'
    print local.tname
t1 = threading.Thread(target=func)
t1.start()
t1.join()
print local.tname
```

熟练掌握 Thread、Lock、Condition 就可以应对绝大多数需要使用线程的场合，某些情况下 local 也是非常有用的东西。本文的最后使用这几个类展示线程基础中提到的场景。

```
import threading
alist = None
condition = threading.Condition()
def doSet():
    if condition.acquire():
        while alist is None:
            condition.wait()
        for i in range(len(alist))[: : -1]:
```

```
        alist[i] = 1
        condition.release()
def doPrint():
    if condition.acquire():
        while alist is None:
            condition.wait()
        for i in alist:
            print i,
        print
        condition.release()
def doCreate():
    global alist
    if condition.acquire():
        if alist is None:
            alist = [0 for i in range(10)]
            condition.notifyAll()
        condition.release()
tset = threading.Thread(target=doSet,name='tset')
tprint = threading.Thread(target=doPrint,name='tprint')
tcreate = threading.Thread(target=doCreate,name='tcreate')
tset.start()
tprint.start()
tcreate.start()
```

14.3 就业面试技巧与解析

本章讲解了 Python 中有关进程与线程的概念，在面试中多线程一直都是面试必考的内容，因此读者应该熟练掌握多进程多线程的几种机制，并熟练使用多线程进行开发，深刻理解不同进程线程同步的优劣。

14.3.1 面试技巧与解析（一）

面试官：Python 中如何实现多线程？

应聘者：线程是轻量级的进程，多线程允许一次执行多个线程。众所周知，Python 是一种多线程语言，它有一个多线程包。

GIL（全局解释器锁）确保一次执行单个线程。一个线程保存 GIL 并在将其传递给下一个线程之前执行一些操作，这就产生了并行执行的错觉。但实际上，只是线程轮流在 CPU 上。当然，所有传递都会增加执行的开销。

14.3.2 面试技巧与解析（二）

面试官：创建两个线程，其中一个输出 1～52，另外一个输出 A～Z。输出格式要求：

12A 34B 56C 78D。

应聘者：

```
import threading
import time
#获取对方的锁,运行一次后,释放自己的锁
def show1():
```

```
    for i in range(1, 52, 2):
        lock_show2.acquire()
        print(i, end='')
        print(i+1, end='')
        time.sleep(0.2)
        lock_show1.release()
def show2():
    for i in range(26):
        lock_show1.acquire()
        print(chr(i + ord('A')))
        time.sleep(0.2)
        lock_show2.release()
lock_show1 = threading.Lock()
lock_show2 = threading.Lock()
show1_thread = threading.Thread(target=show1)
show2_thread = threading.Thread(target=show2)
lock_show1.acquire()    #因为线程执行顺序是无序的,保证show1()先执行
show1_thread.start()
show2_thread.start()
```

第15章

Python 异常处理

学习指引

本章讲解 Python 中的异常处理，异常顾名思义是指意外不可控的一些因素引起的程序崩溃。

重点导读

- 了解异常的概念。
- 掌握异常的处理方法。
- 掌握常见的标准异常。
- 掌握手动抛出异常的方法。

15.1 异常概述

异常即是一个事件，该事件会在程序执行过程中发生，影响程序的正常执行。一般情况下，在 Python 无法正常处理程序时就会发生一个异常。异常是 Python 对象，表示一个错误。当 Python 脚本发生异常时需要捕获处理它，否则程序会终止执行。

Python 中的标准异常见表 15-1。

表 15-1　标准异常

异 常 名 称	描　　述
BaseException	所有异常的基类
SystemExit	解释器请求退出
KeyboardInterrupt	用户中断执行（通常是输入^C）
Exception	常规错误的基类
StopIteration	迭代器没有更多的值
GeneratorExit	生成器（generator）发生异常来通知退出
StandardError	所有的内建标准异常的基类
ArithmeticError	所有数值计算错误的基类

续表

异　常　名　称	描　　述
FloatingPointError	浮点计算错误
OverflowError	数值运算超出最大限制
ZeroDivisionError	除（或取模）零（所有数据类型）
AssertionError	断言语句失败
AttributeError	对象没有这个属性
EOFError	没有内建输入，到达 EOF 标记
EnvironmentError	操作系统错误的基类
IOError	输入/输出操作失败
OSError	操作系统错误
WindowsError	系统调用失败
ImportError	导入模块/对象失败
LookupError	无效数据查询的基类
IndexError	序列中没有此索引（index）
KeyError	映射中没有这个键
MemoryError	内存溢出错误（对于 Python 解释器不是致命的）
NameError	未声明/初始化对象（没有属性）
UnboundLocalError	访问未初始化的本地变量
ReferenceError	弱引用试图访问已经垃圾回收了的对象
RuntimeError	一般的运行时错误
NotImplementedError	尚未实现的方法
SyntaxError	Python 语法错误
IndentationError	缩进错误
TabError	Tab 和空格混用
SystemError	一般的解释器系统错误
TypeError	对类型无效的操作
ValueError	传入无效的参数
UnicodeError	Unicode 相关的错误
UnicodeDecodeError	Unicode 解码时的错误
UnicodeEncodeError	Unicode 编码时错误
UnicodeTranslateError	Unicode 转换时错误
Warning	警告的基类
DeprecationWarning	关于被弃用的特征的警告
FutureWarning	关于构造将来语义会有改变的警告
OverflowWarning	旧的关于自动提升为长整型的警告
PendingDeprecationWarning	关于特性将会被废弃的警告
RuntimeWarning	可疑的运行时行为的警告
SyntaxWarning	可疑的语法的警告
UserWarning	用户代码生成的警告

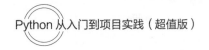

15.2　异常的处理

捕捉异常可以使用 try/except 语句。try/except 语句用来检测 try 语句块中的错误，从而让 except 语句捕获异常信息并处理。

15.2.1　异常基础

异常的一些基本概念以及异常的处理方法。

1. 什么是异常

异常发生之后，异常之后的代码就不执行了。

2. 什么是异常处理

Python 解释器检测到错误，触发异常（也允许程序员自己触发异常），程序员编写特定的代码，专门用来捕捉这个异常（这段代码与程序逻辑无关，与异常处理有关），如果捕捉成功则进入另外一个处理分支，执行为其定制的逻辑，使程序不会崩溃，这就是异常处理。

3. 为什么要进行异常处理

Python 解析器去执行程序，检测到一个错误时，触发异常，异常触发后且没被处理的情况下，程序就在当前异常处终止，后面的代码不会运行。谁会去用一个运行着突然就崩溃的软件？所以必须提供一种异常处理机制，以此来增强程序的健壮性与容错性。

15.2.2　异常处理的基本语法

如果不想在异常发生时结束程序，只需在 try 里捕获它。

以下为简单的 try…except…else 的语法：

```
try:
<语句>        #运行别的代码
except <名字>:
<语句>        #如果在 try 部分引发了异常
except <名字>,<数据>:
<语句>        #如果引发了异常,获得附加的数据
else:
<语句>        #如果没有异常发生
```

try 的工作原理是，当开始一个 try 语句后，Python 就在当前程序的上下文中做标记，这样当异常出现时就可以回到这里，try 子句先执行，接下来会发生什么依赖于执行时是否出现异常。

如果当 try 后的语句执行时发生异常，Python 就跳回到 try 并执行第一个匹配该异常的 except 子句，异常处理完毕，控制流就通过整个 try 语句（除非在处理异常时又引发新的异常）。

如果在 try 后的语句里发生了异常，却没有匹配的 except 子句，异常将被递交到上层的 try，或者到程序的最上层（这样将结束程序，并打印默认的出错信息）。

如果在 try 子句执行时没有发生异常，Python 将执行 else 语句后的语句（如果有 else 的话），然后控制流通过整个 try 语句。

下面给出一个打开文件的案例，在该文件中的内容写入内容，且并未发生异常，具体代码如下。

```
try:
```

```
    fh = open("testfile", "w")
    fh.write("这是一个测试文件,用于测试异常!!")
except IOError:
    print("Error: 没有找到文件或读取文件失败")
else:
    print("内容写入文件成功")
    fh.close()
```

接着上例，同样是打开一个文件，在该文件中写入内容，但文件没有写权限，发生异常依然使用上面的代码，为了测试方便需要先修改文件权限：

Windows 系统修改文件权限命令如下：

```
cacls testfile  /t /e /c /d administrator
```

Linux 系统修改文件权限命令如下：

```
chmod -w testfile
```

15.2.3　异常及处理

首先须知，异常是由程序的错误引起的，语法上的错误跟异常处理无关，必须在程序运行前进行修正。通过 if 判断方式处理异常：

```
num1=input('>>: ')           #输入一个字符串试试
if num1.isdigit():
    int(num1)                #我们的正统程序放到了这里,其余的都属于异常处理范畴
elif num1.isspace():
    print('输入的是空格,就执行我这里的逻辑')
elif len(num1) == 0:
    print('输入的是空,就执行我这里的逻辑')
else:
    print('其他情况,执行我这里的逻辑')
```

这样处理的缺点：使用 if 的方式只为第一段代码加上了异常处理，但这些 if 与代码逻辑并无关系，这样的代码会因为可读性差而不容易被看懂。这只是代码中的一个小逻辑，如果类似的逻辑多，那么每一次都需要判断这些内容，就会导致我们的代码特别冗长。

通过上面的处理总结如下。

（1）if 判断式的异常处理只能针对某一段代码，对于不同的代码段的相同类型的错误需要写重复的 if 来进行处理。

（2）在实际的程序中频繁地写与程序本身无关而与异常处理有关的 if，会使得代码可读性降低。

if 是可以解决异常的，只是存在以上两个问题。

```
def test():
    print('test running')
choice_dic={
    '1':test
}
while True:
    choice=input('>>: ').strip()
    if not choice or choice not in choice_dic:continue #这便是一种异常处理机制
    choice_dic[choice]()
```

15.3 Python 常见标准异常

Python 为每一种异常定制了一个类型，然后提供了一种特定的语法结构用来进行异常处理。

15.3.1 处理 ZeroDivisionError

除数为 0 的异常，这是一个数学常识，如果在数学运算中没有考虑这样一个因素就有可能引发这样一个异常。

```
try:
    print(5/0)
except ZeroDivisionError:#'ZeroDivisionError'除数等于 0 的报错方式
    print("You can't divide by zero!" )
```

运用了异常处理，就不会出现 traceback。

下面给出一个例子：

```
print("Enter two numbers.")
print("Enter 'q' to quit.")
while True:
    first_number = input("first_number:")
    if first_number == 'q':
        break
    second_number = input("second_number:")
    if second_number == 'q':
        break
    try:
        result = int(first_number)/int(second_number)
    except ZeroDivisionError:
        print("You can't divide by 0.")
    else: #依赖于 try…执行成功的放入 e
```

15.3.2 使用异常避免崩溃

发生错误时，如果程序还有工作没有完成，妥善地处理错误就尤其重要。这种情况经常会出现在要求用户提供输入的程序中；如果程序能够妥善地处理无效输入，就能再提示用户提供有效输入，而不至于崩溃。

```
print("Give me two numbers, and I'll divide them.")
print("Enter 'q' to quit.")
while True:
    first_number = input("\nFirst number: ")
    if first_number == 'q':
        break
    second_number = input("Second number: ")
    if second_number == 'q':
        break
    answer = int(first_number) / int(second_number)
    print(answer)
```

这个程序没有采取任何处理错误的措施，因此让它执行除数为 0 的除法运算时，它将崩溃。

程序崩溃会给用户带来操作不友好的负面效果。不懂技术的用户会被它们搞糊涂，而且如果用户怀有恶意，他会通过 traceback 获悉你不希望他知道的信息。例如，他将知道你的程序文件的名称，还将看到部分不能正确运行的代码。有时候，训练有素的攻击者可根据这些信息判断出可对你的代码发起什么样的攻击。

通过将可能引发错误的代码放在 try…except 代码块中，可提高这个程序抵御错误的能力。错误是执行除法运算的代码行导致的，因此需要将它放到 try…except 代码块中。这个实例还包含一个 else 代码块；依赖于 try 代码块成功执行的代码都应放到 else 代码块中。

```python
print("Give me two numbers, and I'll divide them.")
print("Enter 'q' to quit.")
while True:
    first_number = input("\nFirst number: ")
    if first_number == 'q':
        break
    second_number = input("Second number: ")
    try:
        answer = int(first_number) / int(second_number)
    except ZeroDivisionError:
        print("You can't divide by 0!")
    else:
        print(answer)
```

让 Python 尝试执行 try 代码块中的除法运算，这个代码块只包含可能导致错误的代码。依赖于 try 代码块成功执行的代码都放在 else 代码块中。在这个实例中，如果除法运算成功，就使用 else 代码块来打印结果。except 代码块告诉 Python，出现 ZeroDivisionError 异常时该怎么办。如果 try 代码块因除零错误而失败，就打印一条友好的消息，告诉用户如何避免这种错误。程序将继续运行，用户根本看不到 traceback。

15.3.3 处理 FileNotFoundError

文件为空异常，这在操作文件中也经常会遇到。
FileNotFoundError 的处理代码：

```python
filename = 'tom.txt'                    #tom 这个文件是不存在的
try:
    with open(filename) as file:
        content = file.read()
except FileNotFoundError:               #文件不能找到的异常处理
    print("Sorry!The file "+filename+" can't find.")
```

第一个实例：

```python
filename = 'old man and sea.txt'        #这里的文件是存在的
try:
    with open(filename,'rb') as file:   #注意：这里的阅读模式要用'rb'以二进制的形式读取
        contents = file.read()
except FileNotFoundError:
    print("Sorry! We don't find "+filename+".")
else:
    #计算文件大概有多少单词
    words = contents.split()            #按空格位拆分单词
    num_words = len(words)
    print("The file "+filename+" has about "+str(num_words)+" words.")
```

第二个实例（使用函数的方式）：

```python
def count_words(filename):
    try:
        with open(filename,'rb') as file:
            contents = file.read()
    except FileNotFoundError:
        print("Sorry! We don't find " + filename + ".")
```

```
    else:
        #计算文件大概有多少单词
        words = contents.split()   #按空格位拆分单词
        num_words = len(words)
        print("The file " + filename + " has about " + str(num_words) + " words.")
count_words('Schetsen uit de Dierenwereld.txt')
count_words('old man and sea.txt')
```

 ### 15.3.4　万能异常 Exception

在 Python 的异常中有一个万能异常：Exception，可以捕获任意异常，即：

```
s1 = 'hello'
try:
    int(s1)
except Exception as e:
    print(e)
```

读者可能会说既然有万能异常，那么直接用上面的这种形式就好了，其他异常可以忽略。

说的没错，但是应该分两种情况去看。

（1）如果想要的效果是，无论出现什么异常，统一丢弃或者使用同一段代码逻辑去处理，这时只有一个 Exception 就足够了。

```
s1 = 'hello'
try:
    int(s1)
except Exception,e:
    '丢弃或者执行其他逻辑'
    print(e)
```

如果统一用 Exception，没错，是可以捕捉所有异常，但意味着你在处理所有异常时都使用同一个逻辑去处理（这里说的逻辑即当前 expect 下面跟的代码块）。

（2）如果想要的效果是，对于不同的异常需要定制不同的处理逻辑，那就需要用到多分支了。

多分支处理：

```
s1 = 'hello'
try:
    int(s1)
except IndexError as e:
    print(e)
except KeyError as e:
    print(e)
except ValueError as e:
    print(e)
```

多分支+Exception：

```
s1 = 'hello'
try:
    int(s1)
except IndexError as e:
    print(e)
except KeyError as e:
```

```
    print(e)
except ValueError as e:
    print(e)
except Exception as e:
    print(e)
```

其他形式的异常:

```
s1 = 'hello'
try:
    int(s1)
except IndexError as e:
    print(e)
except KeyError as e:
    print(e)
except ValueError as e:
    print(e)
#except Exception as e:
#    print(e)
else:
    print('try 内代码块没有异常则执行我')
finally:
    print('无论异常与否,都会执行该模块,通常是进行清理工作')
```

15.3.5 自定义异常

Python 的异常分为两种:一种是内建异常,即 Python 自己定义的异常;另一种是用户自定义异常,自定义异常扩展了异常机制。

首先看看 Python 的异常继承树,如图 15-1 所示。

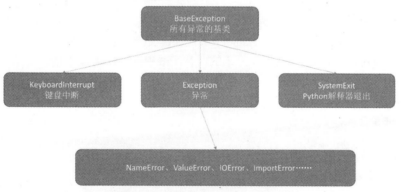

图 15-1 Python 的异常继承树

可以看到 Python 的异常有个大基类,然后继承的是 Exception。所以自定义类也必须继承 Exception。

```
#最简单的自定义异常
class FError(Exception):
    pass
```

抛出异常用 try…except:

```
try:
    raise FError("自定义异常")
```

```
except FError as e:
    print(e)
```

在这里给出一个简单的自定义异常类模板，具体代码如下。

```
class CustomError(Exception):
    def __init__(self,ErrorInfo):
        super().__init__(self)        #初始化父类
        self.errorinfo=ErrorInfo
    def __str__(self):
        return self.errorinfo
if __name__ == '__main__':
    try:
        raise CustomError('客户异常')
    except CustomError as e:
        print(e)
```

15.4　手动抛出异常

手动抛出异常属于主动设置异常，如果在程序出现异常的地方设置手动异常，对于这样异常的处理更有针对性。

15.4.1　用 raise 手动抛出异常

当程序出错时，Python 会自动触发异常，也可以通过 raise 显式引发异常，一旦执行了 raise 语句，raise 之后的语句将不再执行。如果加入了 try…except，那么 except 里的语句会被执行。

raise 语法格式如下：

```
raise [Exception [, args [, traceback]]]
```

语句中 Exception 是异常的类型（例如 NameError），args 是一个异常参数值。该参数是可选的，如果不提供，异常的参数是 None。最后一个参数是可选的（在实践中很少使用），如果存在，是跟踪异常对象。

一个异常可以是一个字符串、类或对象。Python 的内核提供的异常，大多数都是实例化的类，这是一个类的实例的参数。

定义一个异常非常简单，如下所示。

```
def functionName( level ):
    if level < 1:
        raise Exception("Invalid level!", level)
        #触发异常后,后面的代码就不会再执行
```

注意：为了能够捕获异常，except 语句必须用相同的异常来抛出类对象或者字符串。

捕获以上异常，except 语句如下所示。

```
try:
    正常逻辑
except "Invalid level!":
    触发自定义异常
else:
    其余代码
```

注意：手动抛出的异常如果不捕获，同样会中断程序运行。

捕获手动抛出的异常：

```python
def testRaise():
    for i in range(5):
        try:
            if i==2:
                raise NameError
                #print('hello')
        except NameError:
            print('Raise a NameError!')
        print(i)
    print('end.......')
testRaise()
```

手动抛出异常——assert 抛出异常：

```python
def testAssert():
    for i in range(3):
        try:
            assert i<2    #当 i<2 不成立时，就会抛出异常
        except AssertionError:
            print('Raise a AssertionError!')
        print(i)
    print('end.......')
testAssert()
```

自定义一个异常并抛出自定义异常：

```python
class RangeError(Exception):
    def __init__(self,value):
        self.value=value    #value 是异常发生时的信息
    def __str__(self):      #返回异常发生时的信息的字符串
        return self.value
raise RangeError('RangeError')
```

15.4.2　assert 语句

使用 assert 是学习 Python 一个非常好的习惯，Python 的 assert 语句格式及用法很简单。在没完善一个程序之前，开发者不知道程序在哪里会出错，与其让它在运行时崩溃，不如在出现错误条件时就崩溃，这时候就需要 assert 的帮助。

assert 是声明其布尔值必须为真的判定，如果发生异常就说明表达式为假。可以理解 assert 语句为 raise…if…not，用来测试表达式，其返回值为假，就会触发异常。

assert 语句的语法格式：

expression assert 表达式

下面给出一些 assert 用法的语句供参考：

```python
assert 1==1
assert 2+2==2*2
assert len(['my boy',12])<10
assert range(4)==[0,1,2,3]
```

assert 的异常参数，其实就是在断言表达式后添加字符串信息，用来解释断言并更好地知道是哪里出了问题。格式如下：

```
assert expression [, arguments]
assert 表达式 [, 参数]
assert len(lists) >=5,'列表元素个数小于 5'
assert 2==1,'2 不等于 1'
```

总结：

try…except 这种异常处理机制就是取代 if，让程序在不牺牲可读性的前提下增强健壮性和容错性。

异常处理中为每一个异常定制了异常类型（Python 中统一了类与类型，类型即类），对于同一种异常，一个 except 就可以捕捉到，可以同时处理多段代码的异常（无须写多个 if 判断式），减少了代码，增强了可读性。

15.5　就业面试技巧与解析

异常处理是为了增强程序的健壮性，如果一个程序没有异常处理机制，可能会导致意外崩溃退出，对于一个使用者来说是无法容忍的，因此异常处理在程序中显得尤为重要，这么重要的知识点面试中也会经常被问到。

15.5.1　面试技巧与解析（一）

面试官：介绍一下 except 的用法和作用。

应聘者：Python 的 except 用来捕获所有异常，因为 Python 里面的每次错误都会抛出一个异常，所以每个程序的错误都被当作一个运行时错误。

15.5.2　面试技巧与解析（二）

面试官：Python 如何捕获异常？

应聘者：Python 中捕获异常可以有三种方式。

（1）使用 try 和 except 语句来捕获异常，具体代码如下。

```
try:
    block
    except [exception,[data…]]:
    block
    try:
    block
    except [exception,[data…]]:
    block
    else:
    block
```

捕获到的 **IOError** 错误的详细原因会被放置在对象 e 中，然后运行该 Python 异常处理的 except 代码块捕获所有的异常。

（2）用 raise 语句手动引发一个异常，具体代码如下。

```
raise [exception[,data]]
    try:
        raise MyError  #自己抛出一个异常
    except MyError:
        print('a error')

    raise ValueError,'invalid argument'
```

（3）采用 sys 模块回溯最后的异常，具体代码如下。

```
import sys
    try:
        block
    except:
        info=sys.exc_info()
        print info[0],":",info[1]
```

第16章
程序测试与打包

 学习指引

　　在开发软件的项目过程中，会涉及测试和打包两个重要的环节。程序测试是指对一个完成了全部或部分功能、模块的计算机程序在正式使用前的检测，以确保该程序能按预定的方式正确地运行。开发者可以通过测试工具对程序进行测试来改进代码。将程序进行打包，方便一般用户使用。编程扩展是方便程序开发人员将 Python 与其他编程语言结合。本章介绍 Python 程序开发时测试与打包以及编程扩展的相关知识。

 重点导读

- 理解测试驱动编程。
- 掌握单元测试。
- 熟悉常用的测试工具。
- 掌握源代码检查工具。
- 理解程序打包。
- 掌握常用程序打包工具。
- 掌握 Python 与其他语言的扩展过程。

16.1　Python 测试

　　在软件工程中，我们知道黑盒测试与白盒测试，可见测试是编程中十分重要的一部分。Python 是一门简洁、优雅的语言，同时第三方库众多，对测试人员来说是最合适的语言。通过测试，可确定代码面对各种输入都能够按要求的那样工作。在程序中添加新代码时，也可以对其进行测试，确认它们不会破坏程序既有的行为。Python 提供了一种自动测试函数输出的高效方式。

 ### 16.1.1　测试的主要步骤

　　（1）编写测试用例：按照测试计划以及对产品特性的把握、确认测试的范围，考虑逻辑、数据完整性等要求，详细规定测试的要求，策划、编写测试用例。做好测试前的准备工作，确保测试目的的达成。可以使用 Python 自带的单元测试框架来编写自动化测试用例，利用其组织测试用例，断言预期结果，以及批量执行测试用例等功能，可以很好地进行自动化测试的开发。

（2）执行测试用例：根据测试计划及测试案例，执行测试，并根据产品特点及测试要求，实施集成测试、系统测试等，及时发现软件缺陷，评估软件的特性与缺陷，确保测试目的的达成。

（3）反复调试程序：执行测试时能够发现程序中的 Bug，此时需要结合需求分析，不断调整程序中的缺陷，增加或修改程序的部分功能。

（4）提交测试报告：通过不断测试，Bug 跟踪修复，直到用例全部测试，覆盖率、缺陷率以及其他各项指标达到质量标准，符合需求分析的要求，测试才结束。

16.1.2 测试驱动开发

我们或许听说过"先测试，再编码"，先写一点儿测试，再写一点儿代码，这就是测试方法中的一个重要思想，也叫"驱动编程测试"。测试驱动开发，是一种不同于传统软件开发流程的新型的开发方法。它要求在编写某个功能的代码之前先编写测试代码，然后只编写使测试通过的功能代码，通过测试来推动整个开发的进行。这有助于编写简洁可用和高质量的代码，并加速开发过程。

测试驱动开发的基本过程如下。

（1）快速新增一个测试。

（2）运行所有的测试（有时候只需要运行一个或一部分），发现新增的测试不能通过。

（3）做一些小小的改动，尽快地让测试程序可运行，为此可以在程序中使用一些不合情理的方法。

（4）运行所有的测试，并且全部通过。

（5）重构代码，以消除重复设计，优化设计结构。

测试驱动开发也遵循几个原则：让测试尽可能快地运行，尽量在小范围内进行，测试之间互不干扰，所有的测试都是不依赖于顺序的。遵循以上测试要求，这对程序开发人员是有利的。每个测试会变得更加简单而且可以快速运行，对象也会变成漂亮的"高内聚、低耦合"的类对象。这种以测试为驱动的开发模式最大的好处就是确保一个程序模块的行为符合我们设计的测试用例。在将来修改的时候，可以极大程度地保证该模块行为仍然是正确的。

16.1.3 单元测试

单元测试是用来对一个模块、一个函数或者一个类来进行正确性检验的测试工作。单元测试期间着重从以下几个方面对模块进行测试：模块接口、局部数据结构、重要的执行通路、出错处理通路及边界条件等。如果单元测试通过，说明测试的这个函数能够正常工作。如果单元测试不通过，要么函数有 Bug，要么测试条件输入不正确，总之，需要修复使单元测试能够通过。

例如定义了一个函数 F(x)=a*b：

（1）当输入 a=2，b=3 时，期望得到的是 6。

（2）当输入 a= "c"，b=3 时，期望得到的是 "ccc"。

（3）当输入异常数据时，期望测试程序能抛出异常。

把上面的测试用例放到一个测试模块里，就是一个完整的单元测试。

单元测试通过后有什么意义呢？如果对原函数代码做了修改，只需要再做一遍单元测试，如果通过，说明我们的修改不会对原函数原有的行为造成影响；如果测试不通过，说明我们的修改与原有行为不一致，要么修改代码，要么修改测试。因此可以说，单元测试可以有效地测试某个程序模块的行为，是未来重构代码的信心保证。但是单元测试通过了并不意味着程序就没有 Bug 了，但是不通过程序肯定有 Bug。

16.1.4 常用的测试工具

编写大量测试代码来保证程序中的每个细节都能正常工作，是一项很烦琐的工程。但是在标准库中，有很多模块可以帮助我们进行测试。本章着重介绍两个优秀的模块，可以协助开发人员自动完成测试过程。

1. doctest

它是一个 Python 标准库自带的轻量单元测试工具，适合实现一些简单的单元测试。它可以在 docstring 中寻找测试用例并执行，比较输出结果与期望值是否符合。

基本用法：使用 doctest 需要先在 Python 的交互解释器中创建测试用例，并复制粘贴到 docstring 中即可。

【例 16-1】代码如下。

```
def test_function(a, b):
return a * b
```

在这里定义一个函数 test_function()实现两个值相乘，使用如下命令执行测试。

```
$ python -m doctest Chap13.1.py-v
Trying:
    test_function(3, 3)
Expecting:
    9
ok
Trying:
    my_function('1', 3)
Expecting:
    '111'
ok
1 items had no tests:
    1
1 items passed all tests:
    2 tests in a.my_function
2 tests in 2 items.
2 passed and 0 failed.
Test passed
```

doctest 在 docstring 中寻找测试用例的时候，认为>>>是一个测试用例的开始，直到遇到空行或者下一个>>>，如果在两个测试用例之间有其他内容的话，会被 doctest 忽略（可以利用这个特性为测试用例编写一些注释）。如果文档字符串中的例子通过，那么 doctest 测试通过。如果验证到文档字符串中有例子不通过，那么 doctest 测试框架会明显地提示失败的原因和位置。

2. unitest

unitest 是基于 Java 的测试框架 Jnit，它比 doctest 测试框架更灵活和强大。unitest 中最核心的四个部分是：TestFixture、TestCase、TestSuite、TestRunner。unitest 通用的测试框架，功能比较齐全，能够用来做真正的单元测试。

TestFixture：简单来说就是做一些测试过程中需要准备的东西，例如创建临时的数据库、文件和目录等，其中，setUp()和 setDown()是最常用的方法。

TestCase：用户自定义的测试 case 的基类，调用 run()方法，会依次调用 setUP()方法、执行用例的方法、tearDown()方法。

TestSuite：测试用例集合，可以通过 addTest()方法手动增加 TestCase，也可通过 TestLoader 自动添加

TestCase，TestLoader 在添加用例时，会没有顺序。

TestRunner：运行测试用例的驱动类，可以执行 TestCase，也可执行 TestSuite。执行后 TestCase 和 TestSuite 会自动管理 TestResult。

TestCase 的实例就是一个测试用例。测试用例就是指一个完整的测试流程，包括测试前准备环境的搭建，执行测试代码，以及测试后环境的还原。单元测试的本质也就在这里，一个测试用例是一个完整的测试单元，通过运行这个测试单元，可以对某一个问题进行验证。而多个测试用例集合在一起，就是 TestSuite，而且 TestSuite 也可以嵌套 TestSuite。TestLoader 是用来加载 TestCase 到 TestSuite 中的。TextTestRunner 是用来执行测试用例的，其中的 run(test)会执行 TestSuite/TestCase 中的 run 方法，测试的结果会保存到 TextTestResult 实例中，包括运行了多少测试用例，成功了多少，失败了多少等信息。综上，整个流程就是首先要写好 TestCase，然后由 TestLoader 加载 TestCase 到 TestSuite，然后由 TextTestRunner 来运行 TestSuite，运行的结果保存在 TextTestResult 中，整个过程集成在 unittest.main 模块中。

【例 16-2】测试一个简单的加减乘除接口。

```
def add(a, b):
    return a + b
def minus(a, b):
    return a - b
def multi(a, b):
    return a * b
def divide(a, b):
    return a / b
```

代码如下。

```
import unittest
from mathfunc import *
class TestMathFunc(unittest.TestCase):
    def test_add(self):
        self.assertEqual(3, add(1, 2))
        self.assertNotEqual(3, add(2, 2))
    def test_minus(self):
        self.assertEqual(1, minus(3, 2))
    def test_multi(self):
        self.assertEqual(6, multi(3, 2))
    def test_divide(self):
        self.assertEqual(2, divide(6, 3))
        self.assertEqual(2.5, divide(5, 2))
if __name__ == '__main__':
    unittest.main()
```

输出的结果如图 16-1 所示。

可以看到一共运行了 4 个测试，失败了 1 个，并且给出了失败原因，2.5!=2，也就是说我们的 divide 方法是有问题的。在第一行给出了每一个用例执行的结果的标识，成功是.，失败是 F，出错是 E，跳过是 S。从上面可以看出，测试的执行跟方法的顺序没有关系，divide 方法写在了第 4 个，但是却在第 2 个执行。每个测试方法均以 test 开头，否则不能被 unittest 识别。在 uniitest.main()中加 verbosity 参数可以控制输出的错误报告的详细程度，默认是 1，如果设为 0，则不输出每一用例的执行结果，即没有上面的结果中的第 1 行，如果设为 2，则输出详细的执行结果，如图 16-2 所示。

unittest 的流程：写好 TestCase，然后由 TestLoader 加载 TestCase 到 TestSuite，然后由 TextTestRunner 来运行 TestSuite，运行的结果保存在 TextTestResult 中，我们通过命令行或者 unittest.main()执行时，main 会调用 TextTestRunner 中的 run 来执行，或者可以直接通过 TextTestRunner 来执行用例。

```
.F..
==============================================
FAIL: test_divide (__main__.TestDict)
----------------------------------------------
Traceback (most recent call last):
  File "D:/ch18/Chap18.2.py", line 20, in test_divide
    self.assertEqual(2.5, divide(5, 2))
AssertionError: 2.5 != 2

Ran 4 tests in 0.000s
FAILED (failures=1)
```

图 16-1　加减乘除接口

```
test_add (__main__.TestMathFunc) ... ok
test_divide (__main__.TestMathFunc) ... FAIL
test_minus (__main__.TestMathFunc) ... ok
test_multi (__main__.TestMathFunc) ... ok
==============================================
FAIL: test_divide (__main__.TestMathFunc)
----------------------------------------------
Traceback (most recent call last):
  File "D:/ch18/Chap18.2.py", line 20, in test_divide
    self.assertEqual(2.5, divide(5, 2))
AssertionError: 2.5 != 2

Ran 4 tests in 0.000s
FAILED (failures=1)
```

图 16-2　加减乘除接口

一个 class 继承 unittest.TestCase 即是一个 TestCase，其中以 test 开头的方法在 load 时被加载为一个真正的 TestCase。verbosity 参数可以控制执行结果的输出，0 是简单报告、1 是一般报告、2 是详细报告。可以通过 addTest 和 addTests 向 suite 中添加 case 或 suite，可以用 TestLoader 的 loadTestsFrom__()方法。用 setUp()、tearDown()、setUpClass()以及 tearDownClass()可以在用例执行前布置环境，以及在用例执行后清理环境。可以通过 skip、skipIf、skipUnless 装饰器跳过某个 case，或者用 TestCase.skipTest 方法。

常用的一些 TestCase 方法如下。

assertEqual(a,b[,msg])核实 a=b，若不同则失败，在回溯中打印两个值。

assertNotEqual(a,b[,msg])同 assertEqual 相反。

assertTrue(a)核实 x 为 True。

assertFalse(a)核实 x 为 False。

assertIn(item,list)核实 item 在 list 中。

assertNotIn(item,list)核实 item 不在 list 中。

assert_(expr[,msg])如果表达式为假则失败，可选自给出信息。

failIf(expr[,msg])同 assert_相反。

16.1.5　Python 常见代码检查工具

源代码检查是一种寻找代码中普遍错误或问题的方法。PyChecker 和 Pylint 是两个可以检查 Python 源代码的工具。它们都需要单独安装，且有两种方式来使用它们，一种是将它们作为命令行工具来使用；一种是将它们嵌入到代码中进行检查。

1. Pyflakes

一个用于检查 Python 源文件错误的简单程序。Pyflakes 分析程序并且检查各种错误。它通过解析源文件实现，无须导入它，因此在模块中使用是安全的，没有任何的副作用。

Pyflakes 不会检查代码风格。由于它是单独检查各个文件，因此它也相当的快，当然检测范围也有一定的局限。

2. Pylint

Pylint 是一个 Python 代码分析工具，它分析 Python 代码中的错误，查找不符合代码风格标准和有潜在问题的代码。Pylint 是一个 Python 工具，除了平常代码分析工具的作用之外，它提供了更多的功能，如检查一行代码的长度，变量名是否符合命名标准，一个声明过的接口是否被真正实现等。Pylint 的一个很大的好处是它的高可配置性，高可定制性，并且可以很容易编写小插件来添加功能。如果运行两次 Pylint，它会同时显示出当前和上次的运行结果，从而可以看出代码质量是否得到了改进。

3. PyChecker

PyChecker 是 Python 代码的静态分析工具，它能够帮助查找 Python 代码中的 Bug，而且能够对代码的复杂度和难度提供警告。PyChecker 可以工作在多种方式之下。首先，PyChecker 会检查导入文件中包含的模块，检查导入是否正确，同时检查函数中的类和方法是否正确。

（1）全局量没有找到，例如没有导入模块。

（2）传递给函数、方法、构造器的参数数目错误。

（3）传递给内建函数和方法的参数数目错误。

（4）字符串格式化信息不匹配。

（5）使用不存在的类方法和属性。

（6）覆盖函数时改变了签名。

（7）在同一作用域中重定义了函数、类、方法。

（8）使用未初始化的变量。

（9）方法的第一个参数不是 self。

（10）未使用的全局量和本地量（模块或变量）。

（11）未使用的函数/方法的参数。

（12）模块、类、函数和方法中没有 docstring。

16.1.6　Python 程序性能检测工具

对代码优化的前提是需要了解性能瓶颈在什么地方，程序运行的主要时间是消耗在哪里，对于比较复杂的代码可以借助一些工具来定位。Python 标准库中有一个叫作 profile 的分析模块，可以检查 Python 程序的执行性能。测试的方法大致如下：利用 profile 对每个 Python 模块进行测试（具体显示可以采用文本报表或者图形化显示），找到热点性能瓶颈函数之后，再利用 line_profiler 进行逐行测试，寻找具有高 Hits 值或高 Time 值的行，最后把需要优化的行语句通过优化工具进行优化。

profile 的分析模块分析程序十分简单，只要使用字符串参数调用它的运行方法即可。

【例 16-3】字符串参数调用，如图 16-3 所示。

Python 中还提供了 timeit 模块来测量代码的执行速度，可以用该模块来对各种简单的语句进行计时。

【例 16-4】调用 timeit，如图 16-4 所示。

图 16-3　字符串参数调用

图 16-4　timeit 参数调用

timeit 只输出被测试代码的总运行时间，单位为秒，没有详细的统计。

16.2　程序打包

Python 是一个脚本语言，被解释器解释执行。它的发布方式如下。

.py 文件：对于开源项目或者源码没那么重要的，直接提供源码，需要使用者自行安装 Python 并且安装依赖的各种库。（Python 官方的各种安装包就是这样做的。）

.pyc 文件：有些公司或个人因为机密或者各种原因，不愿意源码被运行者看到，可以使用 pyc 文件发布，pyc 文件是 Python 解释器可以识别的二进制码，故发布后也是跨平台的，需要使用者安装相应版本的 Python 和依赖库。

可执行文件：对于非程序开发人员，最简单的方式就是提供一个可执行文件，只需要把用法告诉他即可。比较麻烦的是需要针对不同平台打包不同的可执行文件。

在 Python 中，程序员会用到一些稍微底层的接口。用于发布 Python 包的工具包 Distutils 能让程序员轻松地用 Python 编写安装脚本。这些脚本可以用来建立发布的存档文件，程序员就可以编译和安装开发者所编写的程序库了。

16.2.1　Distutils 的使用

Distutils 是 Python 自带的基本安装工具，可以用来在 Python 环境中构建和安装额外的模块。新的模块可以是纯 Python 的，也可以是 C/C++的扩展模块，或者是 Python 包（包中包含 C 与 Python 编写的模块）。适用于非常简单的应用场景使用，不支持依赖包的安装。通过 Distutils 来打包，生成安装包，安装 Python 包等工作，需要编写名为 "setup.py" 的 Python 脚本文件。用 Distutils 打包过程如下。

新建文件夹，将项目文件放进去，在该文件夹下，新建 setup.py 文件，执行 python setup.py sdist 即可打包。代码如下：

```
from distutils.core import setup
setup(
    name = "dennings",
    version = "1.0.0",
    author = "shijian",
    packages=['denning','templates'],
    py_modules=['__init__','config', 'manage', 'settings', 'urls','wsgi'],
    data_files=[('ini',['django_wsgi.ini']),('readme',['readme.txt'])]
)
```

保存退出。

在命令行下，进入该文件夹，运行以下命令。

（1）打包：python setup.py sdist。

这样在文件夹中就多出了几个文件，在 dist 文件夹中的 logIn-1.0.0.tar.gz 就是我们的发布包了。

（2）安装包到本地副本中（路径为：/usr/local/lib/python2.7/dist-packages）。

sudo python setup.py install(–record files.txt)

注意：为了方便卸载，可以添加括号中的选项（当前文件夹会产生 files.txt），卸载时就可以在当前文件夹下使用如下命令：

```
sudo cat files.txt | sudo xargs rm -rf
```

16.2.2　Setuptools 的使用

Setuptools 针对 Distutils 做了大量扩展，尤其是加入了包依赖机制。Distutils 无法定义包之间的依赖关系。Setuptools 则是它的增强版，能帮助用户更好地创建和分发 Python 包，尤其是具有复杂依赖关系的包。其通过添加一个基本的依赖系统以及许多相关功能，弥补了该缺陷。它还提供了自动包查询程序，用来自动获取包之间的依赖关系，并完成这些包的安装，大大降低了安装各种包的难度，使之更加方便。一般 Python 安装会自带 Setuptools，如果没有可以使用 pip 安装：

```
$ pip install setuptools
```

Setuptools 简单易用，只需写一个简短的 **setup.py** 安装文件，就可以将 Python 应用打包。假设有一个自己制作的 Python 包，叫作 test（内含__init__.py 文件），然后可以创建一个 setup.py 文件，最好放在 test 的同级目录下。

【例 16-5】Setuptools 的使用。

```
from setuptools import setup
setup(
    name="test",
    version="1.0.0",
    description="My test module",
    author="Xavier",
    url="http://www.csdn.net",
    packages= ['test'],
    )
```

然后，就可以用 Python 的 setuptools 来进行打包或者安装了。之后执行 python setup.py bdist_egg 就可以打包了，出现的是以.egg 为扩展名的 zip 文件。执行 python setup.py install 可以直接安装包，而包将会被安装在/usr/local/lib/python2.7/dist-package/下。经过这一步之后，打开任何项目就都可以直接 import test 了。

在创建 Windows 安装程序或 rpm 包时，使用 bdist 命令可以创建单一的 Windows 安装程序和 Linux prm 文件。bdist 可用的格式有 rpm 和 wininst。有意思的是，在非 Windows 操作系统内也可以为程序包建立 Windows 安装程序，前提是没有任何需要编译的扩展。

16.3　编程扩展

Python 是一门强大的语言，它的优势是易于使用并能帮助提高开发速度，然而过快的开发速度却是以相对低的效率为代价。与 C 语言相比，Python 的运行速度是十分低的，还存在很多瓶颈。这时我们会用 C 语言作为扩展来重写出现瓶颈的代码来解决性能瓶颈，创建 C 语言一些特有的东西。

一般来说，所有能被整合或导入到其他 Python 脚本的代码，都可以被称为扩展。可以用纯 Python 来写扩展，也可以用 C 和 C++之类的编译型的语言来写扩展（或者也可以用 Java 给 Jython 写扩展）。Python 的一大特点就是，扩展和解释器之间的交互方式与普通的 Python 模块完全一样。

16.3.1　用 C 语言扩展过程

Python 的扩展通常是指 CPython，它是 C 语言版本的 Python。用 C 语言扩展编程大致有如下三个过程：创建应用代码，也就是编写对应的 C\C++程序；根据模板编写封装代码，也就是将编写的 C\C++程序，封装成接收 Python 数据类型的数据，然后转换为 C\C++数据类型数据，然后执行 C\C++程序，将返回结构转换为 Python 数据类型的封装函数，用于 Python 调用的接口；最后编译\测试，创建 setup，将模块导入 Python 环境下，测试程序的正确性。

有很多工具帮助我们实现用 C 语言进行扩展，例如 Psyco、Pyrex、ctypes、SWIG 等。这里简单介绍一下 ctypes 方法，这个模块可以加载 dll（Windows）或者 so（Linux），并且执行其中的函数，另外，它也提供了一些数据类型，这些类型与 C 语言中的基本数据类型——对应，甚至提供了指针。

【例 16-6】结构体类型和结构体数组类型的传递，我们用 ctypes 的方法，在 Python 代码中生成一个如

C 中的结构体。

```
#define TaskTest struct Tasktest
struct Tasktest
{
    int s;
    int c[20];
    int m[20];
    int T;
};

____declspec(dllexport) float CalList(TaskTest * iTsets,int len)
```

（1）Ctypes 方法处理后的 Python 代码：

```
from ctypes import *
import time
class CrandStruct(Structure):
    _fields_=[('si',c_int),
             ('ci',c_int *20),
             ('mi', c_int * 20),
             ('ti', c_int)
    ]
```

（2）生成结构体数组：

```
StrctSet=(CrandStruct * len)()
```

（3）引入 C 代码源码中的 dll 文件：

```
dllpath="C:\\dllgenerate\\Debug\\dllgenerate.dll"
libc=cdll.LoadLibrary(dllpath)
libc.CalList.restype=c_float
```

（4）调用功能函数结束：

```
U=libc.CalList(byref(StrctSet),len)
```

另外还有很多有用的工具，读者可以查阅资料学习。

16.3.2　Jython 与 Java 扩展

Jython 是一种可以把两种不同的编程语言结合在一起的工具。它能在 Java 中加入脚本语言，并以此来简化数以百万计的 Java 程序员的工作。Jython 是一种完整的语言，而不是一个 Java 翻译器或仅仅是一个 Python 编译器。Jython 提供了 Python 的大部分功能，以及实例化 Java 类并与 Java 类交互的功能。Jython 代码被动态地编译成 Java 字节码，因此，可以用 Jython 扩展 Java 类，也可以用 Java 来扩展 Python，使 Python 成为一个易用的脚本部件。Jython 也有很多从 Python 中继承的模块库。最有趣的事情是 Jython 不像 CPython 或其他任何高级语言，它提供了对其实现语言的一切存取。所以 Jython 不仅提供了 Python 的库，同时也提供了所有的 Java 类，这使其有一个巨大的资源库。

【例 16-7】Jython 与 Java 扩展。

```
import org.python.util.PythonInterpreter;
import org.python.core.*;
public class JythonTest { public static void main(String[] args) {
        PythonInterpreter interp =
```

```
        new PythonInterpreter();
        System.out.println("Hello, brave new world");
        interp.exec("import sys");
        interp.exec("print sys");
        interp.set("a", new PyInteger(42));
        interp.exec("print a");
        interp.exec("x = 2+2");
        PyObject x = interp.get("x");
        System.out.println("x: "+x);
        System.out.println("Goodbye, cruel world!");
    }
}
```

执行文件即可。

```
import org.python.util.PythonInterpreter;
import org.python.core.*;
public class JythonTest { public static void main(String[] args) {
        PythonInterpreter interp = new PythonInterpreter();
        interp.execfile("youwant.py");
    }
}
```

Jython 要求程序员也要学习 Java 开发，语法仅是编程的一方面。前面所提的库交叉只是 Jython 依赖于 Java 系统的一个例子。为了能用 Jython 完成实际工作，不仅需要学习 Java 库，还必须掌握通常的 Java 编程环境。

16.3.3　编译扩展

学习 Python 编写扩展后，还需要学习编译扩展。使用 Distutils 可以自动编译 C 扩展，利用 Distutils 自动定位 Python 安装并指定选用的编译器。它甚至还能自动运行 SWIG。

16.4　就业面试技巧与解析

16.4.1　面试技巧与解析（一）

面试官：Python 到底是什么样的语言？你可以比较其他技术或者语言来回答你的问题。

应聘者：Python 是解释型语言。这意味着不像 C 和其他语言，Python 运行前不需要编译。其他解释型语言包括 PHP 和 Ruby。Python 是动态类型的，这意味着你不需要在声明变量时指定类型。Python 是面向对象语言，所以允许定义类并且可以继承和组合。Python 没有访问标识，如在 C++中的 public、private，在 Python 中，函数是一等公民。这就意味着它们可以被赋值，从其他函数返回值，并且传递函数对象。类不是一等公民。写 Python 代码很快，但是跑起来会比编译型语言慢。Python 允许使用 C 扩展程序，所以瓶颈可以得到处理。Numpy 库就是一个很好的例子，因为很多代码不是 Python 直接写的，所以运行很快。Python 使用场景很多：Web 应用开发、自动化、科学建模、大数据应用等。它也经常被看作"胶水"语言，使得不同语言间可以衔接上。Python 能够简化工作，使得程序员能够关心如何重写代码而不是详细看一遍底层实现。

16.4.2　面试技巧与解析（二）

面试官： 单元测试是什么？单元测试有什么好处？

应聘者： 单元测试是开发者编写的一小段代码，用于检验被测代码的一个很小的、很明确的功能是否正确。通常而言，一个单元测试是用于判断某个特定条件（或场景）下某个特定函数的行为。单元测试是用来对一个模块、一个函数或者一个类来进行正确性检验的测试工作。

单元测试从长期来看，可以提高代码质量，减少维护成本，降低重构难度。通过单元测试我们能快速熟悉代码，不需要深入地阅读代码，便能知道这段代码做什么工作，有哪些特殊情况需要考虑，包含哪些业务。

第 17 章

数据结构基础

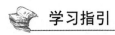

学习指引

数据结构是计算机存储、组织数据的方式。数据结构是指相互之间存在一种或多种特定关系的数据元素的集合。通常情况下，精心选择的数据结构可以带来更高的运行或者存储效率。数据结构往往同高效的检索算法和索引技术有关，是计算机程序设计的重要理论技术。数据结构算法是对特定问题求解步骤的一种描述，它所设计的每一条指令表示程序进行的一个或多个操作。算法和数据结构都是程序设计的灵魂，一般在大型项目或者复杂的任务中，就需要用到数据结构与算法的巧妙结合来解决问题。

重点导读

- 了解数据结构中的线性结构。
- 熟悉 Python 中用列表创建表。
- 了解数据结构中的树状结构。
- 熟悉 Python 中用列表创建树。
- 了解数据结构中的图形结构。
- 熟悉 Python 中用字典构建图。
- 熟悉 Python 中查找与排序方法。

17.1 概述

一个数据结构是由数据元素依据某种逻辑关系组织起来的。对数据元素间逻辑关系的描述称为数据的逻辑结构；数据必须在计算机内存储，数据的存储结构是数据结构的实现形式，是其在计算机内的表示；此外，讨论一个数据结构必须同时讨论在该类数据上执行的运算才有意义。一个逻辑数据结构可以有多种存储结构，且各种存储结构影响数据处理的效率。

在许多类型的程序设计中，数据结构的选择是一个基本的设计考虑因素。许多大型系统的构造经验表明，系统实现的困难程度和系统构造的质量都严重依赖于是否选择了最优的数据结构。许多时候，确定了数据结构后，算法就容易得到了。有些时候情况也会反过来，我们根据特定算法来选择数据结构与之适应。不论哪种情况，选择合适的数据结构都是非常重要的。

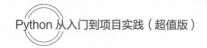
17.2　数据结构的研究对象

数据结构与算法的主要研究内容有：数据的逻辑结构，即数据关系之间的逻辑关系；数据的存储结构，即数据的逻辑结构在计算机中的表示；操作算法，即插入、删除、修改、查询、排序等。

17.2.1　数据的逻辑结构

数据的逻辑结构指反映数据元素之间逻辑关系的数据结构，其中的逻辑关系是指数据元素之间的前后件关系，而与它们在计算机中的存储位置无关。逻辑结构包括以下几种。

（1）集合：数据结构中的元素之间除了"同属一个集合"的相互关系外，别无其他关系。

（2）线性结构：数据结构中的元素存在一对一的相互关系。

（3）树状结构：数据结构中的元素存在一对多的相互关系。

（4）图形结构：数据结构中的元素存在多对多的相互关系。

17.2.2　数据的物理结构

数据的物理结构指数据的逻辑结构在计算机存储空间的存放形式。数据的物理结构是数据结构在计算机中的表示（又称映像），它包括数据元素的机内表示和关系的机内表示。由于具体实现的方法有顺序、链接、索引、散列等多种，所以，一种数据结构可表示成一种或多种存储结构。

数据元素的机内表示（映像方法）：用二进制位的位串表示数据元素。通常称这种位串为节点。当数据元素由若干个数据项组成时，位串中与各数据项对应的子位串称为数据域。因此，节点是数据元素的机内表示（或机内映像）。

关系的机内表示（映像方法）：数据元素之间的关系的机内表示可以分为顺序映像和非顺序映像，常用两种存储结构：顺序存储结构和链式存储结构。顺序映像借助元素在存储器中的相对位置来表示数据元素之间的逻辑关系。非顺序映像借助指示元素存储位置的指针来表示数据元素之间的逻辑关系。

17.3　Python 数据结构之线性结构

在程序设计中，要将一组数据元素进行整体的管理和使用，通常需要创建一种元素组，用变量记录数据，传进传出函数等，同时可以增加删除元素。将这样一组元素看成一个序列，用元素在序列里的位置和顺序，表示实际应用中的某种有意义的信息，或者表示数据之间的某种关系。这样的一组序列元素的组织形式，可以将其抽象为线性表。线性结构的特点是元素之间构成有序序列，除头尾元素外，其余元素都有一个前驱和一个后继。线性结构中，表、栈和队列都是最基本的。

17.3.1　线性表的抽象数据类型

```
list(self)            #创建一个新表
is_empty(self)        #判断 self 是否是一个空表
len(self)             #返回表长度
prepend(self,elem)    #在表头插入元素
append(self,elem)     #在表尾加入元素
```

```
insert(self,elem,i)      #在表的位置 i 处插入元素
del_first(self)          #删除第一个元素
def_last(self)           #删除最后一个元素
del(self,i)              #删除第 1 个元素
search(self,elem)        #查找元素在表中第一次出现的位置
forall(self,op)          #对表元素的遍历操作,op 操作
```

17.3.2　Python 中的线性表

线性表是最基本、最简单，也是最常用的一种数据结构。线性表是数据结构的一种，一个线性表是 n 个具有相同特性的数据元素的有限序列。线性表中数据元素之间的关系是一对一的关系，即除了第一个和最后一个数据元素之外，其他数据元素都是首尾相接的。

（1）顺序表：Python 中的 list 和 tuple 两种类型采用了顺序表的实现技术，具有前面讨论的顺序表的所有性质。tuple 是不可变类型，即不变的顺序表，因此不支持改变其内部状态的任何操作，而其他方面则与 list 的性质类似。

Python 标准类型 list 就是一种元素个数可变的线性表，可以加入和删除元素，并在各种操作中维持已有元素的顺序（即保序）。list 就是一种采用分离式技术实现的动态顺序表，因此可以直接用 Python 中的列表来创建表。其主要使用命令如下。

```
list1 = list([1,2,3,4,5])   #创建新表
list1.append(6)             #在尾部添加新元素 6
k = len(list1)              #返回表长度
list1.insert(k,7)           #在位置 k 插入 7
list1.pop()                 #返回并删除尾部元素
print(list1)                #输出表的全部元素
list2 = list1[2:]           #表的切片操作
```

顺序表的结构如图 17-1 所示。

图 17-1　顺序表

（2）链表：将元素存放在通过链接构造起来的一系列存储块中。链表结构可以充分利用计算机内存空间，实现灵活的内存动态管理。它不像顺序表一样连续存储数据，而是在每一个节点（数据存储单元）下存放下一个节点的位置信息。

单向链表也叫单链表，是链表中最简单的一种形式，它的每个节点包含两个域，一个信息域（元素域）和一个链接域。这个链接域指向链表中的下一个节点，而最后一个节点的链接域则指向一个空值，如图 17-2 所示。

图 17-2　单链表

单链表的一个变形是单向循环链表，链表中最后一个节点的 next 域不再为空值，而是指向链表的头节点，如图 17-3 所示。

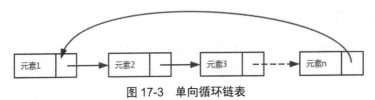

图 17-3　单向循环链表

还有一种链表是双向链表。每个节点有两个链接：一个指向前一个节点，当此节点为第一个节点时，指向空值；而另一个指向下一个节点，当此节点为最后一个节点时，指向空值，如图 17-4 所示。

图 17-4　双向链表

【例 17-1】构建单向循环链表。

```
class Node(object):                        #定义节点
    def __init__(self, item):
        self.item = item
        self.next = None
class SinCycLinkedlist(object):            #单向循环链表
    def __init__(self):
        self._head = None
    def is_empty(self):                    #判断链表是否为空
        return self._head == None
    def length(self):                      #返回链表的长度
        if self.is_empty():                #如果链表为空,返回长度0
            return 0
        count = 1
        cur = self._head
        while cur.next != self._head:
            count += 1
            cur = cur.next
        return count
    def travel(self):                      #遍历链表
        if self.is_empty():
            return
        cur = self._head
        print(cur.item)
        while cur.next != self._head:
            cur = cur.next
            print(cur.item)
        print("")
    def add(self, item):                   #头部添加节点
```

```
        node = Node(item)
        if self.is_empty():
            self._head = node
            node.next = self._head
        else:
            node.next = self._head          #添加的节点指向_head
            cur = self._head                #移到链表尾部,将尾部节点的next指向node
            while cur.next != self._head:
                cur = cur.next
            cur.next = node
            self._head = node               #_head指向添加的node
    def append(self, item):                 #尾部添加节点
        node = Node(item)
        if self.is_empty():
            self._head = node
            node.next = self._head
        else:
            cur = self._head                #移到链表尾部
            while cur.next != self._head:
                cur = cur.next
            cur.next = node                 #将尾节点指向node
            node.next = self._head          #将node指向头节点_head
    def insert(self, pos, item):            #在指定位置添加节点
        if pos <= 0:
            self.add(item)
        elif pos > (self.length()-1):
            self.append(item)
        else:
            node = Node(item)
            cur = self._head
            count = 0
            while count < (pos-1):          #移动到指定位置的前一个位置
                count += 1
                cur = cur.next
            node.next = cur.next
            cur.next = node
    def remove(self, item):                 #删除一个节点
        if self.is_empty():                 #若链表为空,则直接返回
            return
        cur = self._head                    #将cur指向头节点
        pre = None
        if cur.item == item:                #若头节点的元素就是要查找的元素item
            if cur.next != self._head:
                while cur.next != self._head:
                    cur = cur.next
                cur.next = self._head.next
                self._head = self._head.next
            else:
                self._head = None
        else:
```

```
                    pre = self._head              #第一个节点不是要删除的
                    while cur.next != self._head:
                        if cur.item == item:      #找到了要删除的元素
                            pre.next = cur.next
                            return
                        else:
                            pre = cur
                            cur = cur.next
                    if cur.item == item:
                        pre.next = cur.next
            def search(self, item):               #查找节点是否存在
                if self.is_empty():
                    return False
                cur = self._head
                if cur.item == item:
                    return True
                while cur.next != self._head:
                    cur = cur.next
                    if cur.item == item:
                        return True
                return False
    if __name__ == "__main__":
        ll = SinCycLinkedlist()
        ll.add(1)
        ll.add(2)
        ll.append(3)
        ll.insert(2, 4)
        ll.insert(4, 5)
        ll.insert(0, 6)
        print("length:",ll.length())
        ll.travel()
        print(ll.search(3))
        print(ll.search(7))
        ll.remove(1)
        print("length:",ll.length())
        ll.travel()
```

程序运行结果如图 17-5 所示。

图 17-5　单向循环链表

该案例代码实现了单向循环链表的操作，从定义节点开始到每个函数模块对相应的功能实现了链表的创建以及增删功能。is_empty()判断链表是否为空，length()返回链表的长度，travel()用于遍历，add()用于在头部添加一个节点，append()用于在尾部添加一个节点，insert()用于在指定位置 pos 添加节点，remove()用于删除一个节点，search()用于查找节点是否存在。

17.3.3　自定义栈结构

栈，有些地方称为堆栈，是一种容器，可存入数据元素、访问元素、删除元素，它的特点在于只能允许在容器的一端进行加入数据和输出数据的运算。由于栈数据结构只允许在一端进行操作，因而按照后进先出的原理运作。对栈的两种主要操作是将一个元素压入栈和将一个元素弹出栈。入栈使用 push()方法，出栈使用 pop()方法。图 17-6 演示了入栈和出栈的过程。栈可以用顺序表实现，也可以用链表实现。

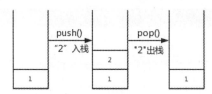

图 17-6　栈的基本结构

另一个常用的操作是预览栈顶的元素。pop()方法虽然可以访问栈顶的元素，但是调用该方法后，栈顶元素也从栈中被永久性地删除了。peek()方法则只返回栈顶元素，而不删除它。为了记录栈顶元素的位置，同时也为了标记哪里可以加入新元素，我们使用变量 top，当向栈内压入元素时，该变量增大；当从栈内弹出元素时，该变量减小。push()、pop()和 peek()是栈的 3 个主要方法，但是栈还有其他方法和属性。

stack 通常的操作：

stack()	建立一个空的栈对象
push()	把一个元素添加到栈的最顶层
pop()	删除栈最顶层的元素，并返回这个元素
peek()	返回最顶层的元素,并不删除它
isEmpty()	判断栈是否为空
size()	返回栈中元素的个数

下面用一个实例来熟悉栈的基本操作。

【例 17-2】 实现栈的基本操作。

```python
class Node(object):
    def __init__(self, data, next = None):
        self.data = data
        self.next = next
class Stack(object):
    def __init__(self, top = None):
        self.top = top
    def push(self,data):                    #创建新的节点放到栈顶
        self.top = Node(data, self.top)
    def pop(self):                          #拿出栈顶元素,原来的栈发生改变
        if self.top is None:
          return None
        data = self.top.data
        self.top = self.top.next
```

```
        return data
    def peek(self):                    #查看栈顶元素,原来的栈不变
        return self.top.data if self.top is not None else None
    def isEmpty(self):
        return self.peek() is None
if __name__ == "__main__":
    stack = Stack()
    stack1 = stack.push(Hello)
    stack1 = stack.push(It's me)
    print(stack.peek())
    stack.pop()
    print(stack.peek())
```

程序运行结果如图 17-7 所示。

图 17-7　栈的基本操作

以上代码实现了在表中将新的节点放置栈顶，存入新的数据。之后再利用 push()函数模块将栈顶元素取出改变原来的栈。

17.3.4　Queue 模块

队列是只允许在一端进行插入操作，而在另一端进行删除操作的线性表。队列的两种主要操作是：向队列中插入新元素和删除队列中的元素。允许插入的一端为队尾，允许删除的一端为队头。插入操作也叫作入队，删除操作也叫作出队。入队操作在队尾插入新元素，出队操作删除队头的元素，队列不允许在中间部位进行操作。

（1）基本 FIFO 队列：队列是一种先进先出的线性表，简称 FIFO。下面用一个简单的实例来说明 Python 中 Queue 模块下的基本 FIFO 队列。

【例 17-3】FIFO 队列的实现。

```
from queue import Queue
q = Queue(maxsize=5)
for i in range(5):
    q.put(i)
while not q.empty():
    print(q.get())
```

程序运行结果如图 17-8 所示。

图 17-8　FIFO 队列

FIFO 即 First In First Out，先进先出。Queue 提供了一个基本的 FIFO 容器，使用方法很简单，最大值是个整数，指明了队列中能存放的数据个数的上限。一旦达到上限，插入会导致阻塞，直到队列中的数据被消费掉。如果 maxsize 小于或者等于 0，队列大小没有限制。

（2）基本 LIFO 队列：与 FIFO 不同的是，LIFO 采用的是后进先出的线性表。下面用一个简单的实例来说明 Python 中 Queue 模块下的基本 LIFO 队列。

【例 17-4】 LIFO 队列的实现。

```
from queue import LifoQueue
q = LifoQueue(maxsize=5)
for i in range(5):
    q.put(i)
while not q.empty():
    print(q.get())
```

程序运行结果如图 17-9 所示。

```
4
3
2
1
0
```

图 17-9　LIFO 队列

LIFO 即 Last In First Out，后进先出。Queue 提供了一个基本的 LIFO 容器，使用方法与 FIFO 相似但又不同。

（3）优先级队列 Priority Queue：除了按元素入列顺序外，有时需要根据队列中元素的特性来决定元素的处理顺序。

【例 17-5】 优先级队列的实现。

```
from queue import PriorityQueue
class Job(object):
    def __init__(self, priority, description):
        self.priority = priority
        self.description = description
        print('New job:', description)
        return
    def __lt__(self, other):
        return self.priority < other.priority
q = PriorityQueue()
q.put(Job(5, 'Mid-level job'))
q.put(Job(10, 'Low-level job'))
q.put(Job(1, 'Important job'))
while not q.empty():
    next_job = q.get()
    print('Processing job', next_job.description)
```

程序运行结果如图 17-10 所示。

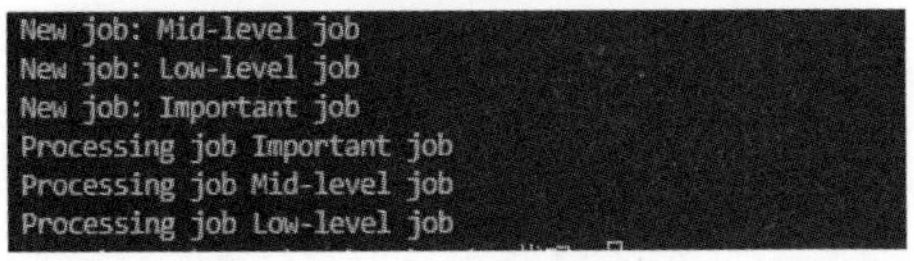

```
New job: Mid-level job
New job: Low-level job
New job: Important job
Processing job Important job
Processing job Mid-level job
Processing job Low-level job
```

图 17-10　优先级队列

17.4　树状结构

树状结构是一类重要的非线性数据结构，树是以分支关系定义的层次结构，其中以树和二叉树最为常用。树状结构的特点是，元素之间构成层次关系，除根元素没有前驱外，每个元素都有一个前驱和若干个后继，没有父节点的节点称为根节点，每个节点有零个或多个子节点，每一个非根节点有且只有一个父节点，除了根节点外，每个子节点可以分为多个不相交的子树。树的基本结构如图 17-11 所示。

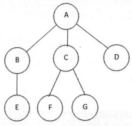

图 17-11　树的基本结构

17.4.1　构建树

前面提到了树的基本结构，在 Python 中，可以用嵌套列表表示树。虽然把界面写成列表的一系列方法与我们已实现其他的抽象数据类型有些不同，但这样做比较好，因为它为我们提供一个简单、可以直接查看的递归数据结构。在列表实现树时，我们将存储根节点作为列表的第一个元素的值。列表的第二个元素的本身是一个表示左子树的列表。这个列表的第三个元素表示在右子树的另一个列表。

【例 17-6】用嵌套列表构建树。

```
myTree = ['1', ['2', ['4',[],[]], ['5',[],[]] ], ['3', ['6',[],[]], [] ] ]
print(myTree)
print('left subtree = ', myTree[1])
print('root = ', myTree[0])
print('right subtree = ', myTree[2])
```

程序运行结果如图 17-12 所示。

```
['1', ['2', ['4', [], []], ['5', [], []]], ['3', ['6', [], []], []]]
left subtree =  ['2', ['4', [], []], ['5', [], []]]
root =  1
right subtree =  ['3', ['6', [], []], []]
```

图 17-12　嵌套列表树

代码实现了用表进行简单的树的构建，我们可以使用索引来访问列表的子树。树的根是 myTree[0]，根的左子树是 myTree[1]，右子树是 myTree[2]。嵌套列表法一个非常好的特性就是子树的结构与树相同，本身是递归的。子树具有根节点和两个表示叶节点的空列表。构建完成后，便可以访问左右子树，该代码的树状结构如图 17-13 所示。

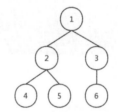

图 17-13　嵌套列表构建树

17.4.2　二叉树

二叉树是一种特殊的树，具有如下特点：每个节点最多有两棵子树，节点的度最大为 2；左子树和右子树是有顺序的，次序不能颠倒；即使某节点只有一个子树，也要区分左右子树。

它的结构如图 17-14 所示。

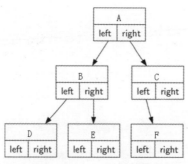

图 17-14　二叉树结构

二叉树分类很多，其中满二叉树和完全二叉树比较特殊，因为这两种二叉树效率很高。

满二叉树：除叶子节点外的所有节点均有两个子节点。节点数达到最大值。所有叶子节点必须在同一层上，如图 17-15 所示。

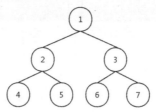

图 17-15　满二叉树

完全二叉树：设二叉树的深度为 k，除第 k 层外，其他各层（1～k-1）的节点数都达到最大个数，第 k 层所有的节点都连续集中在最左边，如图 17-16 所示。结合完全二叉树定义得到其特点如下。

（1）叶子节点只能出现在最下一层（满二叉树继承而来）。

（2）最下层叶子节点一定集中在左部连续位置。

（3）倒数第二层，如有叶子节点，一定出现在右部连续位置。

（4）同样节点树的二叉树，完全二叉树的深度最小。

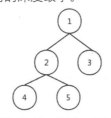

图 17-16　完全二叉树

【例 17-7】构建二叉树。

```python
class BinaryTree:
    def __init__(self,rootObject):
        self.root = rootObject
        self.leftChild = None
        self.rightChild = None
    def insertLeft(self,newNode):
```

```
        if self.leftChild == None:
            self.leftChild = BinaryTree(newNode)
        else:
            print('The leftChild is not None')
    def insertRight(self,newNode):
        if self.rightChild == None:
            self.rightChild = BinaryTree(newNode)
        else:
            print('The rightChild is not None. ')
r = BinaryTree('a')
print('root:',r.root,';','leftChild:',r.leftChild,';','rightChild:',r.rightChild)
r.insertLeft('b')
print('root:',r.root,';','leftChild:',r.leftChild,';','rightChild:',r.rightChild)
print('root:',r.root,';','leftChild.root:',r.leftChild.root,';','rightChild:',r.rightChild)
r.insertLeft('c')
```

程序运行结果如图 17-17 所示。

```
root: a ; leftChild: None ; rightChild: None
root: a ; leftChild: <__main__.BinaryTree object at 0x01251930> ; rightChild: None
root: a ; leftChild.root: b ; rightChild: None
The leftChild is not None.
```

图 17-17　构建二叉树

以上代码构建了一个简单的二叉树类，它的初始化函数，将传入的 rootObject 赋值给 self.root，作为根节点，leftChild 和 rightChild 都为 None。insertLeft 函数为向二叉树的左子树赋值，若 leftChild 为空，则先构造一个 BinaryTree(newNode)，即实例化一个新的二叉树，然后将这棵二叉树赋值给原来的二叉树的 leftChild。此处递归调用了 BinaryTree 这个类。若不为空则输出 "The rightChild is not None."。我们向 r 插入了一个左节点，可以看到左节点其实也是一个 BinaryTree，这是在插入时递归生成的。

17.4.3　二叉树的遍历

树的遍历是树的一种重要的运算。遍历是指对树中所有节点的信息的访问，即依次对树中每个节点访问一次且仅访问一次。树的两种重要的遍历模式是深度优先遍历和广度优先遍历。深度优先一般用递归，广度优先一般用队列。一般情况下能用递归实现的算法大部分也能用堆栈来实现。

（1）深度优先遍历的主要方法有以下三种。

① 先序遍历二叉树，若二叉树为空，则空操作；否则，先访问根节点，然后递归使用先序遍历访问左子树，再递归使用先序遍历访问右子树。

② 中序遍历二叉树，若二叉树为空，则空操作；否则，递归使用中序遍历访问左子树，然后访问根节点，最后再递归使用中序遍历访问右子树。

③ 后序遍历二叉树，若二叉树为空，则空操作；否则，先递归使用后序遍历访问左子树和右子树，最后访问根节点。

（2）广度优先遍历，从树的根节点开始，从上到下从左到右遍历整个树的节点，也被叫作层次遍历。

【例 17-8】实现深度优先遍历二叉树。

```
class BinaryTreeNode():
    def __init__(self, data=None, left=None, right=None):
        self.data = data
        self.left = left
```

```
            self.right = right
class BinaryTree(object):
    def __init__(self, root=None):
        self.root = root
    def is_empty(self):
        return self.root == None
    def preOrder(self,BinaryTreeNode):          #先序遍历
        if BinaryTreeNode == None:
            return
        print(BinaryTreeNode.data)              #先访问根节点,再访问左子树,后访问右子树
        self.preOrder(BinaryTreeNode.left)
        self.preOrder(BinaryTreeNode.right)
    def inOrder(self,BinaryTreeNode):           #中序遍历
        if BinaryTreeNode == None:
            return
        self.inOrder(BinaryTreeNode.left)       #先访问左子树,再访问根节点,后访问右子树
        print(BinaryTreeNode.data)
        self.inOrder(BinaryTreeNode.right)
    def postOrder(self,BinaryTreeNode):         #后序遍历
        if BinaryTreeNode == None:
            return
        self.postOrder(BinaryTreeNode.left)     #先访问左子树,再访问右子树,后访问根节点
        self.postOrder(BinaryTreeNode.right)
        print(BinaryTreeNode.data)
n1 = BinaryTreeNode(data="3")
n2 = BinaryTreeNode(data="4")
n3 = BinaryTreeNode(data="6")
n4 = BinaryTreeNode(data="2", left=n1, right=n2)
n5 = BinaryTreeNode(data="5", left=n3, right=None)
root = BinaryTreeNode(data="1", left=n4, right=n5)
bt = BinaryTree(root)
print('先序遍历')
bt.preOrder(bt.root)
print('中序遍历')
bt.inOrder(bt.root)
print('后序遍历')
bt.postOrder(bt.root)
```

程序运行结果如图 17-18 所示。

创建好二叉树后，定义三个函数模块 preOrder()、inOrder()、
postOrder()，分别为先序遍历、中序遍历、后序遍历。根据三种遍
历方式的特点进行编程。

图 17-18　深度优先遍历二叉树

17.5　图形结构

　　图是一种抽象的数学结构，研究抽象对象之间的一类二元关系及其拓扑性质，数学领域里有一个称为
"图论"的研究分支，专门研究这种拓扑结构。图是一种较线性表和树更为复杂的数据结构，图形结构中节
点之间的关系可以是任意的，图中任意两个数据元素之间都可能相关。在计算机的数据结构领域和课程里，

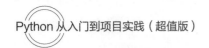

图被看作一类复杂数据结构，可用于表示具有各种复杂联系的数据集合，在实际应用中非常广泛。图的种类有很多种，其中常见的是无向图、有向图、圈、简单图、连通图等。

无向图：图中的每条边都没有方向，边的两个顶点没有次序关系。

有向图：图中的每条边都有方向，边的两个顶点有次序关系。

圈：图中连接同一个顶点的边叫圈。

简单图：没有圈也没有平行边的图。

连通图：在无向图中，图中的任意两个顶点都是连通的图。

17.5.1　图的抽象数据类型

图是一种复杂的数据结构，构造中需要一些有用的操作，其抽象数据类型（Abstract Data Type，ADT）如下。

```
ADT Graph:
Graph(self)                #图的创建
is_empty(self)             #空图判断
vertex_num(self)           #返回顶点个数
edge_num(self)             #返回边的个数
vertices(self)             #获得图中顶点的集合
edges(self)                #获得图中边的集合
add_vertex(self,vertex)    #增加一个顶点
add_edge(self,v1,v2)       #在 v1,v2 间加边
get_edge(self,v1,v2)       #获得边的有关信息
out_edges(self,v)          #获得 v 的所有出边
degree(self,v)             #检查 v 的度
```

17.5.2　图的表示方式

图是二维上的平面结构，并不是我们之前学的那些简单的线性结构，所以它的高效简洁表示存在一定困难，这里介绍两种有效的方式："邻接矩阵"和"邻接表"。

（1）邻接矩阵：用矩阵来表示图，采用矩阵的形式描述图中顶点之间的关系。邻接矩阵是图的最基本表示方法，它是表示图中顶点间邻接关系的方阵，对于 n 个顶点的图 G=（V，E），其邻接矩阵是一个 n×n 方阵，图中每个顶点（按顺序）对应矩阵里的一行一列，矩阵元素表示图中的邻接关系。

Aij = w(i,j)：如果两顶点之间有边，w(i,j)为该边的权。

Aij = 0 或 inf：如果两顶点之间无边。

如图 17-19 所示为无向图与邻接矩阵。如图 17-20 所示为有向图与邻接矩阵。

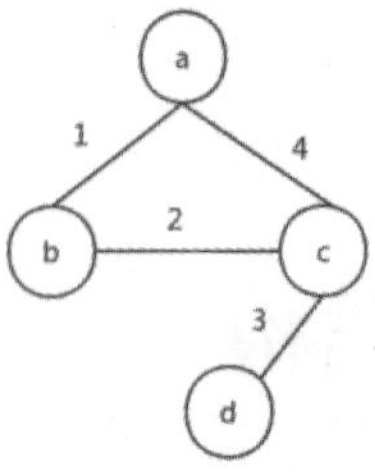

$$A=\begin{bmatrix} 0 & 1 & 4 & 0 \\ 1 & 0 & 2 & 0 \\ 4 & 2 & 0 & 3 \\ 0 & 0 & 3 & 0 \end{bmatrix}$$

图 17-19　无向图与邻接矩阵

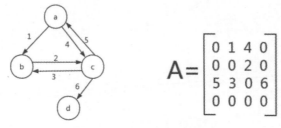

图 17-20　有向图与邻接矩阵

（2）邻接表：是图的一种链式存储表示方法。它是"邻接矩阵"的变化，相对邻接矩阵来说更省空间，但是不方便判断两个顶点之间是否有边。如图 17-21 所示为无向图与邻接表，如图 17-22 所示为有向图与邻接矩表。

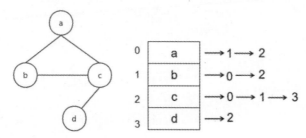

图 17-21　无向图与邻接表

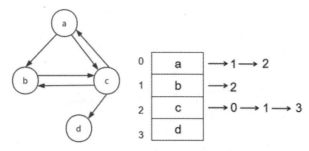

图 17-22　有向图与邻接矩表

17.5.3　用字典构建图与搜索图

之前学过列表是数据结构中非常重要的内容，在线性结构中，用列表来创建表。字典也是 Python 中一种灵活的数据结构。二者的主要差别在于：列表是有序的对象集合，字典是无序的对象集合；且列表是按照偏移存取数据的，而字典是按照键存取数据的。在 Python 中，图主要是通过列表和词典来构造的。如图 17-14 所示的有向图结构，可用以下字典和列表的结合进行构造。

```
graph ={ 'A':['B','E','D'],
    'B':['E'],
      'C':['B'],
    'D':['E','F'],
    'E':['A'],
    'F':['D'] }
```

【例 17-9】搜索图操作。

```
def find_path(graph, start, end, path=[]):                #寻找一条路径
```

```
        path = path + [start]
        if start == end:
            return path
        if not start in graph.keys():
            return None
        for node in graph[start]:
            if node not in path:
                newpath = find_path(graph, node, end, path)
                if newpath:
                    return newpath
        return path
    def find_all_paths(graph, start, end, path=[]):        #查找所有的路径
        path = path + [start]
        if start == end:
            return [path]
        if not start in graph.keys():
            return []
        paths = []
        for node in graph[start]:
            if node not in path:
                newpaths = find_all_paths(graph, node, end, path)
                for newpath in newpaths:
                    paths.append(newpath)
        return paths
    def find_shortest_path(graph, start, end, path=[]):      #查找最短路径
        path = path + [start]
        if start == end:
            return path
        if not start in graph.keys():
            return None
        shortest = None
        for node in graph[start]:
            if node not in path:
                newpath = find_shortest_path(graph, node, end, path)
                if newpath:
                    if not shortest or len(newpath) < len(shortest):
                        shortest = newpath
        return shortest
    if __name__ == '__main__':
        graph = { 'A':['B', 'E', 'D'],
                'B':['E'],
                'C':['B'],
                'D':['E','F'],
                'E':['A'],
                'F':['D']}
        print(find_path(graph, 'A', 'E'))
        print(find_all_paths(graph, 'A', 'E'))
    print(find_shortest_path(graph, 'A', 'E'))
```

程序运行结果如图 17-23 所示。

```
['A', 'B', 'E']
[['A', 'B', 'E'], ['A', 'E'], ['A', 'D', 'E']]
['A', 'E']
```

图 17-23　搜索图

此代码对图 17-14 有向图进行了搜索的操作。当定义好图结构后，通过 find_path()、find_all_paths()、find_shortest_path() 三个函数分别实现寻找节点 "A" 与 "E" 之间的某一条路径、所有路径以及最短路径。

17.5.4　图的简单应用：最小生成树

假定 G 是一个网络，其中的边带有给定的权值，可以做出它的生成树。现将 G 的一棵生成树中各条边的权值之和称为该生成树的权。网络 G 可能存在许多棵不同的生成树，不同生成树的权值也有可能不同，其中权值最小的生成树称为 G 的最小生成树。Kruskal 算法是一种构造最小生成树的简单算法，其思想也比较简单。其算法思想如下。

（1）设 G =（V，E）是一个网络，其中，|V| = n。初始时取包含 G 中所有 n 个顶点但没有任何边的孤立点子图 T=(V,{})，T 里的每一个顶点自成一个连通分量。

（2）将边集 E 中的边按权值递增的顺序排列，在构造中的每一步顺序地检查这个边序列，找到下一条（最短的）两端点位于 T 的两个不同连通分量的边 e，把 e 加入 T。这导致两个连通分量由于边 e 的连接而变成了一个连通分量。

（3）每次操作使 T 减少一个连通分量，不断重复这个动作加入新边，直到 T 中所有顶点都包含在一个连通分量里为止，这个连通分量就是 G 的一棵最小生成树。

【例 17-10】Kruskal 算法最小生成树。

```
def Kruskal(graph):
    vnum = graph.vertex_num()
    reps = [i for i in range(vnum)]
    mst,edges = [],[]
    for vi in range(vnum):              #所有边入表
        for v,w in graph.out_edges(vi):
            edges.append((w,vi,v))
    edges.sort()                        #按权值排序
    for w,vi,vj in edges:
        if reps[vi] != reps[vj]:
            mst.append(((vi,vj),w))
            if len(mst) == vnum - 1:
                break
            rep,orep = rep[vi],reps[vj]
            for i in range(vnum):       #合并连通分量
                if reps[i] == orep:
                    reps[i] = rep
    return mst
```

该代码为算法实现，完整案例将在课后练习题中出现。

17.6　查找与排序

在很多程序中都会用到搜索与排序对数据进行操作。常用的查找操作有：顺序查找、二分查找、哈希表查找和二叉树查找。常用的排序操作有：冒泡排序、插入排序、归并排序、快速排序、基数排序、堆排序、直接选择排序等。本节重点讲解顺序查找、二叉查找、冒泡排序以及二叉树排序。

17.6.1　顺序查找有序列表

当数据项存储在诸如列表的集合中时，我们说它们具有线性或顺序关系。每个数据项都存储在相对于其他数据项的位置。在 Python 列表中，这些相对位置是单个项的索引值。由于这些索引值是有序的，可以按顺序访问它们。

顺序查找，即从列表中的第一个项目开始，按照基本的顺序排序，简单地从一个项移动到另一个项，直到找到正在寻找的项或遍历完整个列表。如果遍历完整个列表，则说明正在搜索的项不存在。

【例 17-11】顺序查找有序列表。

```
def sequentialSearch(alist, item):
    pos = 0
    found = False
    while pos < len(alist) and not found:
        if alist[pos] == item:
            found = True
        else:
            pos = pos + 1
    return found
testlist = [1, 2, 32, 8, 17, 17, 42, 13, 0]
print(sequentialSearch(testlist, 3))
print(sequentialSearch(testlist, 13))
```

程序运行结果如图 17-24 所示。

图 17-24　顺序查找有序列表

此代码先构建有序表，然后用顺序查找的方式，查找有序表中的数据。若该列表中有查找的数据，则输出 True，反之则输出 False。

17.6.2　二分查找有序列表

二分查找的算法核心是：在查找的一组有序数组中不断取中间元素与查找值进行比较，以二分之一的倍率进行表范围的缩小，若中间元素正好是查找元素，则查找结束。

【例 17-12】二分查找有序列表。

```
def binary_search(list, key):
    low = 0
    high = len(list) - 1
    time = 0
    while low < high:
        time += 1
        mid = int((low + high) / 2)
        if key < list[mid]:
            high = mid - 1
        elif key > list[mid]:
```

```
            low = mid + 1
        else:
            #打印折半的次数
            print("搜索次数: %s" % time)
            return mid
    print("搜索次数: %s" % time)
    return False
if __name__ == '__main__':
    LIST = [1, 3, 5, 7, 9, 11, 13, 15, 17,21]
    search_result = binary_search(LIST, 11)
    print(search_result)
```

程序运行结果如图 17-25 所示。

搜索次数: 3
5

图 17-25　二分查找有序列表

此代码先构建有序表 LIST，然后用二分查找的方式，查找有序表中的数据 "11" 的位置。输出结果显示进行二分查找操作的次数，以及 "11" 的位置。

17.6.3　冒泡排序

冒泡排序是一种简单的排序算法。它一次比较两个相邻的元素，比较之后将小的元素放在前面，将较大的元素放在后面，再继续进行比较。针对所有元素重复进行操作直到没有任何数字可以进行比较。最终实现将所有数据从小到大排序。

冒泡排序的基本思想（运作原理）如下。

（1）比较相邻的元素，如果第一个比第二个大（升序），就交换它们两个。

（2）对每一对相邻的元素做同样的工作，从开始第一对到结尾最后一对，这一步做完后，最后的元素会是最大的数。

（3）针对所有的元素重复以上的步骤，除了最后一个（倒数第二个与其已做比较）。

（4）持续每次对越来越少的元素重复上面的步骤，直到没有任何一对数字需要比较。

【例 17-13】冒泡排序。

```
def bubble_sort_1(list):
    for j in range(len(list)-1,0,-1):
        for i in range(j):
            if list[i]>list[i+1]:
                list[i],list[i+1]=list[i+1],list[i]
    return list
list = [58,74,61,64,4,2,25]
print(bubble_sort_1(list))
```

程序运行结果如图 17-26 所示。

[2,4,25,58,61,64,74]

图 17-26　冒泡排序

17.6.4　二叉树排序

二叉排序树的过程主要是二叉树的建立和遍历的过程，通过采取二叉链表作为二叉排序树的存储结构，保持了链接结构在插入和删除操作上的优点。二叉树排序具有下列性质：若它的左子树不为空，则左子树上所有节点的值均小于它的根结构的值；若它的右子树不为空，则右子树上所有节点的值均大于它的根结构的值；它的左、右子树也分别为二叉排序树。一个无序的数列，可以通过二叉树中的排序树变成一个有序数列。当创建好树后，便开始对树进行遍历，对数据从小到大排序。

二叉排序树进行查找操作时，对比节点的值和关键字，相等则表明找到了；小了则往节点的左子树去找，大了则往右子树去找，这样递归下去，最后返回布尔值或找到的节点。

【例 17-14】 二叉排序树。

```python
class mybTree:
    class node:
        def __init__(self):
            self.data = None
            self.left = None
            self.right = None
        def add(self,n):
            if self.data > n.data:
                if self.left is None:
                    self.left = n
                else:
                    self.left.add(n)
            if self.data < n.data:
                if self.right is None:
                    self.right = n
                else:
                    self.right.add(n)
        def zhong(self):
            if self.left is not None:
                self.left.zhong()
            print(self.data)
            if self.right is not None:
                self.right.zhong()
    def __init__(self):
        self.root = None
    def add(self,data):
        n = self.node()
        n.data = data
        if self.root is None:
            self.root = n
        else:
            self.root.add(n)
    def zhong(self):
        self.root.zhong()
t = mybTree()
t.add(3)
t.add(13)
t.add(16)
t.add(9)
t.add(2)
t.zhong()
```

程序运行结果如图 17-27 所示。

图 17-27 二叉树排序

17.7 就业面试技巧与解析

面试官：什么是数据结构？为什么我们需要数据结构？常用的数据结构有哪些？

应聘者：数据结构是计算机存储、组织数据的方式。对于特定的数据结构（例如数组），有些操作效率很高（读某个数组元素），有些操作效率很低（删除某个数组元素）。程序员的目标是为当前的问题选择最优的数据结构。

数据是程序的核心要素，因此数据结构的价值不言而喻。无论在写什么程序，都需要与数据打交道，例如员工工资、股票价格、杂货清单或者电话本。在不同场景下，数据需要以特定的方式存储，我们有不同的数据结构可以满足我们的需求。

常用的数据结构有：数组、栈、队列、链表、图、树、前缀树、哈希表。

第18章

数据库编程

学习指引

本章针对 Python 中常用数据库，以及数据库的操作进行讲解。

重点导读

- 了解 Python 数据库应用程序接口。
- 掌握 Python 操作 SQLite3 数据库的方法。
- 掌握 Python 操作 MariaDB 数据库的方法。
- 掌握 Python 操作 MongoDB 数据库的方法。

18.1 Python 数据库应用程序接口

在没有 Python DB-API 之前，各数据库之间的应用接口非常混乱，实现各不相同。如果项目需要更换数据库时，则需要做大量的修改，非常不便。Python DB-API 的出现就是为了解决这样的问题。

18.1.1 数据库应用程序接口概述

Python 所有的数据库接口程序都在一定程度上遵守 Python DB-API 规范。DB-API 是一个规范，它定义了一系列必需的对象和数据库存取方式，以便为各种各样的底层数据库系统和多种多样的数据库接口程序提供一致的访问接口。由于 DB-API 为不同的数据库提供了一致的访问接口，在不同的数据库之间移植代码成为一件轻松的事情。

1. 模块属性

DB-API 规范规定数据库接口模块必须实现一些全局的属性以保证兼容性。

1）apilevel

DB-API 模块兼容的 DB-API 版本号。apilevel 这个字符串（不是浮点数）表示这个 DB-API 模块所兼容的 DB-API 最高版本号，如 "1.0" "2.0"，如果未定义，则默认是 "1.0"。

2）threadsafety

threadsafety 表示线程安全级别，是一个整数，取值范围如下。

0：不支持线程安全，多个线程不能共享此模块。

1：初级线程安全支持，线程可以共享模块，但不能共享连接。

2：中级线程安全支持，线程可以共享模块和连接，但不能共享游标。

3：完全线程安全支持，线程可以共享模块，连接及游标。

如果一个资源被共享，就必须使用自旋锁或者是信号量这样的同步原语对其进行原子目标锁定。对这个目标来说，磁盘文件和全局变量都不可靠，并且有可能妨碍。

3）paramstyle

paramstyle 表示该模块支持的 SQL 语句参数风格。DB-API 支持多种方式的 SQL 参数风格，这个参数是一个字符串，表明 SQL 语句中字符串替代的方式。

4）connect

connect 方法生成一个 connect 对象，通过这个对象来访问数据库。符合标准的模块都会实现 connect 方法。connect()函数的参数如下所示。

```
user              Username
password          Password
host              Hostname
database          Database name
dsn               Data source name
```

数据库连接参数可以以一个 DSN 字符串的形式提供，也可以以多个位置相关参数的形式提供（如果你明确知道参数的顺序的话），也可以以关键字参数的形式提供。

下面给出一段代码：

```
connect(dsn='myhost:MYDB',user='guido',password='234$')
```

不同的数据库接口程序可能有些差异，并非都是严格按照规范实现，例如，MySQLdb 则使用 db 参数而不是规范推荐的 database 参数来表示要访问的数据库，具体代码如下。

```
MySQLdb.connect(host='dbserv', db='inv', user='smith')
PgSQL.connect(database='sales')
psycopg.connect(database='t1', user='pgsql')
gadfly.dbapi20.connect('csrDB', '/usr/local/database')
sqlite3.connect('marketing/test')
```

2. 异常

兼容标准的模块也应该提供以下这些异常类。

```
Warning           警告异常基类
Error             错误异常基类
InterfaceError    数据库接口错误
DatabaseError     数据库错误
DataError         处理数据时出错
OperationalError  数据库执行命令时出错
IntegrityError    数据完整性错误
InternalError     数据库内部出错
ProgrammingError  SQL 执行失败
NotSupportedError 试图执行数据库不支持的特性
```

3. 连接对象

要与数据库进行通信，必须先和数据库建立连接。连接对象处理命令如何送往服务器，以及如何从服务器接收数据等基础功能。连接成功（或一个连接池）后就能够向数据库服务器发送请求，得到响应。

4. 方法

连接对象没有必须定义的数据属性，但至少应该实现以下这些方法。

```
close()              关闭数据库连接
commit()             提交当前事务
rollback()           取消当前事务
cursor()             使用这个连接创建并返回一个游标或类游标的对象
errorhandler (cxn, cur, errcls, errval)
```

一旦执行了 close()方法，再试图使用连接对象的方法将会导致异常。

对不支持事务的数据库或者虽然支持事务，但设置了自动提交（auto-commit）的数据库系统来说，commit()方法什么也不做。如果确实需要，可以实现一个自定义方法来关闭自动提交行为。由于 DB-API 要求必须实现此方法，对那些没有事务概念的数据库来说，这个方法只需要有一条 pass 语句就可以了。

类似 commit()、rollback()方法仅对支持事务的数据库有意义。执行完 rollback()，数据库将恢复到提交事务前的状态，根据 PEP249，在提交 commit()之前关闭数据库连接将会自动调用 rollback()方法。

对不支持游标的数据库来说，cursor()方法仍然会返回一个尽量模仿游标对象的对象。这些是最低要求。特定数据库接口程序的开发者可以任意为他们的接口程序添加额外的属性。

18.1.2 数据库游标的使用

一个游标允许用户执行数据库命令和得到查询结果。一个 Python DB-API 游标对象总是扮演游标的角色，无论数据库是否真正支持游标。也就是说，数据库接口程序必须实现游标对象。创建游标对象之后，就可以执行查询或其他命令（或者多个查询和多个命令），也可以从结果集中取出一条或多条记录。

游标对象拥有的属性和方法。

arraysize：使用 fechmany()方法一次取出多少条记录，默认值为 1。

connectionn：创建此游标对象的连接（可选）。

description：返回游标活动状态（一个包含七个元素的元组 name、type_code、display_size、internal_size、precision、scale、null_ok）；只有 name 和 type_code 是必须提供的。

Lastrowid：返回最后更新行的 id（可选），如果数据库不支持行 id，默认返回 None。

Rowcount：最后一次 execute()操作返回或影响的行数。

callproc(func[,args])：调用一个存储过程。

close()：关闭游标对象。

execute(op[,args])：执行一个数据库查询或命令。

executemany(op,args)：类似 execute()和 map()的结合，为给定的每一个参数准备并执行一个数据库查询/命令。

fetchone()：得到结果集的下一行。

fetchmany([size=cursor.arraysize])：得到结果集的下面 size 行。

fetchall()：返回结果集中剩下的所有行。

__iter__()：创建一个迭代对象（可选；参阅 next()）。

Messages：游标执行后数据库返回的信息列表（元组集合）（可选）。

next()：使用迭代对象得到结果集的下一行（可选；类似 fetchone()，参阅__iter__()）。

nextset()：移到下一个结果集（如果支持的话）。

rownumber：当前结果集中游标的索引（以行为单位，从 0 开始）（可选）。

setinput-sizes(sizes)：设置输入最大值（必须有，但具体实现是可选的）。

setoutput-size(size[，col])：设置数列的缓冲区大写（必须有，但具体实现是可选的）。

　　游标对象最重要的是 execute() 和 fetch() 方法，所有对数据库服务器的请求都由它们来完成。对 fetchmany() 方法来说，设置一个合理的 arraysize 属性会很有用。当然，在不需要时，最好关掉游标对象。如果数据库支持存储过程，则可以使用 callproc() 方法。

　　通常两个不同系统的接口要求的参数类型是不一致的，例如 Python 调用 C 函数时 Python 对象和 C 类型之间就需要数据格式的转换，反之亦然。类似地，在 Python 对象和原生数据库对象之间也是如此。对于 Python DB-API 的开发者来说，传递给数据库的参数是字符串形式的，但数据库会根据需要将它转换为多种不同的形式，以确保每次查询都能被正确执行。

　　例如，一个 Python 字符串可能被转换为一个 VARCHAR，或一个 TEXT，或一个 BLOB，或一个原生 BINARY 对象，或一个 DATE 或 TIME 对象。一个字符串到底会被转换成什么类型?必须小心地尽可能以数据库期望的数据类型来提供输入，因此另一个 DB-API 的需求是创建一个构造器以生成特殊的对象，以便能够方便地将 Python 对象转换为合适的数据库对象。以下所列内容描述了可以用于此目的的类。SQL 的 NULL 值被映射为 Pyhton 的 NULL 对象，也就是 None。

数据库的常用类型如下。

```
Date(yr, mo, dy)：日期值对象。
Time(hr,min,sec)：时间值对象。
Timestamp(yr,mo,dy, hr, min,sec)：时间戳对象。
DateFromTicks(ticks)：通过自 1970-01-01 00:00:01 utc 以来的 ticks 秒数得到日期。
TimeFromTicks(ticks)：通过自 1970-01-01 00:00:01 utc 以来的 ticks 秒数得到时间值对象。
TimestampFromTicks(ticks)：通过自 1970-01-01 00:00:01 utc 以来的 ticks 秒数得到时间戳对象。
Binary(string)：对应二进制长字符串值的对象。
STRING：描述字符串列的对象，例如 VARCHAR。
BINARY：描述二进制长列的对象 例如 RAW, BLOB。
NUMBER：描述数字列的对象。
DATETIME：描述日期时间列的对象。
ROWID：描述"row ID"列的对象。
```

DB-API 操作数据库的流程如图 18-1 所示。

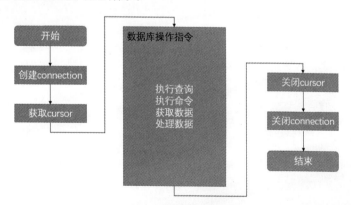

图 18-1　DB-API 操作流程

下面给出一段数据库操作实例，具体代码如下。

```
import MySQLdb
#连接数据库
db_conn = MySQLdb.connect(host = 'localhost', user= 'MySql-admin', passwd = '123456')
#如果已经创建了数据库,可以直接用如下方式连接数据库
#db_conn = MySQLdb.connect(host = "localhost", user = "root",passwd = "123456", db = "testdb")
"""connect 方法常用参数:
    host: 数据库主机名,默认是用本地主机
    user: 数据库登录名,默认是当前用户
    passwd: 数据库登录的秘码,默认为空
    db: 要使用的数据库名,没有默认值
    port: MySQL 服务使用的 TCP 端口,默认是 3306
    charset: 数据库编码
"""
#获取操作游标
cursor = db_conn.cursor()

#使用 execute 方法执行 SQL 语句
cursor.execute("SELECT VERSION()")

#使用 fetchone 方法获取一条数据库
dbversion = cursor.fetchone()
print("Database version : %s " % dbversion)
#创建数据库
cursor.execute("create database if not exists dbtest")
#选择要操作的数据库
db_conn.select_db('dbtest');
#创建数据表 SQL 语句
sql = """CREATE TABLE if not exists employee(
        first_name CHAR(20) NOT NULL,
        last_name CHAR(20),
        age INT,
        sex CHAR(1),
        income FLOAT )"""
try:
    cursor.execute(sql)
except Exception as e:
    #Exception 是所有异常的基类,这里表示捕获所有的异常
    print("Error to create table:", e)
#插入数据
sql = """INSERT INTO employee(first_name,
        last_name, age, sex, income)
        VALUES ('%s', '%s', %d, '%s', %d)"""
#Sex: Male 男, Female 女
employees = (
        {"first_name": "Mac", "last_name": "Mohan", "age": 20, "sex": "M", "income": 2000},
        {"first_name": "Wei", "last_name": "Zhu", "age": 24, "sex": "M", "income": 7500},
        {"first_name": "Huoty", "last_name": "Kong", "age": 24, "sex": "M", "income": 8000},
        {"first_name": "Esenich", "last_name": "Lu", "age": 22, "sex": "F", "income": 3500},
        {"first_name": "Xmin", "last_name": "Yun", "age": 31, "sex": "F", "income": 9500},
        {"first_name": "Yxia", "last_name": "Fun", "age": 23, "sex": "M", "income": 3500}
        )
try:
    #清空表中数据
    cursor.execute("delete from employee")
    #执行 sql 插入语句
```

```
        for employee in employees:
            cursor.execute(sql % (employee["first_name"], \
                employee["last_name"], \
                employee["age"], \
                employee["sex"], \
                employee["income"]))
    #提交到数据库执行
    db_conn.commit()
    #对于支持事务的数据库，在 Python 数据库编程中，
    #当游标建立之时，就自动开始了一个隐形的数据库事务。
    #用 commit 方法能够提交事物
except Exception as e:
    #Rollback in case there is any error
    print("Error to insert data:", e)
    #b_conn.rollback()
print("Insert rowcount:", cursor.rowcount)
#rowcount 是一个只读属性，并返回执行 execute()方法后影响的行数
#数据库查询操作：
#    fetchone()         得到结果集的下一行
#    fetchmany([size=cursor.arraysize])  得到结果集的下几行
#    fetchall()         返回结果集中剩下的所有行
try:
    #执行 SQL
    cursor.execute("select * from employee")
    #获取一行记录
    rs = cursor.fetchone()
    print(rs)
    #获取余下记录中的 2 行记录
    rs = cursor.fetchmany(2)
    print(rs)
    #获取剩下的所有记录
    ars = cursor.fetchall()
    for rs in ars:
        print(rs)
    #可以用 fetchall 获得所有记录,然后再遍历
except Exception as e:
    print("Error to select:", e)
#数据库更新操作
sql = "UPDATE employee SET age = age + 1 WHERE sex = '%c'" % ('M')
try:
    #执行 SQL 语句
    cursor.execute(sql)
    #提交到数据库执行
    db_conn.commit()
    cursor.execute("select * from employee")
    ars = cursor.fetchall()
    print("After update: ------")
    for rs in ars:
        print(rs)
except Exception as e:
    #发生错误时回滚
    print("Error to update:", e)
    db.rollback()
#关闭数据库连接
db_conn.close()
```

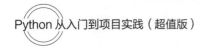

18.2　Python 操作 SQLite3 数据库

SQLite 是一个轻量级数据库，Python 同样支持操作这些小型数据库，SQLite 数据库多数用于小型项目中。

18.2.1　SQLite3 数据库简介

SQLite 是一款轻型的数据库，是遵守 ACID 的关系型数据库管理系统，它包含在一个相对小的 C 库中，是 D.RichardHipp 建立的公有领域项目。它的设计目标是嵌入式的，而且目前已经在很多嵌入式产品中使用了它。它占用资源非常少，在嵌入式设备中，可能只需要几百千字节的内存就够了。

SQLite 有许多内置函数用于处理字符串或数字数据。SQLite 内置函数对大小写不敏感，可以使用这些函数的小写形式或大写形式或混合形式，常用函数如下。

- SQLite COUNT：用来计算一个数据库表中的行数。
- SQLite MAX：允许选择某列的最大值。
- SQLite MIN：允许选择某列的最小值。
- SQLite AVG：计算某列的平均值。
- SQLite SUM：允许为一个数值列计算总和。
- SQLite RANDOM：返回一个介于-9 223 372 036 854 775 808 和+9 223 372 036 854 775 807 的伪随机整数。
- SQLite ABS：返回数值参数的绝对值。
- SQLite UPPER：把字符串转换为大写字母。
- SQLite LOWER：把字符串转换为小写字母。
- SQLite LENGTH：返回字符串的长度。
- SQLite sqlite_version：返回 SQLite 库的版本。

在确定是否在应用程序中使用 SQLite 之前，应该考虑以下几种情况。

第一，有没有可用于 SQLite 的网络服务器。从应用程序运行位于其他计算机上的 SQLite 的唯一方法是从网络共享运行。这样会导致一些问题，像 UNIX®和 Windows®网络共享都存在文件锁定问题。还有由于与访问网络共享相关的延迟而带来的性能下降问题。

第二，SQLite 只提供数据库级的锁定。虽然有一些增加并发的技巧，但是，如果应用程序需要的是表级别或行级别的锁定，那么 DBM 能够更好地满足需求。

第三，SQLite 可以支持每天大约 10 000 次点击率的 Web 站点——并且，在某些情况下，可以处理 10 倍于此的通信量。对于具有高通信量或需要支持庞大浏览人数的 Web 站点来说，应该考虑使用 DBMS。

第四，SQLite 没有用户账户概念，而是根据文件系统确定所有数据库的权限。这会使强制执行存储配额发生困难，强制执行用户许可变得不可能。

第五，SQLite 支持多数（但不是全部）的 SQL92 标准。不受支持的一些功能包括完全触发器支持和可写视图。

18.2.2　SQLite3 数据库操作实例

由于 Python 标准中已经自带了 SQLite3 的库，直接导入就可以使用。要使用数据库，首先需要创建一个数据库,并连接它。

下面给出一个操作 Sqlite 数据库实例,具体代码如下。

(1)创建数据库的连接对象和操作的游标。

```
import sqlite3
#创建一个连接对象,连接到本地数据库
conn=sqlite3.connect("D:/SQLLiteStudio/DataBaseFile/mysqlite3s.db")
#创建一个游标对象,调用其 execute()方法来执行 SQL 语句
c=conn.cursor()
```

(2)在数据库中创建一张表。

```
c.execute('''CREATE TABLE COMPANY
           (ID INT     NOT NULL,
           NAME TEXT   NOT NULL,
           AGE INT     NOT NULL,
           ADDRESS CHAR(50),
           SALARY  REAL);'''
           )
print("表-COMPANY 创建成功")
```

(3)向表中插入数据。

```
#向表中插入一条数据
sql_one="INSERT INTO COMPANY VALUES(999,'项目',999,'名称',999888)"
#向表中插入多条数据
sql_many="INSERT INTO COMPANY VALUES(?,?,?,?,?)"
#声明要插入的数据
datas=[(1,'项目1',999,'名称1',88888),
       (2,'项目2',888,'名称2',66666),
       (3,'项目3',666,'名称3',77777),
       (4,'项目4',555,'名称4',66666),
       (5,'项目5',777,'名称5',999999),
       ]
#执行插入 SQL 指令
c.execute(sql_one)
#插入多条数据
c.executemany(sql_many,datas)
```

(4)查询表中数据。

```
#按照工资排行
sql_salary="SELECT *FROM COMPANY ORDER BY SALARY"
for row in c.execute(sql_salary):
    print(row)
#分别打印出表中的数据
sql_select="SELECT ID,NAME,AGE,ADDRESS,SALARY FROM COMPANY"
for row in c.execute(sql_select):
    print("ID=",row[0])
    print("NAME=",row[1])
    print("AGE=",row[2])
    print("ADDRESS=",row[3])
    print("SALARY=",row[4])
    print("------分割线------")
#筛选出数据库中所有 SALARYD>66666 的数据
sql_limit_salary="SELECT * FROM COMPANY WHERE SALARY>66666"
for row in c.execute(sql_limit_salary):
    print(row)
```

（5）更新表中的数据。

```
#筛选出工资 SALARY>88888 的数据
sql_update="UPDATE COMPANY SET NAME='改进版灭霸' WHERE SALARY>88888"
for row in c.execute(sql_update):
    print(row)
```

（6）提交数据保存，并关闭数据库连接。

```
conn.comit()
conn.close()
```

18.3　Python 操作 MariaDB 数据库

MariaDB 数据库管理系统是 MySQL 的一个分支，主要由开源社区在维护，采用 GPL 授权许可 MariaDB 的目的是完全兼容 MySQL，包括 API 和命令行，使之能轻松成为 MySQL 的代替品。

18.3.1　MariaDB 数据库简介

MariaDB 虽然被视为 MySQL 数据库的替代品，但它在扩展功能、存储引擎以及一些新的功能改进方面都强过 MySQL。

而且从 MySQL 迁移到 MariaDB 也是非常简单的。

（1）数据和表定义文件（.frm）是二进制兼容的。

（2）所有客户端 API、协议和结构都是完全一致的。

（3）所有文件名、二进制、路径、端口等都是一致的。

（4）所有的 MySQL 连接器，例如 PHP、Perl、Python、Java、.NET、MyODBC、Ruby 以及 MySQL Connector C 等在 MariaDB 中都保持不变。

（5）mysql-client 包在 MariaDB 服务器中也能够正常运行。

（6）共享的客户端库与 MySQL 也是二进制兼容的。

也就是说，在大多数情况下，完全可以卸载 MySQL 然后安装 MariaDB，然后就可以像之前一样正常运行。

出于实用的目的，MariaDB 是同一 MySQL 版本的二进制替代品（例如，MySQL 5.1→MariaDB 5.1、MariaDB5.2 和 MariaDB 5.3 是兼容的。MySQL 5.5 将会和 MariaDB 5.5 保持兼容），这意味着：

（1）数据和表定义文件（.frm）是二进制兼容的。

（2）所有客户端 APIs、协议和结构都是相同的。

（3）所有的文件名、二进制文件的路径、端口、套接字等应该是相同的。

（4）所有 MySQL 的连接器（PHP、Python、Perl、Java、.NET、MyODBC、Ruby、MySQL、C 连接器等）和 MariaDB 的不变。

mysql-client 包还可以与 MariaDB 服务器一起工作。

这意味着在大多数情况下，可以卸载 MySQL 和安装 MariaDB，依然工作得很好（不需要转换成任何数据文件，如果使用同一主版本，例如 5.1）。

MariaDB 有许多的新选项、扩展，存储引擎和 Bug 修复，而 MySQL 是没有的。可以在 MariaDB 分发版本差异页面找到不同版本的功能特性集。

18.3.2 建立 MariaDB 数据库操作环境

本节将带领读者在 Windows 环境中安装 MariaDB 数据库，并配置数据库环境。

1. 下载 MariaDB 数据库

步骤 1：打开官方网站 https://mariadb.org/，如图 18-2 所示。

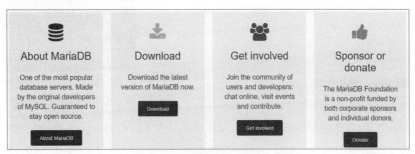

图 18-2　MariaDB 官网首页

步骤 2：单击 Download 按钮，跳转至下载页面，如图 18-3 所示。

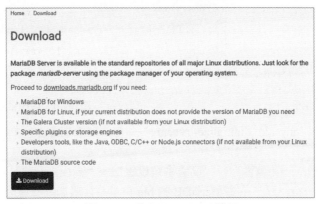

图 18-3　单击 Download 按钮

步骤 3：单击该页面的 Download 按钮，跳转至版本选择页面，如图 18-4 所示。

图 18-4　版本下载

步骤 4：单击 Download 10.3.12 Stable Now 按钮，跳转至该版本系统选择页面，如图 18-5 所示。
步骤 5：选择相应系统进行下载，这里选择下载 mariadb-103.12-win64.zip 这个文件。

2. 安装 MariaDB 数据库

步骤 1：将下载好的数据库文件进行解压，放到一个可以找到的目录即可，目录位置不限。
步骤 2：右击操作系统的左下角"开始"菜单，如图 18-6 所示。

mariadb-10.3.12-winx64-debugsymbols.zip	ZIP file	Windows x86_64	148.3 MB	Checksum Instructions
mariadb-10.3.12-winx64.zip	ZIP file	Windows x86_64	70.1 MB	Checksum Instructions
mariadb-10.3.12-winx64.msi	MSI Package	Windows x86_64	54.9 MB	Checksum Instructions
mariadb-10.3.12-win32.zip	ZIP file	Windows x86	63.0 MB	Checksum Instructions
mariadb-10.3.12-win32-debugsymbols.zip	ZIP file	Windows x86	116.3 MB	Checksum Instructions
mariadb-10.3.12-win32.msi	MSI Package	Windows x86	49.4 MB	Checksum Instructions

图 18-5　选择版本

图 18-6　"开始"菜单

步骤 3：选择菜单中的"运行"命令，在打开的"运行"对话框中输入"cmd"命令，如图 18-7 所示。

步骤 4：使用"cd"命令将目录切换至数据库解压文件中的 bin 目录，运行命令如图 18-8 所示。

图 18-7　cmd 运行

图 18-8　切换目录

步骤 5：在命令行输入"mysqld --initialize-insecure"命令，对数据库进行初始化，运行命令如图 18-9 所示。

步骤 6：右击"计算机"→"属性"→"高级系统设置"→"高级"→"环境变量"→在第二个内容框中找到变量名为 Path 的一行，双击→将 MariaDB 的 bin 目录路径追加到变值值中，如图 18-10 所示。

图 18-9　数据库初始化

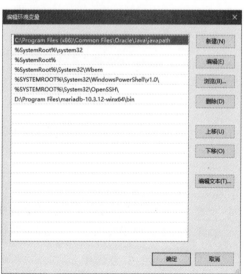

图 18-10　添加环境变量

步骤 7：在命令行输入""D:\Program Files\mariadb-10.3.12- winx64\bin\mysqld"–install"命令，制作一个 MariaDB 的系统服务，执行命令如图 18-11 所示。

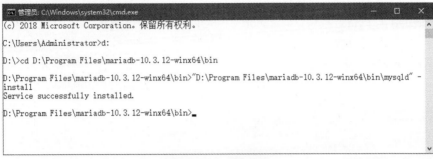

图 18-11　安装服务

步骤 8：在命令行输入"net start mysql"命令，如图 18-12 所示。

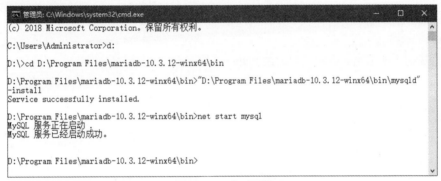

图 18-12　启动服务

步骤 9：在命令行输入"mysql -u root -p"命令可以登录进服务器，如图 18-13 所示。

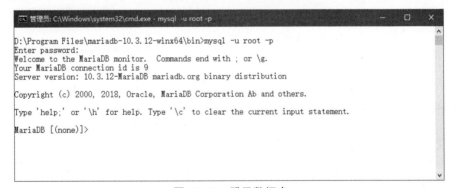

图 18-13　登录数据库

18.3.3　MariaDB 数据库操作实例

配置完 MariaDB 数据库，可以通过 Python 来操作它，首先需要安装 Python 提供的模块。

1. 安装 MariaDB 的 Python 模块

在 Linux 系统中使用下面命令：

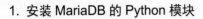

```
sudo apt-get install python-pip python-dev libmysqlclient-dev
```

在 Window 系统中使用下面命令：

```
pip install MySQL-python
```

需要导入 MariaDB 的 Python 模块，即 import MySQLdb 才能使用 Python 对 MariaDB 进行数据的增删改查等操作。

2. Python 操作 MariaDB 的入门例子

```
import MySQLdb
#连接数据库
conn = MySQLdb.connect(host='127.0.0.1'          #本机 IP 地址
                  ,user='your username'          #数据库用户名
                  ,passwd='your password'        #数据库密码
                  ,db='information_schema')      #数据库中表的名称
cursor = conn.cursor()                           #返回一个游标对象
cursor.execute("SELECT VERSION()")               #执行 SQL 语句
data = cursor.fetchone()                         #通过游标获取数据
print("Database version : %s " % data)           #打印数据
conn.close()                                     #关闭数据库连接
```

输出 MariaDB 的版本信息，表示成功通过 Python 对 MariaDB 进行查询操作。

3. 创建 Table

```
import MySQLdb
conn = MySQLdb.connect(host='127.0.0.1'
                  ,user='your username'
                  ,passwd='your password'
                  ,db='TEST')
cursor = conn.cursor()
cursor.execute("DROP TABLE IF EXISTS MENU")
sql = """CREATE TABLE MENU (ORDERS  CHAR(20) NOT NULL)"""
cursor.execute(sql)
conn.close()
```

4. 插入记录

```
import MySQLdb
conn = MySQLdb.connect(host='127.0.0.1'
                  ,user='your username'
                  ,passwd='your password'
                  ,db='TEST')
cursor = conn.cursor()
sql = """INSERT INTO MENU(ORDERS) VALUES ('O1')"""
try:
    cursor.execute(sql)
    conn.commit()
except:
    conn.rollback()
conn.close()
```

5. 查看数据

```
import MySQLdb
conn = MySQLdb.connect(host='127.0.0.1'
                  ,user='your username'
                  ,passwd='your password'
                  ,db='TEST')
```

```
cursor = conn.cursor()
sql = "SELECT * FROM MENU"
try:
  cursor.execute(sql)
  results = cursor.fetchall()
  for row in results:
    orders = row[0]
    print("%s" % (orders))
except:
  print('unable to fetch data')
conn.close()
```

18.4 Python 操作 MongoDB 数据库

MongoDB 是一个基于分布式文件存储的数据库，由 C++语言编写，旨在为 Web 应用提供可扩展的高性能数据存储解决方案。

18.4.1 MongoDB 数据库简介

MongoDB 是一个介于关系数据库和非关系数据库之间的产品，是非关系数据库当中功能最丰富，最像关系数据库的数据库。它支持的数据结构非常松散，是类似 JSON 的 BSON 格式，因此可以存储比较复杂的数据类型。Mongo 最大的特点是它支持的查询语言非常强大，其语法有点儿类似于面向对象的查询语言，几乎可以实现类似关系数据库单表查询的绝大部分功能，而且还支持对数据建立索引。

MongoDB 数据库的特点：高性能，易部署，易使用，存储数据非常方便。

其主要功能特性如下。

（1）面向集合存储，易存储对象类型的数据。

（2）模式自由。

（3）支持动态查询。

（4）支持完全索引，包含内部对象。

（5）支持查询。

（6）支持复制和故障恢复。

（7）使用高效的二进制数据存储，包括大型对象（如视频等）。

（8）自动处理碎片，以支持云计算层次的扩展性。

（9）支持 Ruby、Python、Java、C++、PHP、C#等多种语言。

（10）文件存储格式为 BSON（一种 JSON 的扩展）。

（11）可通过网络访问。

数据被分组存储在数据集中，被称为一个集合（Collection）。每个集合在数据库中都有一个唯一的标识名，并且可以包含无限数目的数据。集合的概念类似于关系型数据库（RDBMS）里的表（Table），不同的是它不需要定义任何模式（Schema）。Nytro MegaRAID 技术中的闪存高速缓存算法，能够快速识别数据库内大数据集中的热数据，提供一致的性能改进。

模式自由意味着对于存储在 MongoDB 数据库中的文件，不需要知道它的任何结构定义。如果需要的话，完全可以把不同结构的文件存储在同一个数据库里。

存储在集合中的数据，被存储为键-值对的形式。键用于唯一标识一个数据，为字符串类型，而值则可以是各种复杂的文件类型。我们称这种存储形式为 BSON（Binary Serialized Document Format）。

MongoDB 已经在多个站点部署，其主要场景如下。

（1）网站实时数据处理。它非常适合实时的插入、更新与查询，并具备网站实时数据存储所需的复制及高度伸缩性。

（2）缓存。由于性能很高，它适合作为信息基础设施的缓存层。在系统重启之后，由它搭建的持久化缓存层可以避免下层的数据源过载。

（3）高伸缩性的场景。非常适合由数十或数百台服务器组成的数据库，它的路线图中已经包含对 MapReduce 引擎的内置支持。

不适用的场景如下。

（1）要求高度事务性的系统。

（2）传统的商业智能应用。

（3）复杂的跨数据（表）级联查询。

18.4.2　建立 MongoDB 数据库操作环境

配置 MongoDB 数据库，需要先下载 MongoDB 数据库安装文件，安装后配置相应的环境。

建立 MongoDB 数据库操作环境需要以下几个步骤。

步骤 1：打开官方网站 https://www.mongodb.com/download-center/community，打开后选择相应的版本进行下载，如图 18-14 所示。

图 18-14　下载页面

步骤 2：启动安装程序，如图 18-15 所示，单击 Next 按钮。

步骤 3：选中许可协议，如图 18-16 所示，单击 Next 按钮。

图 18-15　启动安装程序　　　　　　　　　　　　图 18-16　允许安装

步骤 4：单击 Custom 按钮自定义安装，如图 18-17 所示。

步骤 5：设置安装路径，如图 18-18 所示。

图 18-17 自定义安装

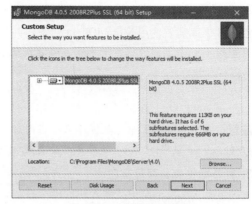

图 18-18 配置安装路径

步骤 6：配置启动服务，默认选中 Install MongoDB as a Service，这里需要取消选中，如图 18-19 所示，如果没有取消可能需要很长时间才能安装完成。

步骤 7：单击 Install 按钮，开始安装，如图 18-20 所示。

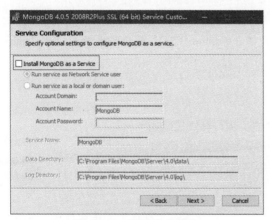

图 18-19 配置安装服务

图 18-20 开始安装

步骤 8：安装完成后会有一个同意许可协议，单击 Agree 按钮，如图 18-21 所示。

至此便配置完了 MongoDB 数据库环境。

图 18-21 同意许可

18.4.3 MongoDB 数据库基础

MongoDB 是目前最流行的 NoSQL 数据库之一，使用数据类型 BSON（类似 JSON）。Python 要连接 MongoDB 需要 MongoDB 驱动，这里使用 PyMongo 驱动来连接。

1. 安装 PyMongo

```
python3 -m pip3 install pymongo
```

也可以指定安装的版本：

```
python3 -m pip3 install pymongo==3.5.1
```

更新 pymongo 命令：

```
python3 -m pip3 install --upgrade pymongo
```

2. 创建数据库

创建数据库需要使用 MongoClient 对象，并且指定连接的 URL 地址和要创建的数据库名。

这里给出一个创建数据库的实例，具体代码如下。

```
import pymongo
myclient = pymongo.MongoClient("mongodb://localhost:27017/")
mydb = myclient["db"]
```

注意：在 MongoDB 中，数据库只有在内容插入后才会创建，也就是说，数据库创建后要创建集合(数据表)并插入一个数据(记录)，数据库才会真正创建。

3. 判断数据库是否已存在

可以读取 MongoDB 中的所有数据库，并判断指定的数据库是否存在。

这里给出一个判断数据库是否存在的实例，具体代码如下。

```
import pymongo
myclient = pymongo.MongoClient('mongodb://localhost:27017/')
dblist = myclient.list_database_names()
if "db" in dblist:
  print("数据库已存在! ")
```

注意：database_names 在最新版本的 Python 中已废弃，Python 3.7+之后的版本改为 list_database_names()。

4. 创建集合

MongoDB 中的集合类似 SQL 中的表。

这里给出一个 MongoDB 使用数据库对象来创建集合的实例，具体代码如下。

```
import pymongo
myclient = pymongo.MongoClient("mongodb://localhost:27017/")
mydb = myclient["db"]
mycol = mydb["test"]
```

注意：在 MongoDB 中，集合只有在内容插入后才会创建，创建集合（数据表）后要再插入一个数据（记录），集合才会真正创建。

5. 判断集合是否已存在

可以读取 MongoDB 数据库中的所有集合，并判断指定的集合是否存在。

这里给出一个判断数据库集合是否存在的实例，具体代码如下。

```
myclient = pymongo.MongoClient('mongodb://localhost:27017/')
mydb = myclient['db']
collist = mydb. list_collection_names()
if "sites" in collist:    #判断 sites 集合是否存在
  print("集合已存在! ")
```

18.4.4　MongoDB 数据库操作实例

本节讲解使用 Python 操作 MongoDB 数据库。数据库操作涉及增加数据、删除数据、修改数据、查询数据、数据排序，简称数据库的增删改查排。

1. 增加数据

MongoDB 中的一个数据类似 SQL 表中的一条记录。

1）插入集合

往集合中插入数据使用 insert_one()方法，该方法的第一参数是字典 name => value 对。

下面给出一段向集合中插入数据的实例，具体代码如下。

```
import pymongo
myclient = pymongo.MongoClient("mongodb://localhost:27017/")
mydb = myclient["db"]
mycol = mydb["test"]
mydict = { "name": "百度", "alexa": "10000", "url": "https://www.baidu.com" }
x = mycol.insert_one(mydict)
print(x)
```

2）返回_id 字段

insert_one()方法返回 InsertOneResult 对象，该对象包含 inserted_id 属性，它是插入数据的 id 值。

下面给出一段返回_id 字段的实例，具体代码如下。

```
import pymongo
myclient = pymongo.MongoClient('mongodb://localhost:27017/')
mydb = myclient['db']
mycol = mydb["test"]
mydict = { "name": "Google", "alexa": "1", "url": "https://www.google.com" }
x = mycol.insert_one(mydict)
print(x.inserted_id)
```

注意：如果在插入数据时没有指定_id，MongoDB 会为每个数据添加一个唯一的 id。

3）插入多个数据

往集合中插入多个数据使用 insert_many()方法，该方法的第一个参数是字典列表。

下面给出一段插入多个数据的实例，具体代码如下。

```
import pymongo
myclient = pymongo.MongoClient("mongodb://localhost:27017/")
mydb = myclient["db"]
mycol = mydb["test"]
mylist = [
  { "name": "Taobao", "alexa": "100", "url": "https://www.taobao.com" },
  { "name": "QQ", "alexa": "101", "url": "https://www.qq.com" },
  { "name": "Facebook", "alexa": "10", "url": "https://www.facebook.com" },
  { "name": "知乎", "alexa": "103", "url": "https://www.zhihu.com" },
  { "name": "Github", "alexa": "109", "url": "https://www.github.com" }
]
x = mycol.insert_many(mylist)
#输出插入的所有数据对应的 _id 值
print(x.inserted_ids)
```

insert_many()方法返回 InsertManyResult 对象，该对象包含 inserted_ids 属性，该属性保存着所有插入数据的 id 值。

4）插入指定_id 的多个数据

除了插入数据有 MongoDB 自动添加的 id 外，也可以自己指定 id 插入。

下面给出一段插入指定_id 的多个数据的实例，具体代码如下。

```
import pymongo
myclient = pymongo.MongoClient("mongodb://localhost:27017/")
mydb = myclient["db"]
```

```
mycol = mydb["test"]
mylist = [
  { "_id": 1, "name": 百度"cn_name": "百度搜索"},
  { "_id": 2, "name": "Google", "address": "Google 搜索"},
  { "_id": 3, "name": "Facebook", "address": "脸书"},
  { "_id": 4, "name": "Taobao", "address": "淘宝"},
  { "_id": 5, "name": "Zhihu", "address": "知乎"}
]
x = mycol.insert_many(mylist)
#输出插入的所有数据对应的 _id 值
print(x.inserted_ids)
```

2. 删除数据

MongoDB 为删除数据提供了 delete_one()方法、delete_many()方法，其中，delete_one()方法可以删除单条数据，而 delete_many()方法则可以删除多条数据。

1）删除单条数据

读者可以使用 delete_one()方法来删除一个数据，该方法的第一个参数为查询对象，指定要删除哪些数据。下面给出一段删除 name 字段值为"Taobao"的实例，具体代码如下。

```
import pymongo
myclient = pymongo.MongoClient("mongodb://localhost:27017/")
mydb = myclient["db"]
mycol = mydb["test"]
myquery = { "name": "Taobao" }
mycol.delete_one(myquery)
#删除后输出
for x in mycol.find():
  print(x)
```

2）删除多个数据

读者可以使用 delete_many()方法来删除多个数据，该方法的第一个参数为查询对象，指定要删除哪些数据。下面给出一段删除所有 name 字段中以"F"开头的数据实例，具体代码如下。

```
import pymongo
myclient = pymongo.MongoClient("mongodb://localhost:27017/")
mydb = myclient["db"]
mycol = mydb["test"]
myquery = { "name": {"$regex": "^F"} }
x = mycol.delete_many(myquery)
print(x.deleted_count, "个文档已删除")
```

3）删除集合中的所有数据

delete_many()方法如果传入的是一个空的查询对象，则会删除集合中的所有文档。

下面给出一段删除集合中的所有数据的实例，具体代码如下。

```
import pymongo
myclient = pymongo.MongoClient("mongodb://localhost:27017/")
mydb = myclient["db"]
mycol = mydb["test"]
x = mycol.delete_many({})
print(x.deleted_count, "个文档已删除")
```

3. 修改数据

读者可以在 MongoDB 中使用 update_one()方法修改数据中的记录。该方法的第一个参数为查询的条件，第二个参数为要修改的字段。

如果查找到的匹配数据多于一条，则只会修改第一条。

下面给出一段将 alexa 字段的值 10000 改为 12345 的实例，具体代码如下。

```
import pymongo
myclient = pymongo.MongoClient("mongodb://localhost:27017/")
mydb = myclient["db"]
mycol = mydb["test"]
myquery = { "alexa": "10000" }
newvalues = { "$set": { "alexa": "12345" } }
mycol.update_one(myquery, newvalues)
#输出修改后的 "sites" 集合
for x in mycol.find():
  print(x)
```

update_one()方法只能修改匹配到的第一条记录，如果要修改所有匹配到的记录，可以使用 update_many()。

下面给出一段查找所有以"F"开头的 name 字段，并将匹配到所有记录的 alexa 字段修改为 123 的实例，具体代码如下。

```
import pymongo
myclient = pymongo.MongoClient("mongodb://localhost:27017/")
mydb = myclient["db"]
mycol = mydb["test"]
myquery = { "name": { "$regex": "^F" } }
newvalues = { "$set": { "alexa": "123" } }
x = mycol.update_many(myquery, newvalues)
print(x.modified_count, "数据已修改")
```

4. 查询数据

MongoDB 中使用了 find 和 find_one 方法来查询集合中的数据，类似于 SQL 中的 SELECT 语句。

1）查询一条数据

读者可以使用 find_one()方法来查询集合中的一条数据。

下面给出一段查询一条数据的实例，具体代码如下。

```
import pymongo
myclient = pymongo.MongoClient("mongodb://localhost:27017/")
mydb = myclient["db"]
mycol = mydb["test"]
x = mycol.find_one()
print(x)
```

2）查询集合中所有数据

find()方法可以查询集合中的所有数据，类似 SQL 中的 SELECT *操作。

下面给出一段查询集合中所有数据的实例，具体代码如下。

```
import pymongo
myclient = pymongo.MongoClient("mongodb://localhost:27017/")
mydb = myclient["db"]
mycol = mydb["test"]
for x in mycol.find():
  print(x)
```

3）查询指定字段的数据

读者可以使用 find()方法来查询指定字段的数据，将要返回的字段对应值设置为 1。

下面给出一段查询指定字段的数据的实例，具体代码如下。

```
import pymongo
myclient = pymongo.MongoClient("mongodb://localhost:27017/")
mydb = myclient["db"]
mycol = mydb["test"]
for x in mycol.find({},{ "_id": 0, "name": 1, "alexa": 1 }):
  print(x)
```

_id 不能在一个对象中同时指定 0 和 1，如果设置了一个字段为 0，则其他都为 1，反之亦然。

下面给出一段排除 alexa 字段外的查询实例，具体代码如下。

```
import pymongo
myclient = pymongo.MongoClient("mongodb://localhost:27017/")
mydb = myclient["db"]
mycol = mydb["test"]
for x in mycol.find({},{ "alexa": 0 }):
  print(x)
```

4）根据指定条件查询

读者可以在 find()中设置参数来过滤数据。

下面给出一段根据指定条件查询的实例，具体代码如下。

```
import pymongo
myclient = pymongo.MongoClient("mongodb://localhost:27017/")
mydb = myclient["db"]
mycol = mydb["test"]
myquery = { "name": "百度" }
mydoc = mycol.find(myquery)
for x in mydoc:
  print(x)
```

5）高级查询

在查询的条件语句中，还可以使用修饰符。

例如，读取 name 字段中第一个字母 ASCII 值大于 H 的数据，修饰符条件为{"$gt": "H"}。

下面给出一段高级查询的实例，具体代码如下。

```
import pymongo
myclient = pymongo.MongoClient("mongodb://localhost:27017/")
mydb = myclient["db"]
mycol = mydb["test"]
myquery = { "test": { "$gt": "H" } }
mydoc = mycol.find(myquery)
for x in mydoc:
  print(x)
```

6）使用正则表达式查询

还可以使用正则表达式作为修饰符。

正则表达式修饰符只用于搜索字符串的字段。例如，用于读取 name 字段中第一个字母为 R 的数据，正则表达式修饰符条件为{"$regex": "^R"}。

下面给出一段使用正则表达式查询的实例，具体代码如下。

```
import pymongo
myclient = pymongo.MongoClient("mongodb://localhost:27017/")
mydb = myclient["db"]
mycol = mydb["test"]
myquery = { "name": { "$regex": "^R" } }
mydoc = mycol.find(myquery)
for x in mydoc:
```

```
  print(x)
```

7）返回指定条数记录

如果要对查询结果设置指定条数的记录，可以使用 limit()方法，该方法只接受一个数字参数。

下面给出一段返回指定条数记录的实例，具体代码如下。

```
import pymongo
myclient = pymongo.MongoClient("mongodb://localhost:27017/")
mydb = myclient["db"]
mycol = mydb["test"]
myresult = mycol.find().limit(3)
#输出结果
for x in myresult:
  print(x)
```

5. 数据排序

sort()方法可以指定升序或降序排序。

sort()方法的第一个参数为要排序的字段，第二个字段指定排序规则，1 为升序，-1 为降序，默认为升序。

下面给出一段将数据进行升序排序的实例，具体代码如下。

```
import pymongo
myclient = pymongo.MongoClient("mongodb://localhost:27017/")
mydb = myclient["db"]
mycol = mydb["test"]
mydoc = mycol.find().sort("alexa")
for x in mydoc:
  print(x)
```

下面给出一段对字段 alexa 按降序排序的实例，具体代码如下。

```
import pymongo
myclient = pymongo.MongoClient("mongodb://localhost:27017/")
mydb = myclient["db"]
mycol = mydb["test"]
mydoc = mycol.find().sort("alexa", -1)
for x in mydoc:
  print(x)
```

18.5　就业面试技巧与解析

数据库在实际面试中经常会被问到，由于涉及数据库的操作比较多，因此很多面试官会问到数据库事物的一些特性以及数据库优化。

数据库事务的 ACID 特性如下。

（1）原子性（Atomicity）：事务中的全部操作在数据库中是不可分割的，要么全部完成，要么均不执行。

（2）一致性（Consistency）：几个并行执行的事务，其执行结果必须与按某一顺序串行执行的结果相一致。

（3）隔离性（Isolation）：事务的执行不受其他事务的干扰，事务执行的中间结果对其他事务必须是透明的。

（4）持久性（Durability）：对于任意已提交事务，系统必须保证该事务对数据库的改变不被丢失，即使数据库出现故障。

数据库优化查询效率可以通过以下几个步骤。

（1）存储引擎选择：如果数据表需要事务处理，应该考虑使用 InnoDB（支持事物存储引擎），因为它完全符合 ACID 特性。如果不需要事务处理，使用 MyISAM（默认存储引擎）是比较明智的。

（2）分表分库。

（3）对查询进行优化，要尽量避免全表扫描，首先应考虑在 where 及 order by 涉及的列上建立索引。

（4）应尽量避免在 where 子句中对字段进行 null 值判断，否则将导致引擎放弃使用索引而进行全表扫描。

（5）应尽量避免在 where 子句中使用!=或<>操作符，否则将导致引擎放弃使用索引而进行全表扫描。

（6）应尽量避免在 where 子句中使用 or 来连接条件，如果一个字段有索引，一个字段没有索引，将导致引擎放弃使用索引而进行全表扫描。

（7）Update 语句，如果只更改一两个字段，不要 Update 全部字段，否则频繁调用会引起明显的性能消耗，同时带来大量日志。

（8）对于多张大数据量（这里几百条就算大了）的表进行 JOIN 操作，要先分页再 JOIN，否则逻辑读会很高，性能很差。

18.5.1　面试技巧与解析（一）

面试官：char 和 varchar 有何区别？

应聘者：

#char 类型：定长，简单粗暴，浪费空间，存取速度快。

#varchar 类型：变长，精准，节省空间，存取速度慢。

18.5.2　面试技巧与解析（二）

面试官：列举常见的关系型数据库和非关系型数据库都有哪些？

应聘者：

关系型：MySQL，SQL Server，Oracle，Sybase，DB2。

非关系型：Redis，MongoDB。

第4篇

高级应用

Python 创建完成后，对于数据库的后期管理与维护也是数据库管理人员必备的技能。本篇就来介绍 Python 的高级应用，包括 Python 网络编程、Web 网站编程、基于 tkinter 的 GUI 界面编程等。通过本篇的学习，读者对 Python 的后期管理与维护能力会有极大的提高。

- 第 19 章　网络编程
- 第 20 章　Web 网站编程技术
- 第 21 章　基于 tkinter 的 GUI 界面编程

第19章

网络编程

学习指引

网络编程是在日常工作中出现频率很高的应用场景，Python 作为一种强大的语言，封装了库，用来支持很多常见的网络协议。因此，Python 也是一个强大的网络编程工具。除此之外，Python 还提供了用于网络编程和通信的各种模块，本章将会学习各个模块的功能及用途。

重点导读

- 网络编程的基本知识。
- 利用 socket 模块进行网络编程。
- 利用 urllib 模块进行网络编程。
- 利用 http 模块进行网络编程。
- 利用 ftplib 模块进行网络编程。
- 利用 poplib 和 smtplib 模块进行网络编程。

19.1　网络编程基础

信息技术之所以如此火爆，与网络的普及是密切联系的。自互联网诞生以来，个人计算机市场呈井喷式增长，计算机得以走进了千家万户，现在几乎所有的程序都和网络有关，无论是我们在计算机上用浏览器浏览网页，还是在手机 APP 中获取消息，网络编程无处不在。网络的本质在于信息的传递，网络编程实质就是在两个或两个以上的设备之间传输数据以及研究如何在程序中实现两台计算机的通信。下面对计算机网络的基本知识进行介绍，为接下来学习各个网络编程库打下坚实的基础。

19.1.1　什么是计算机网络

一般来说，将分散的多台计算机、终端和外部设备用通信线路互联起来，彼此间实现互相通信，并且计算机的硬件、软件和数据资源大家都可以共同使用，实现资源共享的整个系统被称为计算机网络，它是计算机技术和通信技术相结合的产物。

计算机网络的基本分类包括三种：局域网（LAN）、城域网（MAN）、广域网（WAN）。三者根据使用场景和作用范围不同分别具有各自的定义。

局域网（Local Area Network，LAN），指在近距离内具有很高数据传输速率的物理网络，覆盖范围在几米到几千米之间，如以太网、令牌总线网、令牌环网等。

城域网（Metropolitan Area Network，MAN），通常是指作用在 WAN 与 LAN 之间，其运行方式与 LAN 相似，但距离可以到 5～50 km 的网络。

广域网（Wide Area Network，WAN），又称远程网，通常是指作用范围为几十到几千千米的网络。

人们平时用到的互联网就属于广域网，通过访问互联网上的信息，即使用户的计算机与服务器远隔千里，甚至处于不同的国家，都可以很轻松地将用户想要的数据通过互联网返回到用户的计算机上。

19.1.2　网络协议

网络协议是为计算机网络中进行数据交换而建立的规则、标准或约定的集合。它是网络上所有设备（网络服务器、计算机路由器等）之间通信规则的集合，它规定了通信时信息必须采用的格式和这些格式的意义。常见的网络协议有：TCP/IP 协议、IPX/SPX 协议、NetBEUI 协议等。

网络协议由三个要素组成：①语义，语义是解释控制信息每个部分的意义，它规定了需要发出何种控制信息，以及完成的动作与做出什么样的反应；②语法，语法是用户数据与控制信息的结构与格式，以及数据出现的顺序；③时序，时序是对事件发生顺序的详细说明（也可称为同步）。

网络上的计算机又是如何交换信息的呢?就像我们说话用某种语言一样，在网络上的各台计算机之间也有一种语言，这就是网络协议，不同的计算机之间必须使用相同的网络协议才能进行通信。网络协议也有很多种，具体哪一种协议则要视情况而定。Internet 上的计算机使用的是最重要的一个协议——TCP/IP 协议。使用了简化的 OSI 的 TCP/IP 协议是一个四层的体系结构，包括应用层、运（传）输层、网际（络）层和网络接口层，如表 19-1 所示。

表 19-1　TCP/IP 协议表

层	协　　议
应用层	FIP、TELNET、SMTP、RIP、DNS、DFS、HTTP 等
传输层	TCP、UDP 等
网络层	ICMP、IP、ARP、RARP 等
网络接口层	Etherent、ARPANET 等

19.1.3　地址与端口

对于网络编程来说，最主要的是计算机和计算机之间的通信，那么首先要解决的问题就是如何让相互通信的两台或多台计算机在网络上互相找到对方并可以通过对方的定位将信息传送过去，这时候就需要 IP 地址的概念了。

为了能够方便地识别网络上的每个设备，网络中的每个设备都会有一个唯一的数字标识，这个就是 IP 地址。目前广泛使用的 IP 地址是 IPv4 协议版本的地址，使用 32 位二进制代码标识网络地址。为了便于阅读，在 IPv4 中将 32 位二进制代码划分为 4 个 8 位二进制代码，并将其转换为十进制数。也就是说，IP 地址是由 4 个 0～255 的数字组成，段与段之间用句点隔开，例如 122.10.34.43。每个接入网络的计算机都拥有唯一的 IP 地址，这个 IP 地址可以是固定的，这样用户就可以记住你的 IP 地址，以后再访问时直接填写就可以了，例如网络上各种各样的服务器，也可以是动态的，例如通过 ADSL 等方式上网的计算机，但是无论以何种方式获得，每个计算机在联网以后都必须拥有一个唯一的合法的 IP 地址。

不过即使写成了 4 个十进制数，IP 地址仍然是不容易记忆的，为方便记忆，人们又创造了一个概念——域名（Domain Name）。域名是由若干个从 a 到 z 的 26 个拉丁字母及 0～9 的 10 个阿拉伯数字及 "-" "." 符号构成并按一定的层次和逻辑排列，与 IP 地址相对应的一串容易记忆的字符，例如 taobao.com。一个 IP 地址可以对应多个域名，但是一个域名只能对应一个 IP 地址。

在网络中传输的数据，都是以 IP 地址作为地址标识，所以在实际传输以前需将域名通过 DNS 服务器转换为 IP 地址，当我们的计算机想要和一个远程机器连接时，可以首先通过 DNS 服务器将域名解析为 IP 地址，例如在通过浏览器访问 taobao.com 时，首先会通过 DNS 服务器查询淘宝网的 IP 地址，在查找到 IP 地址后，再向该 IP 地址发送网络请求，之后我们想要的淘宝网的页面，就会被服务器返回给浏览器。

IP 地址和域名很好地解决了如何在网络中找到一个计算机的问题，但是一台服务器上不可能只运行一个网络服务程序，为了访问同一台服务器上的不同网络服务程序，又需要引入另外一个概念——端口（Port）。端口是软件层面上的概念，一台服务器可以向外提供多种服务，例如一台服务器可以是 Web 服务器，也可以同时是 FTP 服务器，还可以是邮件服务器。这些服务都对应同一个 IP 地址，但是却对应了不同端口号。例如常用的 FTP 协议端口号为 21，HTTP 常用端口为 80，开发 Web 服务器也可以使用 80 端口。这样，通过开放不同的端口，计算机中的不同网络服务可以同时与外界进行互不干扰的通信。

19.2　套接字的使用

socket 又称 "套接字"，应用程序通常通过套接字向网络发出请求或者应答网络请求，使主机间或者一台计算机上的进程间可以通信。TCP/IP 协议中的 TCP 和 UDP 都是通过 socket 来实现的。socket 基本上是两个端点程序之间的信息通道，它的主要作用就是在不同进程（不同主机）之间相互传递消息，以达到网络通信的目的。

socket 包括两个部分：服务器端和客户端。服务器端需要首先建立一个 socket 对象，并等待客户端的连接，一旦有客户端连接成功，两者就可以进行交互了。相比于客户端编程，服务器端编程就要更复杂一些，因为客户端只是简单地连接、完成事务、断开连接。而服务器端必须随时准备处理客户端的连接，同时还要响应多个客户端的请求，所以，每个连接都需要一个新的进程或者新的线程来处理，否则，服务器端就只能服务一个客户端了。

Python 提供了两个级别访问的网络服务。低级别的网络服务支持基本的 socket，它提供了标准的 BSD Sockets API，可以访问底层操作系统 socket 接口的全部方法。高级别的网络服务模块 SocketServer，它提供了服务器中心类，可以简化网络服务器的开发。

在 Python 中，socket 模块是作为一个内置模块存在的，所以不需要进行额外的下载，只需要在 Python 中直接导入即可，使用下面的这行代码导入 socket 模块。

```
import socket
```

导入后就可以使用 socket 模块了。socket 模块提供了许多不同的函数，用来实现各种各样的功能而不用知晓底层原理，方便开发人员使用。下面会通过不同的使用场景——介绍各个常用的函数。

19.2.1　用 socket 建立服务器端程序

建立服务器端程序的第一步是创建一个套接字，通常情况下，我们使用 socket 模块的 socket() 函数来创建一个套接字，函数原型如下所示。

```
socket.socket([family[, type[, proto]]])
```

socket()函数的参数列表及解释如表 19-2 所示。

表 19-2　socket()函数参数列表

函　　数	解　　释
family()	套接字家族可以是 AFUNIX 或者 AFINET
type()	套接字类型可以根据是面向连接的还是非连接的分为 SOCK_STREAM 或 SOCK_DGRAM
protocol()	一般不填，默认为 0

几乎所有的网络编程都要从创建套接字开始，这是必不可少的一步，这几个参数都是可选参数，不过在一般的情况下，不传入任何参数，直接使用默认值就可以了。

在创建套接字后，需要将套接字绑定到一个固定的地址。bind()函数用于将 socket 绑定到一个特定的地址和端口，需要填入的地址和端口的格式为（host,port）的元组，可以通过程序获得相关的参数后，将其包装为元组然后再赋值，其函数原型如下所示。

```
socket.bind(host,port)
```

bind()函数的参数列表及解释如表 19-3 所示。

表 19-3　bind()函数参数列表

参　　数	解　　释
host	套接字所对应的主机名
port	套接字所对应的端口号

绑定 socket 之后就可以开始侦听连接，来应对由客户端发起的连接请求，需要将 socket 变成侦听模式。socket 的 listen()函数可以用于实现侦听模式，其函数原型如下。

```
socket.listen(backlog)
```

在调用 listen()函数后，套接字就会开始 TCP 监听。backlog 参数用来指定在拒绝连接之前，操作系统可以挂起的最大连接数量。该值至少为 1，大部分应用程序设为 5 就可以了。

服务器端套接字开始监听后，它就可以接受客户端的连接，当一个客户端发起请求后，可以使用 accept()函数来接受请求。调用 accept()函数后，就开启了一个简单的（单线程）服务器，它会等待客户端的连接。默认情况下，accept()是阻塞的，也就是说执行被暂停，直到一个连接到达。然后返回一个由新建的与客户端的 socket 连接和客户端地址组成的元组，服务器在处理完与该客户端的连接后，再次调用 accept()函数开始等待下一个连接。这个过程通常是在一个无限循环中实现的，accept()函数的函数原型如下所示。

```
socket.accept()
```

调用 accept()函数后，套接字会被动接受 TCP 客户端连接，（阻塞式）的等待连接的到来。当连接到来时则继续执行后面的代码对连接进行处理，处理完成后，如是在一个无限循环中，则会再次调用 accept()函数，等待下一个连接的到来。

到此为止，服务器套接字构建流程基本上就结束了，现在我们的套接字已经具备了和客户端通信的能力，接下来可以使用 scoket 模块的 send()函数将特定的消息传递给客户端，其函数原型如下所示。

```
socket.send(data[,flag])
```

通过调用 send()函数，可以发送 TCP 数据，将 string 中的数据发送到连接的套接字，返回值是要发送的字节数量，该数量可能小于 string 的字节大小。flag 提供有关消息的其他信息，通常可以忽略。

当我们向客户端发送完所有的消息之后，需要关闭套接字连接，从而释放服务器资源，如果只连接不释放套接字资源的话，如果连接建立的多了，服务器的内存就会被消耗殆尽，无法继续进行服务，所以关闭套接字连接是整个网络编程中很重要的一环。可以通过调用 close()函数来关闭一个套接字连接，其函数原型如下所示。

```
socket.close()
```

到此为止，我们已经学习了在服务器端创建整个套接字流程中所要用到的大部分函数，下面通过一个例子对以上所学的每一个分解步骤进行复习，同时了解建立服务器端程序的完整流程，详细代码如例 19-1 所示。

【例 19-1】建立服务器端程序。

```python
#!/usr/bin/python
#-*- coding: UTF-8 -*-
import socket                      #导入 socket 模块

s = socket.socket()               #创建 socket 对象
host = socket.gethostname()       #获取本地主机名
port = 23333                      #设置端口
s.bind((host, port))             #绑定端口

s.listen(5)                      #等待客户端连接
while True:
    c, addr = s.accept()         #建立客户端连接
    print ('连接地址: ', addr)
    c.send('你好，这里从服务器端发来的消息!'.encode())    #发送消息
    c.close()                    #关闭连接
```

本例中，首先通过调用 socket 函数来创建一个套接字，然后通过 gethostname()函数来获取本服务器的主机名，然后为主机选择一个端口号，这里建议选择稍大的端口号，可以减少遇见端口号已被占用错误的可能性。然后将地址和端口号打包成一个元组，通过 bind()函数进行绑定。绑定成功后，通过 listen()函数设置套接字监听来自客户端的请求，然后进入等待接收的无限循环，当没有接收到请求时，程序会阻塞在 accept()函数而不会继续向下进行，当收到一个客户端请求时，通过 print()函数来打印连接的地址，然后通过 send()函数向客户端发送一条消息，由于我们使用 Python 3，所以在传递字符串时需要调用 encode()函数对字符串进行编码，相应地在客户端需要调用 decode()函数进行解码。在一切都完成后，记得使用 close()函数来关闭服务器的套接字连接，释放服务器资源。

19.2.2　用 socket 建立客户端程序

相比于用 socket 建立服务器端程序而言，建立客户端程序要简单得多。前面已经讲到，所有的套接字都是通过 socket.socket()创建的，当客户端创建了一个套接字时，就可以调用 connect()函数来连接服务器，其函数原型为：

```
socket.connect(address)
```

这里的 address 的参数格式和在服务器端使用的 bind()函数所接受的参数类型是相同的，需要提供想要连接的服务器的主机名和端口号，然后将其打包为元组，再传递给 connect()函数。

当然，服务器端有发送信息的函数，那么在客户端就有用来接收消息的函数。可以通过 recv()函数来接收从服务器端发过来的数据，其函数原型如下所示。

```
recv(buffersize[,flag])
```

这里的 buffersize 代表其缓冲区的大小，也就是要接收的最大的数据量，对于接收的 TCP 数据，数据以字符串形式返回。flag 提供有关消息的其他信息，通常可以忽略。

下面通过一个例子来介绍建立客户端程序的完整流程，详细代码如例 19-2 所示。

【例 19-2】建立客户端程序。

```python
#!/usr/bin/python
#-*- coding: UTF-8 -*-
import socket                    #导入 socket 模块

 = socket.socket()              #创建 socket 对象
host = socket.gethostname()     #获取本地主机名
port = 23333                    #设置端口号

s.connect((host, port))         #连接服务器
print (s.recv(1024).decode())   #打印接收到的数据
s.close()                       #关闭连接释放资源
```

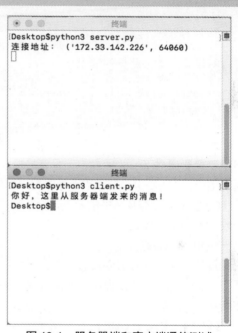

本例中，和服务器端程序相同，首先建立套接字，然后指定主机名和端口号，这里要注意主机名和端口号是想要连接的服务器端的主机名和端口号，这里之所以使用 gethostname 是因为在测试本程序时，客户端和服务器端是同时运行在一台主机上的，在实际使用情况中，这里要用实际的服务器端主机名代替。在设置好参数后，就可以连接服务器了，之后，会等待服务器端发回消息，接收到发回的消息后，通过 print()函数将其打印在界面上，最后不要忘记使用 close()函数关闭连接。

现在，客户端和服务器端的程序都写好了，可以分别将两段程序保存为 server.py 和 client.py，然后打开两个终端同时运行两个程序。首先打开服务器程序，然后再打开客户端程序，就可以看到两个程序进行通信的结果了，结果如图 19-1 所示。

图 19-1　服务器端和客户端通信测试

19.2.3　用 socket 建立基于 UDP 的服务器与客户端程序

上文中提到的服务器端和客户端程序均基于 TCP，但是同样地，基于 UDP 的服务器也可以通过 socket 库很容易地被创建，由于没有底层的连接，UDP 服务器相对于 TCP 服务器来讲实现起来更加简单。一个典型的 UDP 服务器可以接收到达的数据和客户端地址，如果服务器需要做出回应，它要给客户端回发一个数据报。发送和接收会分别使用 socket 中的 sendto()和 recvfrom()函数，虽然 send()和 recv()函数也可以达到同样的效果，但是前面两个函数更广泛地应用在 UDP 中。

Sendto()函数和 recvfrom()函数原型分别为：

```python
socket.sendto(bufsize[,flags])
socket.recvfrom(bytes,address)
```

sendto()函数和 recvfrom()函数的参数列表及解释如表 19-4 所示。

表 19-4　sendto()和 recvfrom()函数参数

参 数 名	解 释
bufsize	缓冲区的大小，也就是最大接收数据的量
bytes	要发送的数据
address	发送信息的目标地址

使用 UDP 时，不需要建立连接，只需要知道对方的 IP 地址和端口号，就可以直接发数据包，但是能不能到达就不知道了。虽然用 UDP 传输数据不可靠，但它的优点是，和 TCP 比速度快，对于不要求可靠到达的数据，就可以使用 UDP。首先看看服务器端程序，详细代码如例 19-3 所示。

【例 19-3】基于 UDP 的服务器端程序。

```
import socket
s = socket.socket(socket.AF_INET, socket.SOCK_DGRAM) #定义 socket 类型,网络 通信,UDP
s.bind(('127.0.0.1', 2333))                          #绑定 IP 地址及端口
print('创建 UDP 服务器成功')
while True:
    data, addr = s.recvfrom(1024)                    #接收数据
    print('客户端地址 %s:%s.' % addr)
    s.sendto(b'Hello, %s!' % data, addr)             #返回数据
```

本例中，首先创建套接字，SOCK_DGRAM 指定了这个 socket 的类型是 UDP。绑定端口和 TCP 一样，但是不需要调用 listen()函数，而是直接接收来自任何客户端的数据。当收到数据时，会打印接收到的客户端的地址，然后使用 sendto()函数向客户端程序发出一声问候。从以上代码中可以看到，UDP 服务器相比于 TCP 服务器没有那么多的设置，除了创建套接字和绑定本机地址之外没有其他的设置。无限循环中包含接收数据和发送数据。

UDP 客户端是在上面提及的所有客户端中步骤最简单的，代码最短的。客户端只需要知道服务器的地址，直接向其发送数据即可。它只包含三个步骤：创建套接字、接收（发送）数据、关闭套接字，详细代码如例 19-4 所示。

【例 19-4】基于 UDP 的客户端程序。

```
import socket
s = socket.socket(socket.AF_INET, socket.SOCK_DGRAM)
#定义 socket 类型,网络 通信,UDP
for data in [b'A', b'B', b'C']:
    s.sendto(data, ('127.0.0.1', 2333)) #发送数据
    print(s.recv(1024).decode('utf-8')) #接收,并解码数据
s.close()
```

本例中，首先创建套接字，在创建时传入参数来设置协议类型为 UDP，然后向服务器端发送数据。发送完数据后，再从服务器端接收相应数据。两段程序的测试运行结果如图 19-2 所示。

图 19-2　UDP 服务器端和客户端通信测试

19.2.4　用 SocketServer 模块建立服务器

Python 中网络编程除了 socket 模块还提供了 SocketServer 模块，主要实现服务器端程序的相关功能，其中主要对 socket 的各个通用过程进行了封装，将 socket 对象的创建、绑定、连接、接收或发送、关闭的过程都封装在了一起，很大程度上简化了二次编程的难度。

SocketServer 模块将处理和请求划分为两部分,分别是服务器类和请求处理类,服务器类处理通信问题,请求处理类处理数据交换或传送。SocketServer 模块提供了两个主要的服务器类,用于创建相应的套接字流,分别为 TCPServer 和 UDPServer,前者是针对 TCP 流式套接字,后者是针对 UDP 数据报套接字。另外还有两个不是很常用的服务器类:UnixStreamServer 和 UnixDatagramServer。

有了服务器类,还需要一个请求处理类。SocketServer 模块提供的用于请求处理的基类是 BaseRequestHandler,一般需要重写其中的 handle 方法,在这个类里主要有三个方法,分别为 setup、handle 和 finish 方法。在调用这个类时,先调用 setup 方法进行请求处理的初始化工作,然后调用 handle 方法进行处理工作(解析请求、处理数据、发出响应),最后调用 finish 方法请求处理器清理相关数据。这里最主要的参数是 self.request,也就是请求的 socket 对象,其中可以使用 sendall 或者 send 发送消息、recv 接收消息。

请求处理类的派生类有两个,分别为 StreamRequestHandler(基于 TCP)和 DatagramRequestHandler(基于 UDP)。在这里重写了基类的 setup 方法和 finish 方法,handle 方法没有重写,因为这个是留给用户做处理的方法。这里有两个参数,self.rfile 用来读取数据的句柄,self.wfile 用来发送消息的句柄。当我们需要自己编写 SocketServer 程序时,只需要合理选择 StreamRequestHandler 和 DatagramRequestHandler 之中的一个作为父类,然后自定义一个请求处理类,并在其中重写 handle 方法即可。

用 SocketServer 创建一个服务器有几个基本步骤,首先需要创建一个请求处理类,合理选择 StreamRequestHandler 和 DatagramRequestHandler 之中的一个作为父类(使用 BaseRequestHandler 作为父类也可以),并重写它的 handle 方法。然后实例化一个 server class 对象,并将服务的地址和之前创建的 request handle class 传递给它。最后调用 server class 对象的 handlerequest 或 serveforever 方法来开始处理请求。

使用 socketserver 编写基于 TCP 的服务器端代码,详细代码如例 19-5 所示。

【例 19-5】使用 SocketServer 编写基于 TCP 的服务器端代码。

```python
import socketserver
class MyTCPHandler(socketserver.BaseRequestHandler):    #消息处理类
    def handle(self):
        self.data = self.request.recv(1024).strip()     #接收消息
        print("收到: ",self.data)
        self.request.sendall("你好! %s".encode() % self.data)  #返回消息


if __name__ == "__main__":
    HOST = '127.0.0.1'
    PORT = 23333
    s = socketserver.TCPServer((HOST, PORT), MyTCPHandler)  #建立服务器
    s.serve_forever()                                       #运行服务器
```

本例中声明了 MyTCPHandler 类来处理消息,在类中重写 handle 方法,让其在接收到消息后,对消息进行加工并返回,通过调用 TCPServer 方法来建立一个服务器,并通过 serve_forever 方法使服务器不停地运行。

配合使用的客户端代码依旧使用 socket 模块编写,详细代码如例 19-6 所示。

【例 19-6】配套客户端代码。

```python
import socket


HOST = '127.0.0.1'
PORT = 23333
data = "Tom"


s = socket.socket(socket.AF_INET, socket.SOCK_STREAM)   #建立套接字
```

```
s.connect((HOST, PORT))
s.sendall(data.encode())        #发送消息
received = s.recv(1024).decode()  #接收消息
s.close()

print("发出: {}".format(data))        #打印消息
print("收到: {}".format(received))
```

程序运行结果如图 19-3 所示。

图 19-3　使用 SocketServer 做服务器端实现的运行结果

19.3　urllib 与 http 包的使用

本节主要讲解 urllib 和 http 以及用它们访问网站。

19.3.1　urllib 和 http 包简介

urllib 是 Python 标准库最为常用的一个 Python 网络应用资源访问的模块，它可以让用户像访问本地文本文件一样，读取网页的内容。urllib 的主要作用就是访问一些静态的、不需要验证的网络资源，就像浏览器一样，只不过没有传统的图形化界面。urllib 模块包含 4 个常用的子模块，如表 19-5 所示。

表 19-5　urllib 子模块

模 块 名 称	作　　用
urllib.request	用于打开和读取 URL 页面
urllib.error	定义常见的 urllib.request 引发的异常
urllib.parse	解析 URL
urllib.robotparser	用于解析 robots.txt 文件

http 模块提供了使用 HTTP 的一些功能。http 模块包含 4 个子模块，子模块列表及解释如表 19-6 所示。

表 19-6　http 包子模块

模 块 名 称	解　　释
client	低级别的 HTTP 客户端，高级别的 URL 打开使用 urllib.request
server	提供了基于 SocketServer 模块的基本 HTTP 服务器类
cookies	实现状态管理的工具
cookiejar	提供 cookies 的持久化服务

http.cliet 模块定义了实现 HTTP 和 HTTPS 客户端的类。但是它通常不直接使用，而是用封装好的 urllib.request 模块来使用它们处理 URL。一般不直接使用 http.client 模块访问 HTTP 服务器，建议使用 urllib.request 模块。

19.3.2　用 urllib 和 http 包访问网站

urllib.request 模块主要用来通过 URL 获取并展示页面，可以通过使用 request 模块中的 urlopen()函数来访问一个 URL，其函数原型如下所示。

```
urllib.request.urlopen(url,data=None)
```

urlopen()函数的参数列表及解释如表 19-7 所示。

表 19-7　urlopen()函数的参数列表

参　　　数	解　　　释
url	要进行操作的 URL 地址，可以为字符串或 urlopen 对象
data	向服务器传送的数据

这里的 data 是一个可选参数，有些 URL 网站在访问时，需要向其传递一些参数，来定向地获取我们想要得到的信息，这个时候就可以使用 data 参数来向服务器传递特定的数据。url 就是平时在浏览器中填入的网址，它会被 DNS 服务器解析为 IP 地址，从而找到相应的服务器主机。

下面通过一个简单的例子来演示通过 urlopen 访问一个网页的全部过程，详细代码如例 19-7 所示。

【例 19-7】使用 urlopen 获取网页。

```
>>> import urllib.request
>>> urllib.request.urlopen("https://www.baidu.com").read()
```

本例中，首先导入 urllib 包的 request 模块，然后通过调用 request 模块的 urlopen 方法，打开百度的页面，因为在打开百度的页面时不需要传入任何参数，所以这里的 data 没有传参，最后通过 read 读取获取到的百度首页的页面信息并打印在终端上。结果如图 19-4 所示。

图 19-4　使用 urlopen 获取页面结果

使用 urlopen 获取页面后，会返回一个相应的页面对象，包含很多属性，也有一些常用的方法，read 就是其中之一，用来读取网页的页面正文部分，其他常用的方法如表 19-8 所示。

表 19-8　urlopen()返回对象的常用方法

方 法 名	作 用
read	读取获取到的页面正文
readline	从页面正文中读取一行
close	关闭页面对象
info	返回一个 HTTPMessage 对象，显示头部信息
getcode	返回 http 请求状态码
geturl	返回请求的 url 地址

接下来可以使用一个例子对这些常用方法有一个初步的认识，详细代码如例 19-8 所示。

【例 19-8】常用函数举例。

```
import urllib.request
py = urllib.request.urlopen('http://www.baidu.com')
print(py.info())          #输出头部
print(py.getcode())       #状态码
print(py.geturl())        #输出 url 地址
py.close()                #关闭对象
```

本例中，首先打开百度的页面，然后通过 info()函数来输出头部信息，之后使用 getcode()函数来获取请求的状态码，如果状态码是 200 的话，证明成功地获取到了网页了，然后通过 geturl()函数来获得我们访问的网页的 url，最后通过 close()函数来关闭页面对象，程序运行结果如图 19-5 所示。

可以看到我们通过 info()函数打印出了完整的头部信息，包括页面类型、服务器类型、访问时间、域名、cookies 等信息。如果使用浏览器并打开开发者工具，会发现这里的头部和直接通过浏览器访问网页是相同的。只不过通过程序访问网站看不到图形界面而已。

图 19-5　requset 常用函数运行结果

如果想要向网站传递参数的话，首先可以用 urllib 的 parse 子模块对数据进行加工，其中，urlencode()函数可以将常用的字典形式的数据转换为 url 中可以使用的字符串，从而不用手动将数据连接成字符串了，其函数原型为：

```
urllib.parse.urlencode(query,doseq=False,safe='',encoding=None,errors=None,quote_via=quote_plus)
```

urlencode()函数的参数列表及解释如表 19-9 所示。

表 19-9　urlencode()函数的参数列表

参 数	解 释
query	要进行编码的变量和值组成的字典
doseq	如果字典的某个值是序列的话是否解析，若为 True 则解析，若为 False 则不解析
safe	那些字符串不需要编码
encoding	要转换成的字符串的编码
quote_via	使用 quote 编码还是 quoteplus 编码，默认为 quoteplus

可以将数据用平常的键值对的方式来保存，至于复杂的将数据编码为字符串的任务就全部交给 urlencode()函数来解决就可以了。除了很简单的传递数据以外，还可以进行一些更加复杂的操作，有些网站出于安全等的考虑，或者根据头部的不同会发送不同的页面，这时候，如果想要获得我们想要得到的页面，就不能再使用默认的请求头部了，就需要对请求的头部进行修改了。

在 urllib 模块中可以通过构造 Request 对象的方法来创建自定义的请求，从而对头部、数据等信息进行个性化的定制。其函数原型如下所示。

```
urllib.request.Request(url,data=None,headers={})
```

Request()函数的参数列表及解释如表 19-10 所示。

表 19-10　Request()函数的参数列表

参　　数	解　　释
url	字符串，可选参数
data	向服务器传送的数据，可选参数
headers	字典，传递的 headers 数据

在建立好 Request 对象后还可以访问一些该对象常用的属性和方法，属性和方法列表及解释如表 19-11 所示。

表 19-11　Request 对象的属性和方法

属性及方法	解　　释
full_url	将原始 URL 传递给构造函数
host	主机和端号
originreqhost	发出请求的原始主机名
selector	URL 路径，如果 Requset 使用一个代理，当它传递给代理后，选择器将会是完整的 URL
data	向服务器传送的数据，如果没有指定就是 None
method	使用 HTTP 请求方法，默认情况下它的值是 None
add_header(key,val)	添加向服务器传送的 header 中的数据

下面通过一个 Request 对象使用实例来对上面提到的常用属性和方法做进一步的了解，详细代码如例 19-9 所示。

【例 19-9】Request 对象使用实例。

```
import urllib.request

url = 'http://www.baidu.com'
query = {'wd':'world'}                          #要查询关键词数据
data = urllib.parse.urlencode(query)
data = data.encode(encoding='UTF8')
headers={'User-Agent':r'Mozilla/5.0 (Windows NT 6.1;WOW64) AppleWebKit/537.36 (KHTML, like
Gecko)'} #User-Agent 可以携带浏览器名、版本号、操作系统名、默认语言等信息
req = urllib.request.Request(url, data, headers)   #创建 Request 对象

print('Full url:', req.full_url)                #原始 URL
print('Host:', req.host)                        #主机和端口号
print('Data:', req.data)                        #向服务器传送的数据
```

本例中通过访问百度 URL 的同时传递参数来实现对某一特定关键词进行搜索的目的。首先将搜索时用到的关键词数据用字典格式打包，然后使用 parse 子模块的 urlencode()函数将其编码为字符串，并设置该字符串的编码为 UTF-8 保证传输过程中字符串的值不会发生变化，然后给 request 自定义一个 header，最后通过 Request()函数和刚才准备好的数据来构建一个请求。最后通过访问 full_url、host、data 等属性将打印在桌面上，结果如图 19-6 所示。

除了使用 urllib 模块来访问网站外，也可以使用 http 模块来访问网站，http.client 使用 HTTPConnection()函数来构建一个基本的连接，其函数原型如下所示。

图 19-6　Request 对象实例结果

```
http.client.HTTPConnection(host,port=None,[timeout,]source_address=None)
```

HTTPConnection()函数的参数列表及解释如表 19-12 所示。

表 19-12　HTTPConnection()函数的参数列表

参　　数	解　　释
host	服务器地址
port	提供的端口号，不提供则从 host 中提取，否则使用默认的 80 端口
timeout	若给定参数，阻塞操作会在给定的时间后超时，未给定，则使用默认的全局 timeout 设置
source_address	以 host 和 port 的元组形式，作为 HTTP 连接的源地址

这里举一个使用 http 模块访问网站的实际例子，详细代码如例 19-10 所示。

【例 19-10】使用 http 模块访问网站。

```
import http.client

conn= http.client.HTTPConnection('www.baidu.com')
conn.request('GET','/')
res=conn.getresponse()  #获得响应正文
print(res.read().decode('utf-8'))
```

本例中首先创建了一个 http 连接，然后通过 request()函数来请求页面，得到页面后通过 getresponse 方法来获得响应正文，最后再对正文进行解码输出，结果如图 19-7 所示。

图 19-7　使用 http 模块访问网站结果

这里通过 getresponse()函数会得到一个 HttpResonse 对象，这个对象有一些常用的基本属性和方法。HttpResponse 对象的属性和方法列表及解释如表 19-13 所示。

表 19-13　HttpResponse 对象的属性及方法

属性及方法	解　　释
read([amt])	读取和返回 response 的 body 部分
readinto(b)	读取指定的字节长度 len(b)，并返回到缓冲字节 b。函数返回读取的字节数
getheader(name,default=None)	获得服务器响应的 HTTP 头，name 表示指定 HTTP 头名
getheaders()	以元组的形式返回所有的头部信息（header,value）
version	HTTP 版本
status	HTTP 状态码

下面通过一个例子来对上面提到的属性和方法进一步了解，详细代码如例 19-11 所示。

【例 19-11】HttpResponse 常用方法属性实例。

```
import http.client

conn = http.client.HTTPSConnection("www.baidu.com")
conn.request('GET','/')
res = conn.getresponse()
print(res.getheader('Date')) #从头部获得日期信息
print(res.version)
print(res.status,res.reason)
```

本例中尝试了 HttpResponse 对象常用的不同方法和属性，在编程时可以根据需要选择不同的属性或函数使用，结果如图 19-8 所示。

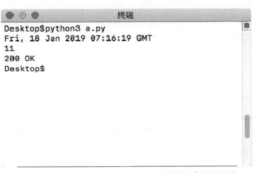

图 19-8　HttpResponse 常用属性实例结果

19.4　用 poplib 与 smtplib 库收发邮件

电子邮件是在网络编程中很常见的一种应用场景，通常情况下我们都是在网页或者不同的邮件客户端中编写邮件并发送的。但是在本节中，将学习使用 Python 来完成邮件的接收和发送。我们会使用 poplib 模块来接收和处理使用 POP3 协议的邮件，并学习使用 smtplib 模块发送 SSL/TLS 安全邮件的方法。

19.4.1 用 poplib 检查邮件

可以使用 poplib 模块中的 POP3 类来创建一个对象，并使用这个对象来连接到 POP3 服务器，其函数原型为：

```
poplib.POP3(host,port[,timeout])
```

POP3() 函数的参数列表及解释如表 19-14 所示。

表 19-14　POP3() 函数的参数列表

参　　数	解　　释
host	POP3 服务器地址
port	端口号，默认为 110，可选参数
timeout	超时时间

在构造好 POP3 对象后，就可以使用该对象所封装的一些属性和方法了。POP3 对象的常用方法列表如表 19-15 所示。

表 19-15　POP3 对象的常用方法

方　　法	描　　述
user(uesrname)	用户名，相应需要密码，就是下面的 pass_ 命令，若两者都成功则状态将转换
pass_(password)	用户密码
apop(Name,Digest)	Digest 是 MD5 消息摘要
stat()	返回邮箱状态，结果为元组（message count,mailbox size）
getwelcome()	返回欢迎信息
list(which)	获得邮件内容列表
uidl(which=None)	返回邮件摘要列表
retr(which)	获取指定邮件，并设置其状态为已读
dele(which)	设置删除邮件标记，调用 quit() 时执行删除邮件操作
rset()	清除邮件删除标记
noop()	服务器返回一个肯定的响应
top(which,howmuch)	返回由参数标识的邮件前 howmuch 行内容，howmuch 必为整数
quit()	退出，释放连接

POP3 协议用于邮件的接收，一个使用 POP3 检查接收到的邮件的例子如例 19-12 所示。

【例 19-12】使用 POP 检查邮件。

```
import getpass,poplib

host = ''                           #POP3 服务器的主机名
port = 110                          #POP3 服务器端口号默认为 110
pop3 = poplib.POP3(host,port)       #创建 POP3 对象

username = ''                       #用于登录
password = ''

print(pop3.getwelcome().decode('utf8'))    #进行身份验证
```

```
pop3.user(username)
pop3.pass_(password)
num = len(pop3.list())                           #邮件数
for i in rece(num):                              #接收邮件
    for j in pop3.retr(i+1):
        print(j)                                 #检查并显示邮件
```

本例中，首先对基本属性进行设置，然后创建一个 pop3 对象，之后根据个人信息填写用户名和密码，然后连接邮件服务器进行身份认证。这里如果验证成功的话会返回相应的信息，之后就可以读取邮件了。通过查询邮件列表，就可以遍历其中的每一封邮件，并将其打印在桌面上，这里没有实际的邮件服务器，所以就不进行验证了，有条件的读者可以实际连接服务器试一试。

19.4.2　用 smtplib 发送邮件

除了对邮箱里收到的邮件进行检查，也可以通过 Python 来发送邮件。SMTP（Simple Mail Transfer Protocol，简单邮件传输协议）是一组用于由源地址到目的地址传送邮件的规则，由它来控制信件的中转方式。这里就用到了 Python 的 smtplib 模块。smtplib 模块提供了一种很方便的途径，让用户只编写少量的代码就可以发送电子邮件，在日常编程中可以处理一些发送、抄送、下载邮件内容等操作。

poplib 模块中的 SMTP 对象用于设定由源地址到目的地址传送邮件的规则，由它来控制信件的中转方式。其构造函数原型为：

```
smtplib.SMTP(host,port,local_hostname=None,timeout)
```

SMTP()函数的参数列表及解释如表 19-16 所示。

表 19-16　SMTP()函数的参数列表

参　　数	解　　释
host	服务器
port	端口号，一般情况下 SMTP 端口号为 25
local_hostname	本地主机
timeout	超时时间

使用 SMTP()函数构建 SMTP 对象后，就可以使用 SMTP 对象的基本方法了，通过这些方法就可以使用很少量的代码完成邮件的认证、发送等行为。SMTP 对象的常用方法如表 19-17 所示。

表 19-17　SMTP 对象的常用方法

方　　法	描　　述
connect(host,port)	连接远程 SMTP 主机
login(user,password)	远程 SMTP 主机的校验，登录到服务器
sendmail(fromaddr,toaddrs,msg,mailoptions,rcptoptions)	发送邮件
starttls(keyfile,certfile)	启用 TLS（安全传输）模式
quit()	断开 SMTP 服务器的连接
docmd(cmd,args)	发送命令到服务器

其中需要详细讲解的是 sendmail 这个函数，通过这个函数可以向邮件服务器发送邮件。其中，参数 fromaddr 代表邮件发送者的地址，参数 toaddrs 代表邮件要送达的目的地址，参数 msg 代表要发送消息。

要注意的是 msg 是字符串，表示邮件。邮件一般由标题、发信人、收件人、邮件内容、附件等构成，发送邮件的时候，要注意 msg 的格式。这个格式就是 SMTP 中定义的格式。

一个具体的使用 SMTP 对象进行邮件发送的实例如例 19-13 所示。

【例 19-13】使用 SMTP 发送邮件。

```python
#!/usr/bin/python
#-*- coding: UTF-8 -*-

import smtplib
from email.mime.text import MIMEText
from email.header import Header

#第三方 SMTP 服务
mail_host="smtp.XXX.com"        #设置服务器
mail_user="XXXX"                #用户名
mail_pass="XXXXXX"              #密码
sender = 'XXX@XXX.com'          #发送人
receivers = ['XXXXXX@qq.com']   #接收人,可设置为你的 QQ 邮箱或者其他邮箱
message = MIMEText('SMTP 邮件发送测试...', 'plain', 'utf-8') #设置消息格式
message['From'] = Header("XXXXX", 'utf-8')
message['To'] = Header("XXXX", 'utf-8')
subject = 'Python SMTP 邮件测试'
message['Subject'] = Header(subject, 'utf-8')

try:
    smtpObj = smtplib.SMTP()
    smtpObj.connect(mail_host, 25)     #25 为 SMTP 端口号
    smtpObj.login(mail_user,mail_pass)
    smtpObj.sendmail(sender, receivers, message.as_string())
    print("邮件发送成功")
except smtplib.SMTPException:
    print("Error: 无法发送邮件")
```

本例中，首先对一些基本的信息进行了配置，指定了邮件的服务器、用户名、密码、发送人、接收人，通过 email 模块中设定好的邮件格式对消息进行填充，之后只需要向其中的不同参数传入想要传入的值就可以了。最后通过 SMTP 函数创建一个 SMTP 对象，首先调用 connect()函数连接服务器，然后调用 login() 函数登录，然后调用 sendemail()函数发送邮件，由于刚才直接使用了固定的邮件格式模板，所以这里就减少了处理字符串格式的问题，代码量和出错的可能性都降低了很多。同样，本代码仅供参考，有条件的话可以填写代码中 "XXX" 对应的参数，在自己的计算机上进行测试。

19.5 用 ftplib 访问 FTP 服务

FTP 是用于在网络上进行文件传输的一套标准协议，使用客户端/服务器模式。它属于网络传输协议的应用层。FTP 在网络编程中也是经常出现的一种应用场景，有时候我们想传输一些大型的文件到服务器，这时候邮件就有些显得容量太小了，可以使用 FTP 在互联网中来传输文件。

在 Python 中可以使用 ftplib 模块来快速构建一个对远程 FTP 服务器的连接。同样，由于 Python 库强大

的功能，只需要再编写少量的代码，就可以完成文件的上传与下载等任务。

19.5.1　ftplib 模块简介

可以使用 ftplib 模块中的 FTP() 函数来构造一个基本的 FTP 连接对象，其函数原型如下所示。

```
ftplib.FTP(host='',user='',password='',acct='',timeout=None,source_address=None)
```

FTP() 函数的参数列表及解释如表 19-18 所示。

表 19-18　FTP() 函数的参数列表及解释

参　　数	描　　述
host	FTP 服务器
user	用户名
password	登录密码
acct	账户
timeout	超时时间
source_address	是一个二元组（host，port），用于在连接之前将要绑定的 socket

该函数会返回一个 FTP 类的新实例。我们就可以使用 FTP 对象的基本函数来对远程的 FTP 服务器发出请求，上传或者下载文件了。FTP 对象的常用属性和方法及解释如表 19-19 所示。

表 19-19　FTP 对象的常用属性及方法

属性及方法	描　　述
set_debuglevel(level)	设置调试级别，0—默认值；无调试信息；1—基本调试信息；2 以上—详细调试信息
connect()	连接到 FTP 服务器
login(user,password,acct)	登录 FTP 服务器
getwelcome()	欢迎信息
abort()	终止正在进行的文件传输
sendcmd(cmd)	将简单的命令字符串发送到服务器并返回响应字符串
voidcmd(cmd)	将简单的命令字符串发送到服务器并处理响应，若收到成功的响应代码（200～299 的代码）则返回任何内容，否则提高 error_reply
retrbinary()	以二进制模式下载文件
retrlines(cmd,callback=None)	以文本传输模式下载文件
set_pasv(val)	若 val 为 True，启用"被动"模式，否则禁止，被动模式默认为打开状态
storbinary()	以二进制传输模式存储文件
storlines(cmd,fp,callback=None)	以文本文件传输模式存储文件
transfercmd(cmd,rest=None)	通过数据连接启动传输
ntransfercmd(cmd,rest=None)	与 transfercmd 类似，但返回数据连接的元组和数据的预期大小
mlsd(path,facts)	使用 MLSD 命令（RFC 3659）以标准格式列出目录
rename(fromname,toname)	文件重命名

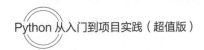

续表

属性及方法	描　　　述
delete(filename)	删除文件
cwd(pathname)	切换当前目录
mkd(pathname)	创建目录
pwd()	打印当前目录
rmd(dirname)	删除目录
size(dirname)	获取文件大小
quit()	退出
close()	关闭 FTP 对象

这些函数不需要记忆，可以根据实际编码的使用场景来适当地选择。可以看出，ftplib 模块几乎把平时可能会使用到的功能都进行了不同程度的封装，所以只要对 ftplib 库熟悉了，就可以轻松地使用 Python 的 FTP 服务了。

19.5.2　使用 Python 访问 FTP

本节通过一个具体的例子来访问远程的 FTP 服务器。通过使用 FTP 对象的常用函数，来处理与 FTP 服务器建立连接的业务流程，并把这些流程封装成实际的使用场景，详细代码如例 19-14 所示。

【例 19-14】使用 Python 访问 FTP。

```python
from ftplib import FTP

def ftpconnect(host, username, password):
    ftp = FTP()
    ftp.connect(host, 21)          #连接
    ftp.login(username, password)  #登录
    return ftp


def downloadfile(ftp, remotepath, localpath):
    bufsize = 1024                 #设置缓冲块大小
    fp = open(localpath,'wb')      #以写模式在本地打开文件
    ftp.retrbinary('RETR ' + remotepath, fp.write, bufsize)  #接收服务器上文件并写入本地文件
    fp.close()                     #关闭文件

def uploadfile(ftp, remotepath, localpath):
    bufsize = 1024
    fp = open(localpath, 'rb')
    ftp.storbinary('STOR '+ remotepath , fp, bufsize)  #上传文件
    fp.close()

if __name__ == "__main__":
    ftp = ftpconnect("*******", "****", "****")
    downloadfile(ftp, "****", "****")
    uploadfile(ftp, "****", "****")
    ftp.quit()
```

本例中，通过函数将每一个步骤进行了封装，来处理不同的过程，ftpconnect()函数主要用来建立 FTP

连接，返回 ftp 对象，在其中调用了 connect()函数和 login()函数来连接 FTP 服务器。downloadfile()函数用来下载文件，在获取到数据后，在本地新建一个文件并向文件写入二进制数据。uploadfile()函数用来上传文件，在其中首先使用 open()函数打开文件，然后使用 storbinary()函数来上传二进制文件到远程服务器。最后在执行完所有操作之后，不要忘记使用 quit()函数来退出 FTP 连接。

19.6 就业面试技巧与解析

19.6.1 面试技巧与解析（一）

面试官：相比直接使用 socket 使用 SocketServer 的优势是什么？

应聘者：虽说用 Python 编写简单的网络程序很方便，但复杂一点儿的网络程序还是用现成的框架比较好。这样就可以专心事务逻辑，而不是套接字的各种细节。SocketServer 模块简化了编写网络服务程序的任务。同时，SocketServer 模块也是 Python 标准库中很多服务器框架的基础。

19.6.2 面试技巧与解析（二）

面试官：Python 网络编程都有哪些常见的应用场景？可以用哪些技术实现？

应聘者：Python 网络编程常见的应用场景有访问网站、发送邮件、使用 FTP 发送文件等。访问网站可以使用 urllib 模块或者 http 模块来实现，邮件的接收可以使用 poplib 模块来实现，邮件的发送可以使用 smtplib 模块来实现，基本的 FTP 服务可以使用 ftplib 来实现。

第 20 章

Web 网站编程技术

 学习指引

Web 应用开发可以说是目前软件开发中最重要的部分。Web 开发经历了以下几个阶段。

静态 Web 页面：由文本编辑器直接编辑并生成静态的 HTML 页面，如果要修改 Web 页面的内容，就需要再次编辑 HTML 源文件，早期的互联网 Web 页面就是静态的。

CGI：由于静态 Web 页面无法与用户交互，例如用户填写了一个注册表单，静态 Web 页面就无法处理。要处理用户发送的动态数据，出现了 Common Gateway Interface（CGI），用 C/C++编写。

ASP/JSP/PHP：由于 Web 应用的特点是修改频繁，用 C/C++这样的低级语言非常不适合 Web 开发，而脚本语言由于开发效率高，与 HTML 结合紧密，因此迅速取代了 CGI 模式。ASP 是微软推出的用 VBScript 脚本编程的 Web 开发技术，而 JSP 用 Java 来编写脚本，PHP 本身则是开源的脚本语言。

MVC：为了解决直接用脚本语言嵌入 HTML 导致的可维护性差的问题，Web 应用也引入了 Model-View-Controller 的模式，来简化 Web 开发。ASP 发展为 ASP.NET，JSP 和 PHP 也有一大堆 MVC 框架。

目前，Web 开发技术仍在快速发展中，异步开发、新的 MVVM 前端技术层出不穷。

Python 的诞生历史比 Web 还要早，由于 Python 是一种解释型的脚本语言，开发效率高，所以非常适合用来做 Web 开发。

Python 有上百种 Web 开发框架，有很多成熟的模板技术，选择 Python 开发 Web 应用，不但开发效率高，而且运行速度快。

本章会详细讨论 Python Web 开发技术。

 重点导读

- Flask 介绍与安装。
- Flask 应用。
- Django 介绍与安装。
- Django 应用。

20.1　Flask Web 网站框架

 ### 20.1.1　Flask 框架简介

Flask 是当下流行的 Web 框架，基于 Python 实现，是一种轻量级 Web 应用框架。轻量级意味着保持核心的简单，但同时又易于扩展。在默认的情况下，Flask 不包括数据库抽象层以及表单验证，或是其他库已经可以胜任的功能，但是，Flask 支持用扩展来给应用添加这些功能。正是这项特性使得它在 Web 开发方面特别流行！

20.1.2　Flask 框架安装

Flask 也被称为 "microframework"，因为它使用简单的核心，用 extension 增加了其他功能。Flask 没有默认使用的数据库、窗体验证工具。然而，Flask 保留了扩增的弹性，可以用 Flask-extension 加入这些功能：ORM、窗体验证工具、文件上传、各种开放式身份验证技术。

在 Windows 下以管理员身份运行命令提示符 cmd，执行以下命令，可安装 Flash。

```
pip install Flask
```

在 Linux 或 Mac 下可能需要使用以下命令。

```
sudo pip install Flask
```

如果想建立一个工作环境与外界不会冲突，那么需要先建立一个虚拟环境，这个环境能够安装所有的东西，而主 Python 不会受到影响。另外一个好处就是这种方式不需要拥有 root 权限。本书演示的环境是在 Windows 下的 Python 3.6 下，同样也会介绍在其他系统的安装。首先，创建一个文件夹，将其命名为 learnflask。

```
python -m venv flask
```

以上命令在 learnflask 中创建了一个名为 flask 的文件夹，其中创建了一个完整的 Python 环境。如果使用 Python 3.4 以下的版本（包括 Python 2.7），想要创建虚拟环境需要先安装 virtualenv.py。如果使用 Mac OS X，请使用下面的命令行安装。

```
sudo easy_install virtualenv
```

在 Windows 下安装 virtualenv 很简单，利用 pip 即可，如下所示。

```
pip install virtualenv
```

之后直接使用 virtualenv 文件名即可创建一个环境，如下所示。

```
cd flask        #进入虚拟环境文件夹
cd Scripts      #进入相关的启动文件夹
activate        #启动虚拟环境
deactivate      #关闭虚拟环境
```

如果是在 Linux、Mac OS X 或者 Cygwin 上，可通过一个接一个输入如下的命令行来安装 Flask 以及扩展（包括以后会用到的库）。

```
$ flask/bin/pip install flask
$ flask/bin/pip install flask-login
$ flask/bin/pip install flask-openid
$ flask/bin/pip install flask-mail
$ flask/bin/pip install flask-sqlalchemy
$ flask/bin/pip install sqlalchemy-migrate
$ flask/bin/pip install flask-whooshalchemy
$ flask/bin/pip install flask-wtf
$ flask/bin/pip install flask-babel
$ flask/bin/pip install guess_language
$ flask/bin/pip install flipflop
```

```
$ flask/bin/pip install coverage
```

如果是在 Windows 上，命令行会有些不同，如下所示。

```
$ flask\Scripts\pip install flask
$ flask\Scripts\pip install flask-login
$ flask\Scripts\pip install flask-openid
$ flask\Scripts\pip install flask-mail
$ flask\Scripts\pip install flask-sqlalchemy
$ flask\Scripts\pip install sqlalchemy-migrate
$ flask\Scripts\pip install flask-whooshalchemy
$ flask\Scripts\pip install flask-wtf
$ flask\Scripts\pip install flask-babel
$ flask\Scripts\pip install guess_language
$ flask\Scripts\pip install flipflop
$ flask\Scripts\pip install coverage
```

20.1.3 Flask 框架第一个程序 "Hello world!"

使用 PyCharm 创建一个工程（项目名最好不要用中文，如图 20-1 所示），代码如下。

```
from flask import Flask          #引入 Flask
app = Flask(__name__)            #创建一个 Flask 实例
@app.route('/')                  #将网址映射到这个函数上
def hello_flask():
    return 'Hello world!'
if __name__ == '__main__':
app.run()                        #执行程序
```

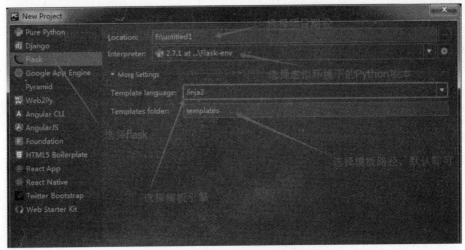

图 20-1　使用 PyCharm 创建工程

这里要注意，如果环境是在 Windows 下，需要选虚拟环境下的 Python，这里选择 Add local（本次实例采用的是 Python 2.7.1）。

创建完成后，会看到已经有模板了，设置编码方式为 utf8，如图 20-2 所示。

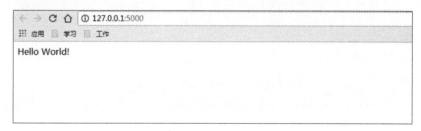

图 20-2　PyCharm 默认模板

执行一下这个模板，可以看到结果给出一个地址，将其复制到浏览器访问，可以看到页面上输出了 "Hello World!"，如图 20-3 所示。

图 20-3　执行结果

20.1.4　Flask 框架的基本使用

1. 路由系统

路由是在 MVC 架构下的 Web 框架中的一个很重要的概念。路由表示用户请求的 URL 找出其对应的处理函数，在 Flask 中 route() 会把一个函数绑定到 URL 上。

1）动态路由（URL 传递参数）

```
@app.route('/MyPage')
def index():
    return 'This is My Page!'
```

这样访问/index 时页面就会显示出 "This is My Page!" 的字样。

还可以通过构建路由传递参数，也可以指定参数的类型，采用规则<converter:variable_name>：

```
Converter(转换器)：int 类型，float 浮点数，path 和默认的相似但接受斜线
```

这种方式将 username 直接传递给函数在页面上打印出来。

```
@app.route('/user/<int:id>')
def show_id(id):
    return 'id_type:'+type(id)
```

2）指定请求方法

```
@app.route('/login', methods=['GET', 'POST'])
#指定请求方法
app=Flask(__name__)
@app.route('/<path:url>/',methods=['get']) #只允许 get 请求
def first_flask(url):
    print(url)
```

```
        return 'Hello World'  #response

if __name__ == '__main__':
    app.run()
```

3）通过别名反向生成 URL

```
from flask import Flask,url_for
app=Flask(__name__)
@app.route('/<path:url>',endpoint='name1')
def first_flask(url):
    print(url_for('name1',url=url)) #如果设置了 url 参数,url_for（别名,加参数）
    return 'Hello World'

if __name__ == '__main__':
    app.run()
```

4）通过 app.add_url_rule()方法调用路由

```
app=Flask(__name__)
def first_flask():
        return 'Hello World'
app.add_url_rule(rule='/index/',endpoint='name1',view_func=first_flask,methods=['GET'])
#app.add_url_rule(rule=访问的 url,endpoint=路由别名,view_func=视图名称,methods=[允许访问的方法])
if __name__ == '__main__':
    app.run()
```

5）通过扩展路由功能：正则匹配 URL

```
from flask import Flask, views, url_for
from werkzeug.routing import BaseConverter

app = Flask(import_name=__name__)


    class RegexConverter(BaseConverter):
        """
        自定义 URL 匹配正则表达式
        """
      def __init__(self, map, regex):
        super(RegexConverter, self).__init__(map)
        self.regex = regex

      def to_python(self, value):
          """
          路由匹配时,匹配成功后传递给视图函数中参数的值
          param value:
          :return:
          """
        return int(value)

      def to_url(self, value):
          """
          使用 url_for 反向生成 URL 时,传递的参数经过该方法处理,返回的值用于生成 URL 中的参数
```

```
            :param value:
             :return:
            """
            val = super(RegexConverter, self).to_url(value)
            return val


        #添加到 Flask 中
        app.url_map.converters['regex'] = RegexConverter
        @app.route('/index/<regex("\d+"):nid>')
        def index():

                print(url_for('index', nid='888'))
                return 'Index'
        if __name__ == '__main__':
                app.run()
```

2. 进行请求处理

利用 request 进行请求处理，代码如下。

```
from flask import request                          #导入 request 库
request.args.get("key")                            #获取以 get 请求的 url 中的参数 key 的值
request.form.get("key", type=str, default=None)    #用于获取表单中传入的参数
request.values.get("key")                          #用于获取所有参数
request.respond                                    #用于获取其请求方式
```

3. 视图

给 Flask 视图函数加装饰器，代码如下。

```
#给 Flask 视图加装饰器
#定义 1 个装饰器

def auth(func):
    print('我在上面')
    def inner(*args,**kwargs):
        return func(*args,**kwargs)
    return inner


app=Flask(__name__)

@app.route('/',methods=['GET'])
@auth #注意如果要给视图函数加装饰器,一定要加在路由装饰器下面,才会被路由装饰器装饰
def first_flask():
    print('ffff')
    return 'Hello World'


if __name__ == '__main__':
    app.run()
```

1）请求相关信息

```
request.method: 获取请求方法
request.json
request.json.get("json_key"): 获取 JSON 数据 **较常用
```

request.argsget('name') ：获取 GET 请求参数

request.form.get('name') ：获取 POST 请求参数

request.form.getlist('name_list')：获取 POST 请求参数列表（多个）

request.values.get('age') ：获取 GET 和 POST 请求携带的所有参数（GET/POST 通用）

request.cookies.get('name')：获取 cookies 信息

request.headers.get('Host')：获取请求头相关信息

request.path：获取用户访问的 url 地址，例如（/, /login/, / index/）；

request.full_path：获取用户访问的完整 url 地址+参数 例如（/login/?age=18）

request.script_root

request.url：获取访问 url 地址，例如 http://127.0.0.1:5000/?age=18；

request.base_url：获取访问 url 地址，例如 http://127.0.0.1:5000/；

request.url_root

request.host_url

request.host：获取主机地址

request.files：获取用户上传的文件

obj = request.files['the_file_name']

obj.save('/var/www/uploads/' + secure_filename(f.filename)) 直接保存

2）响应相关信息

return "字符串" ：响应字符串。

return render_template('html 模板路径',**{})：响应模板。

return redirect('/index.html')：跳转页面。

Flask 之 CBV 视图。

具体代码如下。

```
#CBV 视图
from flask import Flask,url_for,views
#------------------------------------------------------
app=Flask(__name__)              #装饰器


def auth(func):
    print('我在上面')
    def inner(*args,**kwargs):
        return func(*args,**kwargs)
    return inner
#------------------------------------------------------
class IndexView(views.MethodView):  #CBV 视图
    methods=['GET']                 #允许的 http 请求方法（该 CBV 只允许 GET 方法）
    decorators = [auth,]            #每次请求过来都加 auth 装饰器

    def get(self):
        return 'Index.GET'
    def post(self):
        return 'Index.POST'

app.add_url_rule('/index/',view_func=IndexView.as_view(name='name1'))
#(name='name1'反向生成 url 别名
if __name__ == '__main__':
    app.run()
```

4. cookie 与 session 在 Flask 中的使用

在网站中，http 请求是无状态的。也就是说，即使第一次和服务器连接后并且登录成功后，第二次请求服务器依然不能知道当前请求是哪个用户。cookie 的出现就是为了解决这个问题，第一次登录后服务器返回一些数据（cookie）给浏览器，然后浏览器保存在本地，当该用户发送第二次请求的时候，就会自动地把上次请求存储的 cookie 数据携带给服务器，服务器通过浏览器携带的数据就能判断当前用户是哪个了。cookie 存储的数据量有限，不同的浏览器有不同的存储大小，但一般不超过 4KB。因此使用 cookie 只能存储少量的数据。

在 Flask 中操作 cookie，是通过 response 对象来实现的，可以在 response 返回之前，通过 response.set_cookie 来设置，这个方法有以下几个参数需要注意。

key：设置的 cookie 的 key。

value：key 对应的 value。

max_age：设置 cookie 的过期时间，如果不设置，则浏览器关闭后就会自动过期。

expires：到 expires 设置的时间失效，应该是一个 datetime 类型。

domain：该 cookie 在哪个域名中有效。一般设置子域名，例如 cms.example.com。

path：该 cookie 在哪个路径下有效。

具体代码如下。

```
from flask import request
app=Flask(__name__)
@app.route('/')
def index():
    username = request.cookies.get('username')
设置cookie:
@app.route('/')
def index():
    resp = make_response("hello world")
    resp.set_cookie('username', 'the username')
    return resp
删除cookie:
def index():

    resp = make_response("hello world")
    resp.set_cookie('username', 'the username',expires=0) #实质上就是将过期时间设置为 0
    return resp
```

session 和 cookie 的作用有点儿类似，都是为了存储用户相关的信息。不同的是，cookie 是存储在本地浏览器，而 session 是存储在服务器。存储服务器的数据会更加安全，不容易被窃取。但存储在服务器也有一定的弊端，就是会占用服务器的资源，但服务器发展至今，存储一些 session 信息还是绰绰有余的。

Flask 中的 session 是通过 from flask import session，然后添加 key 和 value 进去即可。

client side session：Flask 中的 session 机制是将 session 信息加密，然后存储在 cookie 中。专业术语叫作 client side session。

server side session：存储在服务器，客户端保存的是 session_id（通过 cookie 完成）。

```
from flask import Flask, session, redirect, url_for, request
app = Flask(__name__)
@app.route('/')
def index():
    if 'username' in session:
```

```
          return 'Logged in as %s' % session['username']        #获取 session 中的 username
      return 'Hi,You are not logged in'
@app.route('/login', methods=['GET', 'POST'])
def login():
    if request.method == 'POST':
        session['username'] = request.form.get('username') #将表单中传入的 username 作为 session 中
                                                            的 username 值传入
        return redirect(url_for('index'))
    return '''
      <form action="" method="post">
          <p><input type=text name=username>
          <p><input type=submit value=Login>
      </form>
    '''
@app.route('/logout')
def logout():
    session.pop('username', None)          #session 中删掉 username,实际就是设置其为空
    return redirect(url_for('index'))      #跳转回 index 页面

app.config['SECRET_KEY']='123456'          #设置密钥
app.run(port=5001,debug=True)
```

除上述设置密钥方法外还可以使用如下方法进行设置。

```
app.secret_key = 'A0Zr98j/3yX R~XHH!jmN]LWX/,?RT'/example
```

5. Flask 中的重定向、跳转与错误

当用户访问一些需要登录的页面时，如果用户没有登录，那么会重定向到登录页面。

跳转多用于旧网址在废弃前转向新网址以保证用户的访问，有页面被永久性移走的概念。而重定向表示页面的展示性转移，通常使用 Flask 下的 redirect 实现，代码如下。

```
from flask import Flask,request,redirect,url_for
app=Flask(__name__)
@app.route('/')
def index():
    return redirect(url_for('myindex1'))
@app.route('/myindex1')
def myindex1():
    return 'index1'
def index2():
abort(404)
app.run(port=5001,debug=True)
```

在代码中使用 abort(code)会放弃请求并返回错误代码 code。之后的语句不会再执行默认情况，错误代码会显示一个黑白的错误页面。如果要定制错误页面，可以使用 errorhandler()装饰器。

```
from flask import render_template
@app.errorhandler(404)
def page_not_found(error):
    return render_template('page_not_found.html'), 404
```

注意 render_template()调用之后的 404。它告诉 Flask，该页的错误代码是 404，即没有找到（网页不存在）。默认为 200，也就是一切正常。

6. 模板与渲染

在 Python 中生成 HTML 实际上是一个很烦琐的过程，不过在 Flask 下已经配置好了 Jinja2 的模板，避免了这一烦琐的过程。接下来介绍有关知识。

模板可以保持应用程序与网页的布局或者界面逻辑是分开的，这样用户会更加容易组织。

1）渲染模板

需要先导入 render_templatem 模块，然后先在文件所在目录创建一个文件夹，命名为 templates，然后在文件夹中新建一个 HTML 网页文件，如图 20-4 所示（渲染时框架会自动寻找网页文件，不必添加 templates 这个路径，这是由 Flask 框架决定的）。

图 20-4　目录结构

```
<!DOCTYPE html>
<html lang="en">
<head>
    <meta charset="UTF-8">
    <title>index</title>
</head>
<body>
This is index Page !
</body>
</html>
```

直接返回渲染的 index.html。

```
#-*- coding:utf-8 -*-
 from flask import Flask, render_template

app = Flask(__name__)

@app.route("/")
def index():
    return render_template("index.html")


if __name__ == "__main__":
    app.run()
```

刷新网页可以看到渲染好的网页，如图 20-5 所示。

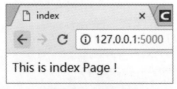

图 20-5　运行结果

2）传递参数到网页显示

HTML 中参数的传递需要用的是两个大括号{{}}，并把参数写入其中，代码如下。

```
<!DOCTYPE html>
<html lang="en">
<head>
    <meta charset="UTF-8">
    <title>index</title>
</head>
<body>
This is index Page !
<p>The word is {{ myword }}</p>
</body>
</html>
```

网页的前端代码执行后，便使用 **flask** 编写后台代码。

```
#-*- coding:utf-8 -*-

from flask import Flask, render_template

app = Flask(__name__)

@app.route("/")
def index():
    return render_template("index.html", myword = "I Love Flask !")
if __name__ == "__main__":
    app.run()
```

刷新网页之后会得到如图 20-6 所示结果。

图 20-6 运行结果

7. 文件上传

Flask 下的文件上传是利用 request.files，使用时一定要记住设置 enctype="multipart/form-data"属性（将文件以二进制形式上传），否则浏览器不会发送文件。

```
from flask import request,Flask
app=Flask(__name__)
@app.route('/upload', methods=['GET', 'POST'])
def upload_file():
    if request.method == 'POST':
        f = request.files['file']          #获取到上传的文件
        f.save('C:\\uploaded_file.txt')    #保存到 c 盘下命名为 uploaded_file.txt
        return 'you have successed in uploading! '

    return '''
    <form action="" method="post" enctype="multipart/form-data">
        <p><input type=file name=file>
        <p><input type=submit value=上传>
```

```
        </form>
        '''
app.run(port=10000,debug=True)
```

8. 数据库的使用

数据库操作在 Web 开发中扮演着一个很重要的角色，网站中很多重要的信息都需要保存到数据库中，如用户名、密码等。Django 框架是一个基于 MVT 思想的框架，也就是说它本身就已经封装了 Model 类，可以在文件中直接继承过来。但是在 Flask 中，并没有把 Model 类封装好，需要使用一个扩展包 Flask-SQLAlchemy。它是一个对数据库的抽象，让开发者不用编写这些 SQL 语句，而是使用其提供的接口去操作数据库，这其中涉及一个非常重要的思想：ORM。什么是 ORM 呢？

1）ORM

ORM 的全称是 Object Relationship Map，即对象-关系映射，主要功能是实现模型对象到关系型数据库数据的映射，就是使用通过对象去操作数据库。

ORM 操作过程图如图 20-7 所示。

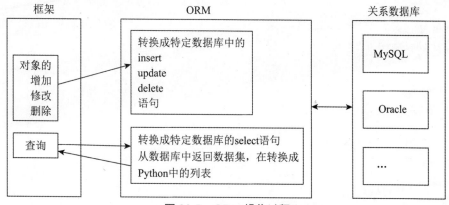

图 20-7　ORM 操作过程

ORM 的优点如下。

（1）不需要编写 SQL 代码，这样可以把精力放在业务逻辑处理上。

（2）使用对象的方式去操作数据库。实现数据模型与数据库的解耦，利于开发。

ORM 的缺点是性能较低。

2）如何使用 Flask 中的数据库操作

（1）导入第三方数据库扩展包：

from flask_sqlalchemy import SQLAlchemy

（2）配置 config 属性，连接数据库：

```
app.config["SQLALCHEMY_DATABASE_URI"]="mysql://root:mysql@localhost/first_flask"
app.config["SQLALCHEMY_TRACK_MODIFICATIONS"] = False
```

如果设置为 True（默认值），Flask-SQLAlchemy 将追踪对象的修改并且发送信号。这需要额外的内存，在这里禁用它。

（3）创建数据库 first_flask。

（4）创建操作数据库对象：

db = SQLAlchemy(app)

对于第（2）步中数据库引擎的设置可根据表 20-1 使用 URL 指定数据库。

表 20-1　数据库引擎与 URL

数据库引擎	URL
MySQL	mysql+pymysql://username:password@hostname/database
Postgres	postgresql://username:password@hostname/database
SQLite(UNIX)	sqlite:////absolute/path/to/database
SQLite(Windows)	sqlite:///c:/absolute/path/to/database

【例 20-1】在 Flask 下创建一个表并添加数据。

```python
from flask import Flask
from flask_sqlalchemy import SQLAlchemy
from settings import Config

app = Flask(__name__)
app.config.from_object(Config)
#创建数据库实例对象
db = SQLAlchemy(app)

class Role(db.Model):
    """创建角色模型类"""
    __tablename__ = 'roles'

    id = db.Column(db.Integer, primary_key=True)
    name = db.Column(db.String(64), unique=True)

    #描述 roles 表和 users 表的关系
    #第一个参数为模型类名
    #第二个参数 backref 为模型类名声明新属性,这样就可以实现反向查询
    #第三个参数决定了什么时候从数据库中查询数据
    us = db.relationship('User', backref='role', lazy='dynamic')

    def __repr__(self):
        return 'Role:%s' % self.name


class User(db.Model):
    """创建用户模型类"""
    #设置表名
    __tablename__ = 'users'
    #添加主键
    id = db.Column(db.Integer, primary_key=True)
    #用户名
    name = db.Column(db.String(30), unique=True)
    email = db.Column(db.String(64), unique=True)
    password = db.Column(db.String(64))
    #定义一个外键
    role_id = db.Column(db.Integer, db.ForeignKey('roles.id'))
```

```
    def __repr__(self):
        return 'User:%s' % self.name


if __name__ == '__main__':
    #先删除表
    db.drop_all()
    #创建表
    db.create_all()
    #添加数据
```

但是这么创建其实会报一个 sqlalchemy.exc.IntegrityError 错误，这是因为字段的唯一性与 debug 的自动调试有冲突。解决办法有以下两种。

第一种：不要将删除表和创建表这两句注释，每次执行都要带着这两句话。无论是 debug 模式自动执行还是手动执行程序，都会先删除表然后再创建表，所以执行多少次都不怕。

第二种：关闭 debug 模式，即 app.run()。

【例 20-2】Pymysql 的增删改查。

```
#增加
def create():
    artcle1 = article(title='标题',content='内容')
    db.session.add(artcle1)
    db.session.commit()
    return 'ok!'
#删除
def delete():
    results = article.query.filter_by(id=1).all()
    db.session.delete(results)
    db.session.commit()
    return '删除成功'
#修改
def change():
    results = article.query.filter_by(id=1).all()
    print(results[0].title)
    results[0].title = 'new title'
    db.session.commit()
    return '修改成功'
#查询
def getdata():
    results =article.query.filter_by(title='标题').all()
    print(results)
    resData = []
    for x in results:
        resdata.append({
            'title':x.title,
       'content':x.content
        })
    print(resData)
    return '查询成功'
```

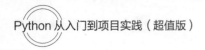

20.2　Django Web 网站框架

20.2.1　Django 框架简介

　　Django 项目是一个 Python 定制框架，它源自一个在线新闻 Web 站点，于 2005 年以开源的形式被释放出来。Django 框架的核心组件如下。

　　（1）用于创建模型的对象关系映射。

　　（2）为最终用户设计的完美管理界面。

　　（3）一流的 URL 设计。

　　（4）设计者友好的模板语言。

　　（5）缓存系统。

20.2.2　Django 框架安装

　　方法一：使用 pip 工具。

　　更新 pip 的版本：

```
python -m pip install --upgrade pip
```

　　首先要确保安装了 pip 工具：

```
pip install Django
```

　　方法二：使用 git。

```
$ git clone git://github.com/django/django.git
$ pip install -e django/
```

　　方法三：下载 Django 的 py 包，然后使用 Python 命令安装。

　　检测是否安装成功：

```
In [1]: import django
In [2]: django.VERSION
Out[2]: (1, 11, 4, u'final', 0)
```

　　Django 默认提供 SQLite 数据库，安装 Python 和 MySQL 的连接模块。

```
pip  install PyMySQL    连接数据库
```

20.2.3　Django 框架第一个程序

　　如果是第一次使用 Django，那么现在进入工作目录，然后执行如下命令，这会自动生成一些建立 Django 项目的代码。

```
$ django-admin startproject myweb
```

　　进入 myweb 目录，看看 startproject 创建了什么东西。

```
$ tree
.
├── manage.py
└── myweb
    ├── __init__.py
```

```
├──── settings.py
├──── urls.py
└──── wsgi.py
```

这些目录和文件的作用如下。

外部 myweb/根目录只是一个项目的容器。它的名字与 Django 无关，可以将其重命名为自己喜欢的任何内容。

manage.py：一个命令行实用程序，可以让用户以各种方式与此 Django 项目进行交互。

内部 myweb/目录是项目的实际 Python 包。它的名字是需要用来导入其中的任何内容的 Python 包名称（例如 myweb.urls）。

myweb/__init__.py：一个空的文件，告诉 Python 这个目录应该被认为是一个 Python 包。

myweb/settings.py：此 Django 项目的设置/配置。Django 设置会告诉用户所有关于设置的工作原理。

myweb/urls.py：该 Django 项目的 URL 声明；Django 网站的"目录"。

myweb/wsgi.py：WSGI 兼容的 Web 服务器为项目提供服务的入口点。

```
python manage.py runserver 0.0.0.0:8000
```

这样我们访问 http://127.0.0.1:8000/就会看到如图 20-8 所示的结果，就说明项目启动成功了。

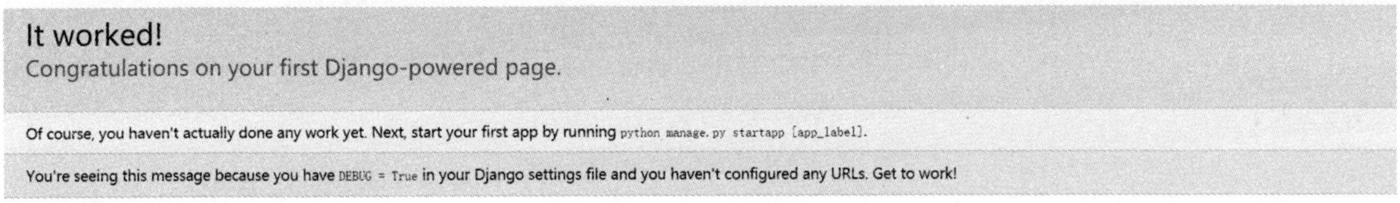

It worked!
Congratulations on your first Django-powered page.

Of course, you haven't actually done any work yet. Next, start your first app by running `python manage.py startapp [app_label]`.

You're seeing this message because you have DEBUG = True in your Django settings file and you haven't configured any URLs. Get to work!

图 20-8　执行结果

20.2.4　Django 框架的基本使用

1. 路由与构造 url

基本代码格式如下。

```
from django.conf.urls import url

urlpatterns = [
    url(正则表达式, views 视图函数,参数,别名),
]

Django 2.0 版本中的路由系统已经替换成下面的写法（官方文档）:
from django.urls import path
urlpatterns = [
    path('articles/2003/', views.special_case_2003),
    path('articles/<int:year>/', views.year_archive),
    path('articles/<int:year>/<int:month>/', views.month_archive),
    path('articles/<int:year>/<int:month>/<slug:slug>/', views.article_detail),
]
```

正则表达式：一个正则表达式字符串。

views 视图函数：一个可调用对象，通常为一个视图函数或一个指定视图函数路径的字符串。

参数：可选的要传递给视图函数的默认参数（字典形式）。

别名：一个可选的 name 参数。

2. Request 对象的基本使用

在每一个视图函数中都会先引用 request 对象，它是 view()函数的第一个参数，基本使用如下。

```
request.scheme
代表请求的方案,http 或者 https
request.path
请求的路径,例如请求 127.0.0.1/org/list,那这个值就是/org/list
request.method
表示请求使用的 http 方法,GET 或者 POST 请求
request.encoding
表示提交数据的编码方式
request.GET
获取 GET 请求
request.POST
获取 POST 请求,例如前端提交的用户密码,可以通过 request.POST.get()来获取
另外,如果使用 POST 上传文件的话,文件信息将包含在 FILES 属性中
request.COOKIES
包含所有的 cookie
request.META
```

一个标准的 Python 字典，包含所有的 HTTP 首部。具体的头部信息取决于客户端和服务器，下面是一些实例。

```
CONTENT_LENGTH —— 请求的正文的长度（是一个字符串）。
CONTENT_TYPE —— 请求的正文的 MIME 类型。
HTTP_ACCEPT —— 响应可接收的 Content-Type。
HTTP_ACCEPT_ENCODING —— 响应可接收的编码。
HTTP_ACCEPT_LANGUAGE —— 响应可接收的语言。
HTTP_HOST —— 客服端发送的 HTTP Host 头部。
HTTP_REFERER —— Referring 页面。
HTTP_USER_AGENT —— 客户端的 user-agent 字符串。
QUERY_STRING —— 单个字符串形式的查询字符串（未解析过的形式）。
REMOTE_ADDR —— 客户端的 IP 地址。
REMOTE_HOST —— 客户端的主机名。
REMOTE_USER —— 服务器认证后的用户。
REQUEST_METHOD —— 一个字符串，例如"GET" 或"POST"。
SERVER_NAME —— 服务器的主机名。
SERVER_PORT —— 服务器的端口（是一个字符串）。
request.user
```

一个 AUTH_USER_MODEL 类型的对象，表示当前登录的用户。

如果用户当前没有登录，user 将设置为 django.contrib.auth.models.AnonymousUser 的一个实例。可以通过 is_authenticated()区分它们。

把 request 传给前端的时候，前端可以通过{% if request.user.is_authenticated %}判断用户是否登录。

```
request.session
```

3. Get 和 Post 请求传参

在前面 Flask 中演示了表单提交，那么在 Django 中又是如何实现的呢？

代码如下：

```
from django.http import HttpResponse
from django.shortcuts import render_to_response
#表单页面
def test_form(request):
    return render_to_response("test.html")
#接收以及处理表单请求数据
def test(request):
    request.encoding='utf-8'
    if request.method=="GET":
        message = '你的方式为 get '
    elif request.method=="POST":
        message = '你的方式为 post '
    else:
        message="未识别！"
    return HttpResponse(message)
```

之后在 helloworld/templates 下创建一个 test.html，代码如下。

```
<!DOCTYPE html>
<html>
<head>
<meta charset="utf-8">
<title>test</title>
</head>
<body>
    <p>get 请求</p>
    <form action="/search-get" method="get">
        <input type="text" >
        <input type="submit" value="Submit">
    </form>
    <p>post 请求</p>
    <form action="/search-post" method="post">
        <input type="text" >
        <input type="submit" value="Submit">
    </form>
</body>
</html>
```

最后在 helloworld/helloworld/urls.py 中添加 url 请求处理。

```
from django.conf.urls import include, url
from django.contrib import admin
from django.conf.urls import url
from . import views

urlpatterns = [
    url(r'^search$', views.test_form),
    url(r'^search-post$', views.test),
    url(r'^search-get$', views.test),
]
```

注意：在 post 表单中，当直接提交的时候会产生 CSRF 的错误，此时先采用禁用的方式，在 setting 中将 MIDDLEWARE_CLASSES 中的一个中间件叫作 django.middleware.csrf.CsrfViewMiddleware 注释掉。

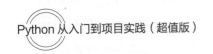

4. CSRF 的问题

Django 中使用 post 的话会遇到如下的错误，如图 20-9 所示。

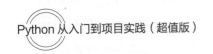

图 20-9　错误执行结果

这个错误的意思是 CSRF 校验失败，request 请求被丢弃掉。下面先来了解下什么是 CSRF。

CSRF 即 Cross Site Request Forgery（跨站点伪造请求）。举例来讲，某个恶意的网站上有一个指向你的网站的链接，如果某个用户已经登录到你的网站上了，那么当这个用户单击这个恶意网站上的那个链接时，就会向你的网站发来一个请求，你的网站会以为这个请求是用户自己发来的，其实这个请求是那个恶意网站伪造的。

假如用户 abc 登录了银行的网站，并且向 abc2 进行了转账，对银行发送的请求是 http://bank.example/withdraw?account=abc&amount=1000000&for=abc2。通常情况下，请求发送到服务器后，服务器会首先验证是否是合法的 session，如果是则转账成功。假设黑客也有同样银行的账号。他知道转账的时候会生成如上的请求链接。黑客也可以发送同样的请求给服务器要求转账给自己。但是服务器校验他的这个请求不是合法的 session。因此黑客想到了 CSRF 的方式。他自己做一个网站，在网站中放置如下链接：http://bank.example/withdraw?account=abc&amount=1000000&for=heike 并且通过广告或其他的方式诱使 abc 单击这个链接，上述 URL 就会从 abc 的浏览器发向银行，而这个请求会附带 abc 浏览器中的 cookie 一起发向银行服务器。大多数情况下，该请求会失败，因为他要求 abc 的认证信息。但是，如果 abc 当时恰巧刚访问他的银行后不久，他的浏览器与银行网站之间的 session 尚未过期，浏览器的 cookie 之中含有 abc 的认证信息。这时，悲剧发生了，这个 URL 请求就会得到响应，钱将从 abc 的账号转移到黑客的账号，而 abc 当时毫不知情。

那么解决办法是什么呢？

CSRF 攻击之所以能够成功，是因为黑客可以完全伪造用户的请求，该请求中所有的用户验证信息都是存在于 cookie 中，因此黑客可以在不知道这些验证信息的情况下直接利用用户自己的 cookie 来通过安全验证。要抵御 CSRF，关键在于在请求中放入黑客所不能伪造的信息，并且该信息不存在于 cookie 之中。可以在 HTTP 请求中以参数的形式加入一个随机产生的 token，并在服务器端建立一个拦截器来验证这个 token，如果请求中没有 token 或者 token 内容不正确，则认为可能是 CSRF 攻击而拒绝该请求。

那么回到 Django 中的 post 失败，有以下两种解决办法。

解决办法一：将 CSRF 中间层注释掉。

```
MIDDLEWARE = [
    'django.middleware.security.SecurityMiddleware',
    'django.contrib.sessions.middleware.SessionMiddleware',
    'django.middleware.common.CommonMiddleware',
```

```
#    'django.middleware.csrf.CsrfViewMiddleware',
     'django.contrib.auth.middleware.AuthenticationMiddleware',
     'django.contrib.messages.middleware.MessageMiddleware',
     'django.middleware.clickjacking.XFrameOptionsMiddleware',

]
```

此时将不会进行 CSRF 的校验，但如前面所述，这是一种不安全的行为，而且 Djano 也不推荐使用。

解决办法二：在前面的提示中有这样一句话：

```
In any template that uses a POST form, use the csrf_token tag inside the <form> element if the
form is for an internal URL, e.g.:
```

```
<form action="" method="post">{% csrf_token %}
```

也就是说，在网页中加入 csrf_token 的标签就可以通过 CSRF 校验。

Django 提供的 CSRF 防护机制如下。

（1）Django 第一次响应来自某个客户端的请求时，会在服务器端随机生成一个 token，把这个 token 放在 cookie 里。然后每次 POST 请求都会带上这个 token，这样就能避免被 CSRF 攻击。

（2）在返回的 HTTP 响应的 cookie 里，Django 会添加一个 csrftoken 字段，其值为一个自动生成的 token，在所有的 POST 表单时，必须包含一个 csrfmiddlewaretoken 字段（只需要在模板里加一个 tag，Django 就会自动帮用户生成，见下面）。

（3）在处理 POST 请求之前，Django 会验证这个请求的 cookie 里的 csrftoken 字段的值和提交的表单里的 csrfmiddlewaretoken 字段的值是否一样。如果一样，则表明这是一个合法的请求，否则，这个请求可能是来自于别人的 CSRF 攻击，返回 403 Forbidden。

（4）在所有 AJAX POST 请求里，添加一个 X-CSRFTOKEN header，其值为 cookie 里的 csrftoken 的值。

5. cookie 与 session 在 Django 中的使用

cookie 与 session 的定义在 Flask 中已经进行了阐述，接下来直接看看在 Django 中如何直接应用。

【例 20-3】添加 cookie。

```
def login(req):
    if req.method=="POST":
        uf = UserInfoForm(req.POST)
        if uf.is_valid():
            username = uf.cleaned_data["username"]
            password = uf.cleaned_data["password"]
            print username,password
            users = UserInfo.objects.filter(username=username,password=password)
            if users:
                response = HttpResponseRedirect("/index/")
                response.set_cookie("username",username,3600)
                return response
            else:
                return HttpResponseRedirect("/login")
            # return HttpResponseRedirect()
    else:
        uf = UserInfoForm()
    return render_to_response("login.html",{"uf":uf})
```

【例 20-4】获得 cookie。

```
def index(req):
Username=req.COOKIES.get("username","")
return render_to_response("index.html",{"username":username})
```

【例 20-5】删除 cookie。

```
    Response.delete_cookie("username")
```

【例 20-6】添加 session。

```
def sesion(req):
    if req.method == "POST":
        uf = UserInfoForm(req.POST)
        if uf.is_valid():
            username = uf.cleaned_data["username"]
            req.session["username"] = username
            return HttpResponseRedirect("/index/")
    else:
        uf = UserInfoForm()
    return render_to_response("LoadFile.html",{"uf":uf})
```

【例 20-7】获取 session。

```
def index(req):
    username = req.session.get("username","")
    return render_to_response("index.html",{"username":username})
```

【例 20-8】删除 session。

```
del req.session['username']
```

6. 模板与渲染

在 Django 中主要通过 render()这个函数进行渲染。

【例 20-9】通过 render()函数渲染。

```
#views.py
from app.models import Author          #引入一个类
def query(request):
    #result=Author.objects.all()
    result=Author.objects.values_list()  #返回数据库查询结果（sql:select * from Author），list 类型，
                                          （下文会讲到）
    return render(                        #将返回的数据渲染到页面
        request,
        'query.html',
        {
            'title':'Query',
            'result':result,              #将查询结果渲染到 app/query.html 的变量 result 中
            'year':datetime.now().year,
        }
    )
```

通过上述的第三个参数，就能将变量传递给 HTML 进行渲染达到想要的目的！

7. 数据库的使用

Django 中每一个 model 都对应于数据库中的一张表，每个 model 中的字段都对应于数据库表的列。

方便的是，Django 可以自动生成这些 create table,alter table,drop table 的操作。

想想看，如果每次修改 Django 中的数据模型，又要去同步修改数据库中的模型，是多么麻烦的一件事。更不用说那些容易发生的细节上的错误了。

1）创建模型

假设要为一个 shopping mall 创建一个简单的数据模型。

商场里分各个区域，如化妆品区、女装区、男装区等。对应 Area 模型，有字段区域名 name，描述 description，管理人员 manager。

接着，在每个区域中又有许多商铺。对应 Store 模型，有字段商铺名 name，外键 area（area 与 store 为一对多关系）。

而每个商铺里，贩卖各种商品。对应 Item 模型，有字段商品名 name，价格 price，外键 store（store 与 item 为一对多关系）。

【例 20-10】数据库的使用。

```python
from django.db import models
from django.contrib.auth.models import User

class Area(models.Model):
    name = models.CharField(max_length=30)
    description = models.CharField(max_length=100)
    manager = models.ForeignKey(User, blank=True, null=True)

    def __str__(self):
        return self.name
class Store(models.Model):
    name = models.CharField(max_length=30)
    area = models.ForeignKey(Area, on_delete=models.CASCADE, related_name='stores')

    def __str__(self):
        return self.name


class Item(models.Model):
    name = models.CharField(max_length=30)
    price = models.IntegerField()
    store = models.ForeignKey(Store, on_delete=models.CASCADE)

    def __str__(self):
        return self.name
```

（1）主键

我们注意到，在上面定义 model 时，并没有定义主键。这是因为除非显式指定，Django 会自动为模型增加一个字段名为 id 的主键。

```python
id = models.AutoField(primary_key=True)
```

当然，也可以自定义主键，只要给字段设置 primary_key=True 就可以了。这时候，Django 就不会自动为模型设置 id 主键了。

primary_key=True 意味着 null=False 以及 unique=True。也就是说，主键是非空且独一无二的，它是用来在这个表中标识这一行数据的。

在 Django 的模型中，主键也是只读的。

（2）外键

在模型中定义外键时，同步数据库后，Django 默认在外键字段名后加上"_id"作为数据库表的列名。

ForeignKey()常用的额外参数如下。

级联删除：on_delete=models.CASCADE。

反向查询：如在 Store 模型的外键 store 字段中设置 realted_name='stores'，可以在关系的另一端即 area 端反向查询到 stores。

（3）__str__()方法

给每个模型定义__str__()方法是一个很好的做法，这不只是为了交互时方便，也是因为 Django 会在其他一些地方用__str__()来显示对象。

注意：__str__()方法必须返回字符串。

2）生成模型

每一次对 model 的修改，都需要运行以下两条命令来同步数据库。

```
1 python manage.py makemigrations
2 python manage.py migrate
```

（1）makemigrations

其中第一条命令的作用是生成 migrations 文件。

在我们的例子中，执行 makemigrations 后 shell 中会有以下输出。

```
1 Migrations for 'shop':
2   0001_initial.py:
3     - Create model Area
4     - Create model Store
5     - Create model Item
```

而这时候，在我们的 app shop 中能看到一个 migrations 文件夹，打开 0001_initial.py，就能看到对应的 migration 语句。

（2）migrate

而第二条命令的作用是将这些 migrations 应用到数据库上去。

在我们的例子中，执行 migrate 后 shell 中会有以下输出。

```
1 Operations to perform:
2   Apply all migrations: silk, sessions, admin, auth, shop, contenttypes
3 Running migrations:
4   Rendering model states... DONE
5   Applying shop.0001_initial... OK
```

自动生成的表名为 app 名（shop）和模型的小写名称（area,store,item）的组合（用下画线_组合）。如在 app shop 下的模型 Area 对应数据库中的 shop_area 表。

（3）说明

每个 app 的 migration 文件都会在 app 中的 migrations 文件夹下被生成。

在 Django 中，每一次对模型以及模型中的字段的增加、删除或修改，都会在执行 python manage.py makemigrations 后生成相应的 migrations。

建议仔细检查 makemigrations 后 shell 中的输出，尤其是在对模型进行了复杂的改变时。检查完毕后再执行 migrate。

当然，如果在运行 makemigrations 后反悔了，可以不执行 migrate，而是转去删除刚刚生成的 migrations 文件。

3）数据库的基本操作

（1）增

先为 shopping mall 增加一个化妆品区：

```
from django.shortcuts import HttpResponse
from .models import Area


def add_area(request):
    area = Area.objects.create(name='cosmetic', description='充满香味儿')
    return HttpResponse('added!')
```

其中，代码 area = Area.objects.create(name='cosmetic',description='充满香味儿')所对应的 MySQL 语句为：

```
insert into shop_area(name,description) values('cosmetic','充满香味儿');
```

（2）查

现在列出 shopping mall 中的所有区域。

【例 20-11】 （实例文件：ch20\Chap20.44.txt）

```
from django.shortcuts import HttpResponse
from .models import Area


def list_area(request):
    area = Area.objects.all()
    print(area)          #在 shell 中输出[<Area: 'cosmetic'>],如果没有定义__str__(),将输出无意义的
[<Area: Area object>]


    return HttpResponse('listed!')
```

代码 area = Area.objects.all()相当于 MySQL 语句：

```
select * from shop_area;
```

复习一下：shop_area 为 Django 为模型自动生成的表名（app_model）。

（3）改

在（1）中，并没有为化妆品区指定管理人员。现在，修改化妆品区的信息，将 rinka 指定为管理人员。

首先，要创建一个 rinka 用户。这里将创建一个名为 rinka 的 superuser：

```
python manage.py create superuser
```

接着，将创建的 rinka 用户指定为化妆品区的管理人员。

```
from django.shortcuts import HttpResponse
from .models import Area
from django.contrib.auth.models import User


def update_area(request):
    rinka = User.objects.get(username='rinka')
    area = Area.objects.get(id=1)
    area.manager = rinka
```

```
        area.save()

        return HttpResponse('updated!')
```

注意：必须调用对象的 save()方法，对象实例的修改才会保存到数据库中去。这是一个容易出错的地方。

第 8～10 行代码对应的 MySQL 语句为：

```
update shop_area set manager_id=1 where id=1;
```

复习一下：manager_id 为 Django 默认为外键生成的列名（foreignkey_id）。

（4）删

删除操作很简单，现在来删除数据库表 shop_area 中 id 为 1 的那一行数据。

```
from django.shortcuts import HttpResponse
from .models import Area

def delete_area(request):
    area = Area.objects.get(id=1)
    area.delete()

    return HttpResponse('deleted!')
```

第 6～7 行语句对应的 MySQL 语句为：

```
delete from shop_area where id=1;
```

总结：

Django 中数据库基本操作如下。

1. 同步数据库

```
python manage.py makemigrations    #生成migrations
python manage.py migrate           #应用migrations
```

2. 增

```
Model.objects.create(**kwargs)
```

3. 查

```
Model.objects.all()
```

4. 改

```
m = Model.objects.get(id=1)
m.name = 'new_name'
m.save()
```

5. 删

```
m = Model.objects.get(id=1)
m.delete()
```

20.3　就业面试技巧与解析

20.3.1　面试技巧与解析（一）

面试官：简述对 Django、Flask 的理解？

应聘者：

Django 框架：遵循 MTV 框架设计，自带内嵌的 ORM 框架，Admin 后台管理，自带的 SQLite 数据库和开发测试用的服务器给开发者提高了开发效率。

Flask 框架：自由、灵活、可扩展性强。其核心基于 Werkzeug WSGI 工具和 jinja2 模板引擎的一个微型框架，Werkzeug 本质是 Socket 服务端，用于 Web 开发中接收 HTTP 请求并预处理，然后触发 Flask 框架，将处理结果返回用户。如果处理复杂用户信息，可以借助 jinja2 将模板和数据进行渲染，并将渲染后信息返回给用户浏览器。

20.3.2　面试技巧与解析（二）

面试官：简述 Tornado 框架主要模块及介绍？

应聘者：

Tornado 主要模块：

- web - FriendFeed 基础 Web 框架，包含了 Tornado 的大多数重要的功能；
- escape - XHTML，JSON，URL 的编码/解码方法；
- database - 对 MySQLdb 的简单封装，使其更容易使用；
- template - 基于 Python 的 web 模板系统；
- httpclient - 非阻塞式 HTTP 客户端，它被设计用来和 web 及 httpserve 协同工作；
- locale - 针对本地化和翻译的支持；
- options - 命令行和配置文件解析工具，针对服务器环境做了优化底层模块；
- httpserver - 服务于 web 模块的一个非常简单的 HTTP 服务器的实现；
- iostream - 对非阻塞式的 Socket 的简单封装，以方便常用读写操作；
- ioloop - 核心的 I/O 循环。

第 21 章

基于 tkinter 的 GUI 界面编程

 学习指引

人们更喜欢通过直观的表达方式来感受计算机处理的结果，因此便出现了 GUI。使用 GUI，大大提高了计算机与用户的交互性，使用户的操作更加方便灵活。Python 中有许多开发 GUI 的库，本章主要介绍 tkinter 这个库。学好这个库是十分重要的，它内容丰富，功能强大。本章主要学习使用 tkinter 创建 GUI 时的一些基本组件和方法，了解 tkinter 函数。学习完本章内容便可以写一个属于自己的完整化窗口小程序了，是不是非常有趣？

 重点导读

- 认识 GUI。
- 认识 tkinter。
- 掌握 tkinter 常用组件。
- 掌握 tkinter 常用布局。
- 了解响应事件机制。
- 掌握 tkinter 对话框。

21.1 GUI 简介

图形用户界面（Graphical User Interface，GUI，又称图形用户接口）是指采用图形方式显示的计算机操作用户界面。与早期计算机使用的命令行界面相比，图形界面对于用户来说在视觉上更易于接受。然而界面若要通过在显示屏的特定位置，以各种美观而不失单调的视觉消息提示用户状态的改变，比简单的消息呈现要花上更多的计算能力。

图形用户界面是一种人与计算机通信的界面显示格式，允许用户使用鼠标等输入设备操纵屏幕上的图标或菜单选项，以选择命令、调用文件、启动程序或执行其他一些日常任务。与通过键盘输入文本或字符命令来完成例行任务的字符界面相比，图形用户界面有许多优点。图形用户界面由窗口、下拉菜单、对话框及其相应的控制机制构成，在各种新式应用程序中都是标准化的，即相同的操作总是以同样的方式来完成，在图形用户界面，用户看到和操作的都是图形对象。

21.2　Python 中编写 GUI 的库

Python 中含有多个图形开发界面的库，常见的几种图形化界面库如下。

（1）Jython：Jython 程序可以和 Java 无缝集成。除了一些标准模块，Jython 使用 Java 的模块。Jython 几乎拥有标准的 Python 中不依赖于 C 语言的全部模块。例如，Jython 的用户界面将使用 Swing、AWT 或者 SWT。Jython 可以被动态或静态地编译成 Java 字节码。

（2）tkinter：tkinter 模块（tk 接口）是 Python 的标准 tk GUI 工具包的接口。tk 和 tkinter 可以在大多数的 UNIX 平台下使用，同样可以应用在 Windows 和 Macintosh 系统里。Tk8.0 的后续版本可以实现本地窗口风格，并良好地运行在绝大多数平台中。

（3）wxPython：wxPython 是一款开源软件，是 Python 语言的一套优秀的 GUI 图形库，允许 Python 程序员很方便地创建完整的、功能齐全的 GUI 用户界面。

21.3　tkinter 图形化库

21.3.1　tkinter 简介

tkinter 是 Python 的标准 GUI 库。Python 使用 tkinter 可以快速地创建 GUI 应用程序。由于 tkinter 是内置到 Python 的安装包中，只要安装好 Python 之后就能导入 tkinter 库。而且 IDLE 也是用 tkinter 编写而成。对于简单的图形界面 tkinter 还是能应付自如。tkinter（也叫 tk 接口）是 tk 图形用户界面工具包标准的 Python 接口。tk 是一个轻量级的跨平台图形用户界面（GUI）开发工具。tk 和 tkinter 可以运行在大多数的 UNIX 平台、Windows 和 Macintosh 系统中。

tkinter 由一定数量的模块组成。tkinter 位于一个名为_tki nter（较早的版本名为 tki nter）的二进制模块中。tkinter 包含对 tk 的低级接口模块，低级接口并不会被应用级程序员直接使用，通常是一个共享库（或 DLL），但是在一些情况下它也被 Python 解释器静态链接。

21.3.2　安装 tkinter 库

在使用 tkinter 库前，必须先把这个库安装到编译软件里。

步骤 1：检查安装，以下信息显示我们没有安装这个库，如图 21-1 所示。

步骤 2：安装，可以直接输入如图 21-2 所示内容。

图 21-1　没有安装

>>>$sudo apt-get install python-tk

图 21-2　安装 tkinter 库

21.3.3　导入 tkinter 库

计算机里有了 tkinter 库后，在编程时，需要导入这个库，才能使用其中的功能。导入 tkinter 模块一般采用的方法如图 21-3 所示。

```
import tkinter
from tkinter import*
```

图 21-3　导入 tkinter 库

21.3.4　创建图形用户界面步骤

Python 的 GUI 用户界面有一个主窗口，这个主窗口中又有各种各样的组件。主窗口和各种组件都称为对象，具有属性和方法。tkinter 图形库是一个基于面向对象思想的用户界面设计工具包，所以要充分掌握面向对象的思想。创建图形化界面的主要步骤如下。

（1）创建主窗口。

（2）添加组件并设置组件属性。

（3）调整对象的位置和大小。

（4）为组件添加事件处理机制。

（5）进入主事件循环。

接下来用一个实例创建一个简单的 GUI 界面程序。

【例 21-1】创建一个简单窗口。

```
from tkinter import *
#创建根窗口
root = Tk()
#设置窗口标题
root.title("第一个窗口")
#设置窗口大小
root.geometry("300x200")
#在窗体中创建一个框架,用它来承载其他小部件
app = Frame(root)
#设置布局管理器
app.grid()
label = Label(app,text="你好")
label.grid()
btn = Button(app)
btn.grid()
#通过 configure()方法操作
btn.configure(text = "请点击")
root.mainloop()
```

程序运行结果如图 21-4 所示。

图 21-4　第一个窗口

21.4 tkinter 库中的组件

21.4.1 组件分类

窗口化界面中的内容都是由一个个组件组成，例如按钮、文本框、标签、菜单栏等。目前有 15 种 tkinter 的组件，下面对这些组件做一个简单的介绍。

Button 按钮控件：在程序中显示按钮。

Canvas 画布控件：显示图形元素，如线条或文本。

Checkbutton 多选框控件：用于在程序中提供多项选择框。

Entry 输入控件：用于显示简单的文本内容。

Frame 框架控件：在屏幕上显示一个矩形区域，多用来作为容器。

Label 标签控件：可以显示文本和位图。

Listbox 列表框控件：在 Listbox 窗口中的部件是用来显示一个字符串列表给用户。

Menubutton 菜单按钮控件：用于显示菜单项。。

Menu 菜单控件：显示菜单栏、下拉菜单和弹出菜单。

Message 消息控件：用来显示多行文本，与 Label 比较类似。

Radiobutton 单选按钮控件：显示一个单选的按钮状态。

Scale 范围控件：显示一个数值刻度，为输出限定范围的数字区间。

Scrollbar 滚动条控件：当内容超过可视化区域时使用，如列表框。

Text 文本控件：用于显示多行文本。

Toplevel 容器控件：用来提供一个单独的对话框，和 Frame 比较类似。

Spinbox 输入控件：与 Entry 类似，但是可以指定输入范围值。

PanedWindow：是一个窗口布局管理的插件，可以包含一个或者多个子控件。

LabelFrame：是一个简单的容器控件。常用于复杂的窗口布局。

tkMessageBox：用于显示应用程序的消息框。

所有控件都具有共同属性，如大小、字体和颜色等，这些属性可以丰富组件的内容，使图形化界面更加美观。我们对控件的属性做如下介绍。

Dimension：控件大小。

Color：控件颜色。

Font：控件字体。

Anchor：锚点。

Relief：控件样式。

Bitmap：位图。

Cursor：光标。

21.4.2 布局组件

tkinter 控件有特定的几何状态管理方法，管理整个控件区域组织的方法就是布局。所谓布局，就是指控制窗体容器中各个控件（组件）的位置关系。

tkinter 共有三种几何布局管理器，分别是：pack 布局、grid 布局、place 布局。接下来简单了解一下这些布局。

1. pack 布局

使用 pack 布局，将向容器中添加组件，第一个添加的组件在最上方，然后依次向下添加。pack 的常用属性如表 21-1 所示。

表 21-1　pack 的常用属性

属 性 名	属 性 简 介	取　值	取 值 说 明
fill	设置组件是否向水平或垂直方向填充	X、Y、BOTH 和 NONE	fill = X（水平方向填充） fill = Y（垂直方向填充） fill = BOTH（水平和垂直） NONE 不填充
expand	设置组件是否展开，当值为 YES 时，side 选项无效。组件显示在父容器中心位置；若 fill 选项为 BOTH，则填充父组件的剩余空间。默认为不展开	YES、NO（1、0）	expand=YES expand=NO
side	设置组件的对齐方式	LEFT、TOP、RIGHT、BOTTOM	值为左、上、右、下
ipadx、ipady	设置 x 方向（或者 y 方向）内部间隙（子组件之间的间隔）	可设置数值，默认是 0	非负整数，单位为像素
padx、pady	设置 x 方向（或者 y 方向）外部间隙（与之并列的组件之间的间隔）	可设置数值，默认是 0	非负整数，单位为像素
anchor	锚选项，当可用空间大于所需求的尺寸时，决定组件被放置于容器的何处	N、E、S、W、NW、NE、SW、SE、CENTER（默认值为 CENTER）	表示八个方向以及中心

除此之外，pack 类还提供了下列函数（使用组件实例对象调用）。

pack_slaves()：以列表方式返回本组件的所有子组件对象。

pack_configure(option=value)：给 pack 布局管理器设置属性，使用属性（option）=取值（value）方式设置。

propagate(boolean)：设置为 True 表示父组件的几何大小由子组件决定（默认值），反之则无关。

pack_info()：返回 pack 提供的选项所对应的值。

pack_forget()：unpack 组件，将组件隐藏并且忽略原有设置，对象依旧存在。

location(x,y)：(x,y)为以像素为单位的点，函数返回此点是否在单元格中，以及在哪个单元格中。返回单元格行列坐标，（−1,−1）表示不在其中。

2. grid 布局

grid 布局又被称作网格布局，是大家喜欢使用的布局。我们可以很容易地把它划分为一个几行几列的网格，然后根据行号和列号，将组件放置于网格之中。使用 grid 布局时，用 row 表示行，用 column 表示列。注意，row 和 column 的序号都从 0 开始。grid 的常用属性如表 21-2 所示。

表 21-2　grid 的常用属性

属 性 名	属 性 简 介	取 值	取 值 说 明
row、column	row 为行号，column 为列号，设置将组件放置于第几行第几列	取值为行、列的序号，不是行数与列数	row 和 column 的序号都从 0 开始
sticky	设置组件在网格中的对齐方式	N、E、S、W、NW、NE、SW、SE、CENTER	类似于 pack 布局中的锚选项
rowspan	组件所跨越的行数	跨越的行数	取值为跨越占用的行数，而不是序号
columnspan	组件所跨越的列数	跨越的列数	取值为跨越占用的列数，而不是序号
ipadx、ipady、padx、pady	组件的内部、外部间隔距离，与 pack 的该属性用法相同	同 pack	同 pack

除此之外，grid 类还提供了下列函数（使用组件实例对象调用）。

grid_slaves()：以列表方式返回本组件的所有子组件对象。

grid_configure(option=value)：给 pack 布局管理器设置属性，使用属性（option）=取值（value）方式设置。

grid_propagate(boolean)：设置为 True 表示父组件的几何大小由子组件决定（默认值），反之则无关。

grid_info()：返回 pack 提供的选项所对应的值。

grid_forget()：unpack 组件，将组件隐藏并且忽略原有设置，对象依旧存在。

grid_location(x,y)：(x,y)为以像素为单位的点，函数返回此点是否在单元格中，以及在哪个单元格中。返回单元格行列坐标，(-1,-1) 表示不在其中。

3. place 布局

place 布局是最简单最灵活的一种布局，使用组件坐标来放置组件的位置。但是不太推荐使用，在不同分辨率下，界面往往有较大差异。place 的常用属性如表 21-3 所示。

表 21-3　place 的常用属性

属 性 名	属 性 简 介	取 值	取 值 说 明
anchor	锚选项，同 pack 布局	默认值 NW	同 pack 布局
x、y	组件左上角的 x、y 坐标	整数，默认值 0	绝对位置坐标，单位像素
relx、rely	组件相对于父容器的 x、y 坐标	0～1 浮点数	相对位置，0.0 表示左边缘（或上边缘），1.0 表示右边缘（或下边缘）
width、height	组件的宽度、高度	非负整数	单位像素
relwidth、relheight	组件相对于父容器的宽度、高度	0～1 浮点数	与 relx（rely）取值相似
bordermode	如果设置为 INSIDE，组件内部的大小和位置是相对的，不包括边框；如果是 OUTSIDE，组件的外部大小是相对的，包括边框	INSIDE、OUTSIDE（默认值 INSIDE）	可以使用常量 INSIDE、OUTSIDE，也可以使用字符串形式"inside" "outside"

除此之外，place 类还提供了下列函数（使用组件实例对象调用）。

place_slaves()：以列表方式返回本组件的所有子组件对象。

place_configure(option=value)：给 pack 布局管理器设置属性，使用属性（option）=取值（value）方式设置。

propagate(boolean)：设置为 True 表示父组件的几何大小由子组件决定（默认值），反之则无关。

place_info()：返回 pack 提供的选项所对应的值。

place_forget()：unpack 组件，将组件隐藏并且忽略原有设置，对象依旧存在。

location(x,y)：(x,y)为以像素为单位的点，函数返回此点是否在单元格中，以及在哪个单元格中。返回单元格行列坐标，（-1,-1）表示不在其中。

21.5　常用组件

21.5.1　按钮组件

按钮（Button）也称命令组件，是图形用户界面最常见的组件，它是用户命令程序进行某项操作的基本手段。一个简单的按钮，用来响应用户的一个单击操作，能够与一个 Python 函数关联，当按钮被单击时，自动调用该函数。下面的语句表示在 A 窗口中添加了一个按钮控件：

```
>>>btn=Button(A,text="Quit"),command=A.quit)
```

其中，属性 command 是按钮的核心，它一般和函数连用，单击这个按钮时则会触发这个函数执行下一步内容。

【例 21-2】创建一个按钮。

```
from tkinter import *
def onclick():
    print("点击成功 !!!")
root = Tk()
#实例化 Button,使用 command 选项关联一个函数,单击按钮则执行该函数
button = Button(root,text='这是一个按钮',fg='black',command=onclick)
#设置 pack 布局方式
button.pack()
root.mainloop()
```

程序运行结果如图 21-5 所示。

单击一次按钮能看到结果如图 21-6 所示。

图 21-5　创建一个按钮　　　　图 21-6　单击按钮

21.5.2　标签组件

tkinter 模块定义了 Label 类来创建标签控件。创建标签时需要指定其父控件和文本内容，前者由 Label 构造函数的第一个参数指定，后者用属性 text 指定。

```
>>>aLabel=Label(A,text="你好",bg="green",fg="black",width=50)
```

可以看到标签还有其他属性，例如 bg 控制标签背景颜色，fg 控制标签文本颜色，width 控制标签的宽度等。Label 用于显示一个文本或图像。

Label 的属性可以直接参考按钮，事实上按钮就是一个特殊的标签，只不过按钮多出了单击响应的功能。

【例 21-3】创建一个标签。

```
from tkinter import *
root = Tk()
label_1 = Label(root,text="我是标签",bg="green",fg="black",width=50)
label_1.pack()
root.mainloop()
```

程序运行结果如图 21-7 所示。

21.5.3　文本框组件

文本框（Entry）用于输入和编辑文本。输入过程中
随时可以进行编辑，如光标定位、修改、插入等。tkinter
模块提供的 Entry 类可以实现单行文本的输入和编辑。下面的语句创建并布置一个单行文本框控件：

图 21-7　创建标签

```
>>>Entry(A).pack
```

需要注意一点，Entry 与 Lable 和 Button 不同，其 text 属性是无效的。当用户输入数据之后，应用程序
要用某种方法来获取用户的输入，方便对输入的数据进行处理。可以通过 Entry 对象中的 textvariable 属性
将文本框与一个 StringVar 类型的控制变量关联。

StringVar 类属于 tkinter，在界面编程的时候，需要跟踪变量值的变化，以保证值的变更随时可以显示
在界面上。由于 Python 无法做到这一点，所以使用了 tcl 的相应对象，也就是 StringVar。StringVar 除了 set
外还有其他的函数，包括：get 用于返回 StringVar 变量的值，trace（mode,callback）用于在某种 mode 被触
发的时候调用 callback()函数。

Entry 还可以将其 state 属性设置为 readonly，变为只读，则单行文本框不能编辑，变成了显示文字的
Label。

【例 21-4】创建一个单行输入文本框。

```
from tkinter import *
root = Tk()
e = StringVar()
#使用 textvariable 属性,绑定字符串变量 e
entry = Entry(root,textvariable = e)
e.set('请输入……')
entry.pack()
root.mainloop()
```

程序运行结果如图 21-8 所示。

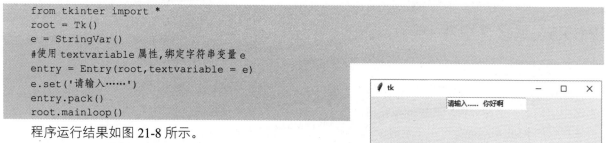

图 21-8　创建一个单行输入文本框

21.5.4　菜单栏组件

菜单（Menu）也是常用的控件之一。菜单控件是一个由许多菜单项组成的列表，每一个菜单项表示一
条命令或一个选项。用户则使用鼠标或者键盘对菜单进行操作。tkinter 模块提供 Menu 类创建菜单组件，具
体用法是先创建一个菜单控件对象，并与某个窗口（主窗口或者顶层窗口）进行关联，然后再为该菜单添
加菜单项。不同的菜单项用不同的方法来添加，例如：

简单命令：add_command()

级联式命令：add_cascade()

复选框：add_checkbutton()

单选按钮：add_radiobutton()

菜单分割线（使菜单结构清晰）：add_separator()

【例21-5】创建一个菜单。

```python
from tkinter import *
#定义一个项级大窗口
root = Tk()
#在大窗口下定义一个项级菜单实例
menubar = Menu(root)
#在顶级菜单实例下创建子菜单实例
fmenu = Menu(menubar)
for each in ['1','2','3','4']:
    fmenu.add_command(label=each)
vmenu = Menu(menubar)
#为每个子菜单实例添加菜单项
for each in ['1','2','3']:
    vmenu.add_command(label=each)
emenu = Menu(menubar)
for each in ['1','2']:
    emenu.add_command(label=each)
amenu = Menu(menubar)
for each in ['1','2']:
    amenu.add_command(label=each)
#为顶级菜单实例添加菜单,并级联相应的子菜单实例
menubar.add_cascade(label='1',menu=fmenu)
menubar.add_cascade(label='2',menu=vmenu)
menubar.add_cascade(label='3',menu=emenu)
menubar.add_cascade(label='4',menu=amenu)
#顶级菜单实例应用到大窗口中
root['menu']=menubar
root.mainloop()
```

程序运行结果如图21-9所示。

图 21-9　创建一个菜单

21.5.5　选择性组件

1. 单选按钮

选择性组件有单选按钮和复选框，先来了解一下单选按钮，即在同一组内只能有一个按钮被选中，每当选中组内的一个按钮时，其他的按钮自动改为非选中态。与其他控件不同的是，它有组的概念。tkinter模块提供的 Radiobutton 类可用于创建单选按钮，其语法格式如下：

```python
>>>Radiobutton(A,text="选项一").pack
```

该按钮的使用较为简单，同样使用 command 关联函数，单击时响应。实际应用中是将多个相关的单选按钮组合成一个组，使得每次都只能有一个按钮被选中。这需要创建 IntVar 和 StringVar 类型的控制变量，然后将同组的每个单选按钮的 variable 属性都设置成该控制变量。由于多个单选按钮共享一个控制变量，而控制变量只能取一个值，所以选中一个单选按钮就会导致取消另一个。

【例21-6】创建单选按钮。

```python
from tkinter import *
def sel():
    selection = "You selected the option " + str(var.get())
    print(selection)
root = Tk()
```

```
#创建整型变量,用于绑定,相同的整型变量为同一组
var = IntVar()
R1 = Radiobutton(root, text="Option 1", variable=var, value=1,command=sel)
R1.pack( anchor = W )
R2 = Radiobutton(root, text="Option 2",variable=var,value=2,command=sel)
R2.pack( anchor = W )
R3 = Radiobutton(root, text="Option 3", variable=var, value=3,command=sel)
R3.pack( anchor = W)
root.mainloop()
```

程序运行结果如图 21-10 所示。

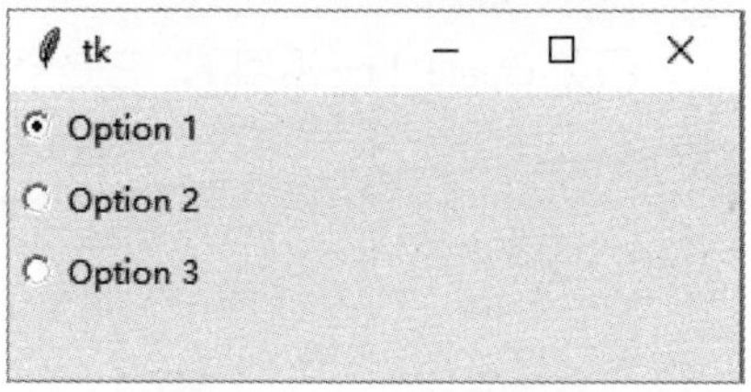

2. 复选框

复选框用来提供一些选项供用户进行选择,用户可以选择多项。tkinter 模块的 Checkbutton 类用于创建复选框组件,其用法如下。

```
>>>Checkbutton(A,text="选项一").pack()
```

图 21-10　创建单选按钮

在实际应用中通常将多个复选框组合为一组,为用户提供多个相关的选项,用户可以从中选择一个或多个选项。可使用 variable 属性将复选框与一个 IntVar 或 StringVar 类型的控制变量关联,用来查询和设置选项状态。

【例 21-7】创建复选框。

```
import tkinter as tk
#主窗口
window = tk.Tk()
window.geometry('300x300')
#复选框
var1 = tk.IntVar()
var2 = tk.IntVar()
c1 = tk.Checkbutton(window, text = 'Python', variable = var1,
    onval = 1, offval = 0 )
c2 = tk.Checkbutton(window, text = 'C++', variable = var2,
    onval = 1, offval = 0)
c1.pack()
c2.pack()
#主事件循环
window.mainloop()
```

程序运行结果如图 21-11 所示。

图 21-11　创建复选框

21.5.6　绘制图形

Python 强大丰富的库,不仅可以帮助我们开发窗口化小程序,还能帮助我们实现绘制图形的功能。tkinter 中的 Canvas 提供了绘图功能,其提供的图形组件包括线形、圆形、图片,甚至其他控件。Canvas 控件为绘制图形图表、编辑图形、自定义控件提供了可能。

1. 创建一个画布

如果要画图,就需要用到 canvas(画布)对象,也就是 Canvas 类的对象(由 tkinter 模块提供)。创建一个画布时,给 Python 传入画布的宽度和高度(以像素为单位)。其他方面和按钮的代码相同。

```
>>> from tkinter import*
>>> tk = Tk()
```

```
>>> canvas = Canvas(tk,width=500,height=500)
>>> canvas.pack()
```

2. 开始画线

要在画布上画线，就要用到像素坐标。一般画布的左上角为起点坐标（0,0），画布的右下角为终点坐标（500,500），终点坐标根据前面创建画布传入的宽高大小所得。我们用 create_line() 函数来指定这些坐标，如下所示。

```
>>> canvas.create_line(0,0,500,500)
1
```

函数 create_line 返回 1，它是个标志。如果要用 turtle 模块做同样的事情，那就需要下面这段代码。

```
>>> import turtle
>>> turtle.setup(width=500,height=500)
>>> t=turtle.Pen()
>>> t.up()
>>> t.goto(-250,250)
>>> t.down()
>>> t.goto(500,-500)
```

需要注意的是，tkinter 的坐标系如图 21-12 所示。

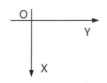

图 21-12　tkinter 坐标系

21.6　事件处理机制

用户的各种操作（例如按键，移动鼠标等）会产生事件。事件随时可能发生，而且量也可能会很大，事件处理机制的做法是把一系列的事件存放一个队列里，逐个处理。

21.6.1　什么是事件

我们已经了解了图形界面以及其内部的组件如何创建，这只是完成了窗口化程序的前端外观部分，接下来要处理的是图形化界面的另一个重要部分，对所有组件对象进行对应的操作功能。我们在创建按钮时就已经接触了事件，图形化界面就是将界面的对象与程序的执行相关联，产生一种新的程序执行模式。用户可以通过鼠标或者键盘，与图形用户界面进行交互操作，交互发生时会产生各种事件，这些事件就是要对程序进行响应和处理。tkinter 模块中定义了很多种事件，帮助我们开发图形化程序。事件描述的一般形式是：

```
<修饰符>-<类型符>-<细节符>
```

1. 常用的键盘和鼠标事件

<Button-1>	鼠标左键按下，2 表示中键，3 表示右键
<ButtonPress-1>	同上
<ButtonRelease-1>	鼠标左键释放
<B1-Motion>	按住鼠标左键移动

\<Double-Button-1\>	双击左键
\<Enter\>	鼠标指针进入某一组件区域
\<Leave\>	鼠标指针离开某一组件区域
\<MouseWheel\>	滚动滚轮
\<KeyPress-A\>	按下 A 键，A 可用其他键替代
\<Alt-KeyPress-A\>	同时按下 Alt 和 A；Alt 可用 Ctrl 和 Shift 替代
\<Double-KeyPress-A\>	快速按两下 A
\<Lock-KeyPress-A\>	大写状态下按 A
\<Key\>	键盘的任意按键

2. 常用的窗口事件

Activate	当组件由不可用转为可用时触发
Configure	当组件大小改变时触发
Deactivate	当组件由可用转变为不可用时触发
Destroy	当组件被销毁时触发
Expose	当组件从被遮挡状态中暴露出来时触发
Unmap	当组件由显示状态变为隐藏状态时触发
Map	当组件由隐藏状态变为显示状态时触发
FocusIn	当组件获得焦点时触发
FocusOut	当组件失去焦点时触发
Property	当窗体的属性被删除或改变时触发
Visibility	当组件变为可视状态时触发

21.6.2　响应事件

1. 响应事件对象

每个事件都能导致系统创建一个事件的对象，并将该对象传递给事件处理函数。事件对象具有描述事件的属性，常用属性如下。

char	返回按键字符，仅对键盘事件有效
keycode	返回按键编码，仅对键盘事件有效
keysym	返回按键名，仅对键盘事件有效
num	鼠标按键，仅对鼠标事件有效
type	触发的事件类型
widget	引起事件的组件
width,height	组件改变后的大小，仅 Configure 有效
x,y	返回鼠标当前位置，相对于窗口
x_root,y_root	返回鼠标当前位置，相对于整个屏幕

2. 事件绑定

一个 tkinter 主要跑在 mainloop 进程里。Events 可能来自多个地方，例如按键、鼠标，或是系统事件。tkinter 提供了丰富的方法来处理这些事件。对于每一个控件，都可以为其绑定方法。对象绑定调用控件对象的 bind()方法实现，一般形式如下：

343

控件对象.bind(事件描述符，事件处理程序)

该语句的含义是，若控件对象发生了与事件描述相符的事件，则调用事件处理程序。调用处理程序时，系统会传递一个 Event 类的对象作为实际参数，该对象描述了所发生事件的详细信息。上面用的绑定方法是绑定到一个实例对象上，这就意味着，如果新建一个实例，它是没有绑定事件的。

【例 21-8】创建按钮绑定事件。

```python
import tkinter as tk
#主窗口
window = tk.Tk()
window.geometry('200x100')  #窗口尺寸
#标签
var = tk.StringVar()
l = tk.Label(window, textvariable=var, bg='Yellow', font=('Aria', 12), width=15, height=2)
l.pack()
#按钮的响应事件
on_hit = False
def hit_me():
    global on_hit
    if on_hit == False:
        on_hit = True
        var.set('点击成功')
    else:
        on_hit = False
        var.set('')
#按钮
b = tk.Button(window, text='请点击', width=15, height=2, command=hit_me)
b.pack()
#主事件循环
window.mainloop()
```

程序运行结果如图 21-13 所示。

图 21-13　按钮单击成功事件

21.7　对话框

对话框是一个独立的顶层窗口，通常存在于执行过程中需要弹出的窗口，可以输入和显示信息。对话框有标准对话框（messagebox\filedialog\colorchooser）和自定义对话框两类。

21.7.1　标准对话框

（1）messagebox 对话框：用于显示信息或进行简单对话的消息框。

（2）filedialog 对话框：用于文件浏览、打开和保存的对话框。

（3）colorchooser 对话框：用于选择颜色的对话框。

【例 21-9】 标准对话框综合应用。

```python
#简单对话框,包括字符、整数和浮点数
import tkinter as tk
from tkinter import simpledialog
def input_str():
    r = simpledialog.askstring('字符录入', '请输入字符', initialvalue='hello world!')
    if r:
        print(r)
        label['text'] = '输入的是：' + r
def input_int():
    r = simpledialog.askinteger('整数录入', '请输入整数', initialvalue=100)
    if r:
        print(r)
        label['text'] = '输入的是：' + str(r)

def input_float():
    r = simpledialog.askfloat('浮点数录入', '请输入浮点数', initialvalue=1.01)
    if r:
        print(r)
        label['text'] = '输入的是：' + str(r)

root = tk.Tk()
root.title('对话框')
root.geometry('300x100+300+300')
label = tk.Label(root, text='输入对话框,包括字符、整数和浮点数', font='宋体 -14', pady=8)
label.pack()
frm = tk.Frame(root)

btn_str = tk.Button(frm, text='字符', width=6, command=input_str)
btn_str.pack(side=tk.LEFT)
btn_int = tk.Button(frm, text='整数', width=6, command=input_int)
btn_int.pack(side=tk.LEFT)
btn_int = tk.Button(frm, text='浮点数', width=6, command=input_float)
btn_int.pack(side=tk.LEFT)
frm.pack()
root.mainloop()
```

程序运行结果如图 21-14 所示。

图 21-14　标准对话框综合应用

21.7.2　自定义对话框

使用标准对话框时会发现，对话框其实就是一个新的窗口，那么要想自定义一个对话框，便可以使用创建窗口的方法。先创建一个顶级窗口，向其中添加需要的控件和事件就可以自定义属于自己的简单对话框。

【例 21-10】创建按钮绑定事件。

```python
from tkinter import *
def msg():
    top=Toplevel(width=400,height=200)
    Label(top,text='点击成功').pack()
w=Tk()
Button(w,text='点击',command=msg).pack()
w.mainloop()
```

程序运行结果如图 21-15 所示。

图 21-15　自定义对话框

21.8　就业面试技巧与解析

21.8.1　面试技巧与解析（一）

面试官：什么是事件的关联？

应聘者：tkinter 应用程序大部分事件都在事件循环中（通过 mainloop 方法进入事件循环），事件来自于多个来源，例如用户的键盘的输入和鼠标操作，以及 WindowManager 的重绘事件（大多数情况下不是由用户直接调用的）。tkinter 提供强大的机制让用户自己处理事件，每个组件都可以为各种事件绑定 Python 的函数和方法 widget.bind(event,handler)。如果组件中发生了与 event 描述匹配的事，将调用 handler 指定的处理程序。

21.8.2　面试技巧与解析（二）

面试官：事件绑定的三个级别是什么？

应聘者：

（1）实例绑定：将事件与一特定的组件实例绑定。

（2）类绑定：将事件与一组件类绑定。

（3）程序界面绑定：当无论在哪一组件实例上触发某一事件，程序都做出相应的处理。

第5篇

项目实践

在本篇中，将贯通前面所学的各项知识和技能来学会 Python 在游戏开发飞机大战和网上购物系统中的应用技能。通过对本篇的学习，读者将具备使用 Python 创建与设计数据库系统的能力，并为日后进行大型数据库创建与管理积累经验。

- 第 22 章　游戏开发飞机大战
- 第 23 章　网上购物系统

第 22 章

游戏开发飞机大战

 学习指引

本章讲解飞机大战游戏案例,带领读者一同开发这款游戏,通过该游戏案例了解 Python 在游戏中的实际开发应用。

 重点导读

- 了解项目规划的方法。
- 掌握游戏开发的封装类。
- 掌握项目开发步骤。

22.1　项目规划

飞机大战项目规划如图 22-1 所示。

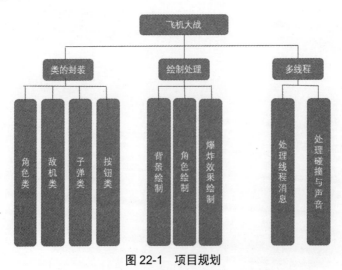

图 22-1　项目规划

22.2 封装类

将游戏中使用到的角色封装成类,一个游戏中的角色应提前构造好类结构,这样整体工程便有了基础,可根据不同角色提前规划。

22.2.1 角色类

角色类是用于玩家进行操作的一个类,该类用于绘制角色,具有根据用户操作改变角色位置的功能,该类继承自 pygame 中的精灵类。

具体代码如下。

```python
import pygame
from pygame.sprite import Sprite
#角色类,继承于精灵类
class Hero(Sprite):
    #创建角色对象
    #传入窗口宽高参数
    def __init__(self,winWidth,winHeight):
        #调用精灵父类方法
        super().__init__()
        #记录窗口宽高
        self.winWidth = winWidth
        self.winHeight = winHeight
        #加载角色喷火飞行图片的两帧
    #这里由于角色图片有透明区域,因此必须使用 convert_alpha()来转换为表面对象
        self.mSurface1 = pygame.image.load("./images/me1.png").convert_alpha()
        self.mSurface2 = pygame.image.load("./images/me2.png").convert_alpha()
        #以第一幅图片为基准获取矩形对象
        self.rect = self.mSurface1.get_rect()
        #定义飞行速度
        self.speed = 10
        #计算角色出现的位置,此处使其出现的位置位于窗口偏底部的正中央
        #通过矩形的 left 和 top 确定矩形区域的位置
        self.rect.left = self.winWidth // 2 - self.rect.width // 2
        self.rect.top = self.winHeight - 50 - self.rect.height
        #从 mSurface1 生成非透明区域遮罩,用于做碰撞检测
        self.mask = pygame.mask.from_surface(self.mSurface1)
    #向左飞行
    def moveLeft(self):
        #只要矩形区域的左边缘没有越界,就持续更新精灵矩形的位置
        if self.rect.left > 0:
            self.rect.left -= self.speed
    #向右飞行: 只要右侧没有越界就持续更新矩形位置
    def moveRight(self):
        if self.rect.right < self.winWidth:
            self.rect.left += self.speed
    #向上飞行: 只要矩形顶部没有越界就持续更新矩形的位置
    def moveUp(self):
        if self.rect.top > 0:
```

```
        self.rect.top -= self.speed
#向下飞行：只要矩形底部没有越界就持续更新矩形的位置
def moveDown(self):
    if self.rect.bottom < self.winHeight:
        self.rect.bottom += self.speed
#按指定向量移动矩形位置
def move(self,dx,dy):
    self.rect.left += dx
    self.rect.top += dy
```

22.2.2　敌机类

敌机类同样继承自精灵类，该类只做机械性操作，敌机出现时在屏幕上的位置随机，一个屏幕出现的敌机数量随机，该类相对比较简单，只做了简单的绘制与移动。

具体代码如下。

```
import random
import pygame
from pygame.sprite import Sprite
#敌机类
class SmallEnemy(Sprite):
    #构造方法：确定外形、确定初始位置、引擎功率
    def __init__(self, winWidth, winHeight):
        Sprite.__init__(self)
        self.winWidth = winWidth
        self.winHeight = winHeight
        #外形
        self.mSurface = pygame.image.load("./images/enemy1.png").convert_alpha()
        #爆炸
        self.dSurface1 = pygame.image.load("./images/enemy1_down1.png").convert_alpha()
        self.dSurface2 = pygame.image.load("./images/enemy1_down2.png").convert_alpha()
        self.dSurface3 = pygame.image.load("./images/enemy1_down3.png").convert_alpha()
        self.dSurface4 = pygame.image.load("./images/enemy1_down4.png").convert_alpha()
        self.dList = [self.dSurface1, self.dSurface2, self.dSurface3, self.dSurface4]
        self.dIndex = 0
        #确定敌机位置
        self.rect = self.mSurface.get_rect()
        self.reset()
        #敌机飞行速度
        self.speed = 5
        #添加碰撞检测遮罩
        self.mask = pygame.mask.from_surface(self.mSurface)
    #重置敌机位置和生命
    def reset(self):
        self.rect.left = random.randint(0, self.winWidth - self.rect.width)
        self.rect.top = 0 - random.randint(0, 1000)
        self.isAlive = True
        self.dIndex = 0
    #机械地向下飞行
    def move(self):
```

```
        if self.rect.top < self.winHeight:
            self.rect.bottom += self.speed
        else:
            self.isAlive = False
            self.reset()
#fCount=当前第几帧
    def destroy(self, fCount, winSurface,dSound):
        winSurface.blit(self.dList[self.dIndex],self.rect)
        if fCount % 3 == 0:
            #切下一副面孔
            self.dIndex += 1
        if self.dIndex == 4:
            dSound.play()
            self.reset()
```

22.2.3　子弹类

　　子弹类由角色发起，同时也继承自精灵类，从屏幕的底部向屏幕的顶部移动，如果与敌机碰撞可以销毁敌机，同时子弹销毁。

　　具体代码如下。

```
class Bullet(Sprite):
    #构造方法：外观、位置、速度
    #position = 机头位置
    def __init__(self):
        super().__init__()
        #外观
        self.mSurface = pygame.image.load("./images/bullet1.png").convert_alpha()
        self.rect = self.mSurface.get_rect()
        #将子弹的顶部中央对齐机头位置
        #self.reset(position)
        self.isAlive = False
        #子弹速度
        self.speed = 15
        #添加碰撞检测遮罩
        self.mask = pygame.mask.from_surface(self.mSurface)
    #重置子弹位置和生命
    def reset(self, position):
        self.rect.left = position[0] - self.rect.width // 2
        self.rect.bottom = position[1]
        self.isAlive = True
    #飞行方法
    def move(self):
        if self.rect.bottom > 0:
            self.rect.top -= self.speed
        else:
            self.isAlive = False
```

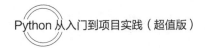

22.2.4　按钮类

按钮类用于控制游戏的暂停与开始，该类的实质是控制线程的暂停与启动，同时根据按钮不同状态绘制相应的图片。

具体代码如下。

```python
import pygame
from pygame.sprite import Sprite
class PauseButton(Sprite):
    def __init__(self,winWidth,winHeight,paused):
        super().__init__()
        self.winWidth = winWidth
        self.winHeight = winHeight
        self.paused = paused
        #外观
        self.sPauseNor = pygame.image.load("./images/pause_nor.png").convert_alpha()
        self.sPausePressed = pygame.image.load("./images/pause_pressed.png").convert_alpha()
        self.sResumeNor = pygame.image.load("./images/resume_nor.png").convert_alpha()
        self.sResumePressed = pygame.image.load("./images/resume_pressed.png").convert_alpha()
        self.currentSurface = self.sPauseNor
        self.rect = self.sPauseNor.get_rect()
        #位置
        self.rect.right = self.winWidth - 10
        self.rect.top = 10
    def onBtnClick(self, paused):
        self.paused = paused
        if self.paused:
            self.currentSurface = self.sResumeNor
            #print("sResumeNor")
        else:
            self.currentSurface = self.sPauseNor
            #print("sPauseNor")
    def onBtnHover(self):
        #print("onBtnHover")
        if self.paused:
            self.currentSurface = self.sResumePressed
            #print("sResumePressed")
        else:
            self.currentSurface = self.sPausePressed
            #print("sPausePressed")
    def onBtnOut(self):
        #print("onBtnOut")
        if self.paused:
            self.currentSurface = self.sResumeNor
            #print("sResumeNor")
        else:
            self.currentSurface = self.sPauseNor
            #print("sPauseNor")
```

22.3　开发步骤

将游戏中使用到的角色封装成类，一个游戏中的角色应提前构造好类结构，这样整体工程便有了基础，可根据不同角色提前规划。

22.3.1　界面绘制

该步骤主要用于界面绘制，首先确定窗体的大小，绘制背景图片，考虑到背景动画效果，因此将其放置于线程中进行绘制。

具体代码如下。

```python
import pygame
import sys
#全局初始化
pygame.init()
#设置窗口的分辨率和标题
resolution = width,height = 480,700                    #设置窗口大小和标题
windowSurface = pygame.display.set_mode(resolution)    #设置分辨率并得到全局的绘图表面
pygame.display.set_caption("飞机大战")                  #设置标题
#加载背景图,返回的表面可以用于绘制其他对象于其上
bgSurface = pygame.image.load("./images/background.png").convert()
#创建时钟对象
clock = pygame.time.Clock()
if __name__ == '__main__':
    #开启消息循环
    while True:
        #处理用户输入
        for event in pygame.event.get():
            #处理退出事件
            if event.type == pygame.QUIT:
                pygame.quit()
                sys.exit()
        #将背景图像绘制于窗口表面 windowSurface
        windowSurface.blit(bgSurface, (0, 0))
        #绘制结束,刷新界面
        pygame.display.flip()
        #时钟停留一帧的时长
        clock.tick(60)
```

22.3.2　消息相应事件

消息处理主要用于线程控制，不同线程运行使用消息机制进行同步，例如背景动画效果、鼠标键盘操作、角色移动等。

具体代码如下。

```python
import pygame
import sys
#全局初始化
```

```
pygame.init()
#设置窗口大小和标题
resolution = width, height = 480, 700
windowSurface = pygame.display.set_mode(resolution)    #设置分辨率并得到全局的绘图表面
pygame.display.set_caption("飞机大战")
#加载背景图
bgSurface = pygame.image.load("./images/background.png").convert()
#创建时钟对象
clock = pygame.time.Clock()
if __name__ == '__main__':
    #开启消息循环
    while True:
        #处理用户事件
        for event in pygame.event.get():
            print(event.type)
            #处理退出事件
            if event.type == pygame.QUIT:
                pygame.quit()
                sys.exit()
            #感应和处理鼠标事件
            #在鼠标键按下、抬起、移动时打印事件发生的位置
            if event.type == pygame.MOUSEBUTTONDOWN:
                print("MOUSEBUTTONDOWN @ ", event.pos)
            if event.type == pygame.MOUSEBUTTONUP:
                print("MOUSEBUTTONUP @ ", event.pos)
            if event.type == pygame.MOUSEMOTION:
                print("MOUSEMOTION @ ", event.pos)
                pass
            #处理键盘事件
            #这种键盘监听方式用于一次性地处理键按下事件,例如开炮等
            if event.type == pygame.KEYDOWN:
                #按下空格键时输出开炮
                if event.key == pygame.K_SPACE:
                    print("开炮!")
                #按下左方向键时输出"左"
                if event.key == pygame.K_LEFT:
                    print("左")
        #检测当前帧按下的键有哪些
        #返回的是一堆布尔值形成的元组,每一个元素的下标对应的是按键的 keycode
        #(0,0,1,1,0...)代表当前帧中 2 号键和 3 号键同时被按下
        #这种键盘监听方式用于持续地处理键盘按下事件,例如持续飞行
        bools = pygame.key.get_pressed()
        print(bools)
        if bools[pygame.K_UP] == 1:
            print("上")
        if bools[pygame.K_DOWN] == 1:
            print("下")
        if bools[pygame.K_LEFT] == 1:
            print("左")
        if bools[pygame.K_RIGHT] == 1:
```

```
        print("右")
    #绘制背景
    windowSurface.blit(bgSurface, (0, 0))
    #刷新界面
    pygame.display.flip()
    #时钟停留一帧的时长
    clock.tick(60)
    pass
```

22.3.3 角色绘制与操控

角色绘制主要涉及角色飞机动态效果，多张图片交替绘制是在线程中完成的。
具体代码如下。

```
import pygame
import sys
from Hero import Hero
#全局初始化
pygame.init()
#设置窗口大小和标题
resolution = width, height = 480, 700
windowSurface = pygame.display.set_mode(resolution)  #设置分辨率并得到全局的绘图表面
pygame.display.set_caption("飞机大战")
#加载背景图
bgSurface = pygame.image.load("./images/background.png").convert()
#创建时钟对象
clock = pygame.time.Clock()
if __name__ == '__main__':
    #创建角色实例
    hero = Hero(width,height)
    #记录帧序号
    count = 0
    #开启消息循环
    while True:
        count += 1
        #处理用户输入
        for event in pygame.event.get():
            #处理退出事件
            if event.type == pygame.QUIT:
                pygame.quit()
                sys.exit()
            #感应和处理鼠标事件
            if event.type == pygame.MOUSEBUTTONDOWN:
                print("MOUSEBUTTONDOWN @ ", event.pos)
            if event.type == pygame.MOUSEBUTTONUP:
                print("MOUSEBUTTONUP @ ", event.pos)
            if event.type == pygame.MOUSEMOTION:
                #print("MOUSEMOTION @ ", event.pos)
                pass
            #处理键盘事件
```

```
        if event.type == pygame.KEYDOWN:
            if event.key == pygame.K_SPACE:
                print("开炮!")
    #检测当前按下的键有哪些
    bools = pygame.key.get_pressed()
    #print(bools)
    if bools[pygame.K_UP] or bools[pygame.K_w]:
        hero.moveUp()
    if bools[pygame.K_DOWN] or bools[pygame.K_s]:
        hero.moveDown()
    if bools[pygame.K_LEFT] or bools[pygame.K_a]:
        hero.moveLeft()
    if bools[pygame.K_RIGHT] or bools[pygame.K_d]:
        hero.moveRight()
    #绘制背景
    windowSurface.blit(bgSurface, (0, 0))
    #绘制飞机
    if count % 3 == 0:
        windowSurface.blit(hero.mSurface1, hero.rect)
    else:
        windowSurface.blit(hero.mSurface2, hero.rect)
    #刷新界面
    pygame.display.flip()
    #时钟停留一帧的时长
    clock.tick(60)
    pass
```

22.3.4　声音处理

声音处理涉及背景音效、子弹发出的声音、敌机被击中爆炸的声音，因此先考虑如何引入音效。
具体代码如下。

```
import pygame
import sys
from Hero import Hero
#全局初始化
pygame.init()
#初始化混音器
pygame.mixer.init()
#设置窗口大小和标题
#加载背景音乐
pygame.mixer.music.load("./sound/game_music.ogg")
#设置背景音乐音量
pygame.mixer.music.set_volume(0.4)
#持续地播放背景音乐
pygame.mixer.music.play(-1)
#加载炸弹音效得到 Sound 对象
bombSound = pygame.mixer.Sound("./sound/use_bomb.wav")
#创建时钟对象
clock = pygame.time.Clock()
```

```
if __name__ == '__main__':
    #创建角色实例
    hero = Hero(width, height)
    count = 0
    #开启消息循环
    while True:
        count += 1
        print(count)
            #处理键盘事件
            if event.type == pygame.KEYDOWN:
                if event.key == pygame.K_SPACE:
                    print("开炮!")
                    #开炮时播放音效
                    bombSound.play()
```

22.3.5 僚机处理

僚机的作用主要是用于预判，例如与敌机碰撞，或者敌机子弹碰撞，可以通过复制当前角色至预判位置，如果发生碰撞进行处理。

具体代码如下。

```
import pygame
import sys
from Hero import Hero
#全局初始化
pygame.init()
pygame.mixer.init()
#设置窗口大小和标题
resolution = width, height = 480, 700
windowSurface = pygame.display.set_mode(resolution)  #设置分辨率并得到全局的绘图表面
pygame.display.set_caption("飞机大战")
#加载背景图
bgSurface = pygame.image.load("./images/background.png").convert()
#加载背景音乐
pygame.mixer.music.load("./sound/game_music.ogg")
pygame.mixer.music.play(-1)
pygame.mixer.music.set_volume(0.4)
bombSound = pygame.mixer.Sound("./sound/use_bomb.wav")
#加载字体
textFont = pygame.font.Font("./font/font.ttf",30)
#创建时钟对象
clock = pygame.time.Clock()
if __name__ == '__main__':
    #创建角色实例
    hero = Hero(width, height)
    #创建僚机
    wingman = Hero(width, height)#僚机
    wingman.move(100,50)
    #建立待碰撞检测的精灵 Group
    #将僚机加入待碰撞检测的列表
```

```
mGroup = pygame.sprite.Group()
mGroup.add(wingman)
count = 0
#开启消息循环
while True:
    count += 1
    #处理用户输入
    for event in pygame.event.get():
        #处理退出事件
        if event.type == pygame.QUIT:
            pygame.quit()
            sys.exit()
        #感应和处理鼠标事件
        if event.type == pygame.MOUSEBUTTONDOWN:
            print("MOUSEBUTTONDOWN @ ", event.pos)
            if hero.rect.collidepoint(event.pos):
                print("别摸我")
        if event.type == pygame.MOUSEBUTTONUP:
            print("MOUSEBUTTONUP @ ", event.pos)
        if event.type == pygame.MOUSEMOTION:
            #print("MOUSEMOTION @ ", event.pos)
            pass
        #处理键盘事件
        if event.type == pygame.KEYDOWN:
    #检测当前按下的键有哪些
    bools = pygame.key.get_pressed()
    #print(bools)
    #绘制背景
    windowSurface.blit(bgSurface, (0, 0))
    #绘制飞机
    if count % 3 == 0:
        windowSurface.blit(hero.mSurface1, hero.rect)
    else:
        windowSurface.blit(hero.mSurface2, hero.rect)
    #绘制僚机
    windowSurface.blit(wingman.mSurface1,wingman.rect)
    #True = 抗锯齿
    #(255,255,255) = 使用白色绘制
    #返回值 textSurface = 返回要绘制的文字表面
    textSurface = textFont.render("Score:00000",True,(255,255,255))
    #绘制文字在(10,10)位置
    windowSurface.blit(textSurface,(10,10))
    #精灵碰撞检测
    #这里如果角色和僚机发生碰撞,控制台会有输出"你碰到我了"
    hitSpriteList = pygame.sprite.spritecollide(hero,mGroup,False,pygame.sprite.collide_mask)
    if len(hitSpriteList) > 0:
        print("你碰到我了")
        #bombSound.play()
    #刷新界面
    pygame.display.flip()
```

```
      #时钟停留一帧的时长
      clock.tick(60)
      pass
```

22.3.6　绘制文本

绘制文本主要用于在游戏中动态显示分数，获取文本并将对应文本转换成图片形式进行绘制。
具体代码如下。

```
import pygame
import sys
from Hero import Hero
#全局初始化
pygame.init()
pygame.mixer.init()
#设置窗口大小和标题
resolution = width, height = 480, 700
windowSurface = pygame.display.set_mode(resolution)    #设置分辨率并得到全局的绘图表面
pygame.display.set_caption("飞机大战")
#加载背景图
bgSurface = pygame.image.load("./images/background.png").convert()
#加载背景音乐
#加载字体
textFont = pygame.font.Font("./font/font.ttf",30)
#创建时钟对象
clock = pygame.time.Clock()
if __name__ == '__main__':
    #创建角色实例
    hero = Hero(width, height)
    wingman = Hero(width, height)#僚机
    wingman.move(100,50)
    #建立待碰撞检测的精灵Group
    mGroup = pygame.sprite.Group()
    mGroup.add(wingman)
    count = 0
    #开启消息循环
    while True:
        count += 1
    #处理用户输入
        for event in pygame.event.get():
            #处理退出事件
            #感应和处理鼠标事件
            #处理键盘事件
            if event.type == pygame.KEYDOWN:
                if event.key == pygame.K_SPACE:
                    print("开炮!")
                    bombSound.play()
        #检测当前按下的键有哪些
        bools = pygame.key.get_pressed()
        #print(bools)
```

```
#绘制背景
windowSurface.blit(bgSurface, (0, 0))
#绘制飞机
if count % 3 == 0:
    windowSurface.blit(hero.mSurface1, hero.rect)
else:
    windowSurface.blit(hero.mSurface2, hero.rect)
#绘制僚机
windowSurface.blit(wingman.mSurface1,wingman.rect)
#True = 抗锯齿
#(255,255,255) = 使用白色绘制
#返回值 textSurface = 返回要绘制的文字表面
textSurface = textFont.render("Score:00000",True,(255,255,255))
#绘制文字在(10,10)位置
windowSurface.blit(textSurface,(10,10))
#精灵碰撞检测
hitSpriteList = pygame.sprite.spritecollide(hero,mGroup,False,pygame.sprite.collide_mask)
if len(hitSpriteList) > 0:
    print("你碰到我了")
    #bombSound.play()
```

22.3.7　增加敌机

增加敌机绘制，敌机应在随机位置出现，屏幕中敌机数量应有所限制，敌机出现后做机械运动。
具体代码如下。

```
if __name__ == '__main__':
    #创建角色实例
    hero = Hero(width, height)
    #创建敌机 Group
    seGroup = pygame.sprite.Group()
    for i in range(ENEMY_NUM):
        se = SmallEnemy(width, height)
        seGroup.add(se)
    count = 0
    #开启消息循环
    while True:
        #绘制角色
        if count % 3 == 0:
            windowSurface.blit(hero.mSurface1, hero.rect)
        else:
            windowSurface.blit(hero.mSurface2, hero.rect)
        #绘制敌机
        for se in seGroup:
            windowSurface.blit(se.mSurface, se.rect)
            #每一帧都让敌机飞行 5 千米
            se.move()
        #绘制文字
        textSurface = textFont.render("Score:00000", True, (255, 255, 255))
```

22.3.8 射击处理

角色发送子弹处理，子弹发出位置应为角色机头部分，子弹出现后同敌机类似执行机械性动作，从角色位置向屏幕上方移动。

具体代码如下。

```python
if __name__ == '__main__':
    #创建角色实例
    hero = Hero(width, height)
    #创建敌机 Group
    seGroup = pygame.sprite.Group()
    for i in range(ENEMY_NUM):
        se = SmallEnemy(width, height)
        seGroup.add(se)
    #创建子弹
    bList = []
    bIndex = 0
    for i in range(BULLET_NUM):
        b = Bullet()
        bList.append(b)
    count = 0
    #开启消息循环
    while True:
        count += 1
        #处理用户输入
        for event in pygame.event.get():
        #绘制背景
        windowSurface.blit(bgSurface, (0, 0))
        #绘制角色
        if count % 3 == 0:
            windowSurface.blit(hero.mSurface1, hero.rect)
        else:
            windowSurface.blit(hero.mSurface2, hero.rect)
        #绘制敌机
        for se in seGroup:
            windowSurface.blit(se.mSurface, se.rect)
            #每一帧都让敌机飞行 5 千米
            se.move()
        #每 10 帧在机头射出一颗子弹
        if count % 10 == 0:
            b = bList[bIndex]                          #取出一颗子弹
            b.reset(hero.rect.midtop)                  #立即装载到当前机头位置
            #windowSurface.blit(b.mSurface, b.rect)    #画子弹
            bulletSound.play()                         #呼啸声
            bIndex = (bIndex + 1) % BULLET_NUM         #序号递增
        #每帧都让子弹飞
        for b in bList:
            if b.isAlive:
                windowSurface.blit(b.mSurface, b.rect) #画子弹
                b.move()
```

22.3.9 爆炸效果

当敌机被角色子弹击中后应产生爆炸效果，这里需要处理两个地方，第一爆炸效果的绘制，第二发生碰撞后的音效。

具体代码如下。

```python
if __name__ == '__main__':
    #创建角色实例
    hero = Hero(width, height)
    #创建敌机 Group
    seGroup = pygame.sprite.Group()
    for i in range(ENEMY_NUM):
        se = SmallEnemy(width, height)
        seGroup.add(se)
    #创建子弹
    bList = []
    bIndex = 0
    for i in range(BULLET_NUM):
        b = Bullet()
        bList.append(b)
    count = 0
    #开启消息循环
    while True:
        count += 1
        #绘制背景
        windowSurface.blit(bgSurface, (0, 0))
        #绘制角色
        if count % 3 == 0:
            windowSurface.blit(hero.mSurface1, hero.rect)
        else:
            windowSurface.blit(hero.mSurface2, hero.rect)
        #绘制敌机
        for se in seGroup:
            if se.isAlive:
                windowSurface.blit(se.mSurface, se.rect)
                #每一帧都让敌机飞行 5 千米
                se.move()
            else:
                se.destroy(count, windowSurface, bombSound)
        #每 10 帧在机头射出一颗子弹
        if count % 10 == 0:
            b = bList[bIndex]                               #取出一颗子弹
            b.reset(hero.rect.midtop)                       #立即装载到当前机头位置
            #windowSurface.blit(b.mSurface, b.rect)         #画子弹
            bulletSound.play()                             #呼啸声
            bIndex = (bIndex + 1) % BULLET_NUM             #序号递增
        #每帧都让子弹飞
        for b in bList:
            if b.isAlive:
                windowSurface.blit(b.mSurface, b.rect)     #画子弹
```

```
            b.move()
        #绘制文字
        textSurface = textFont.render("Score:000", True, (255, 255, 255))
        windowSurface.blit(textSurface, (10, 10))
        #子弹-敌机碰撞检测
        for b in bList:
            if b.isAlive:
                hitEnemyList = pygame.sprite.spritecollide(b, seGroup, False, pygame.sprite.
collide_mask)
                if len(hitEnemyList) > 0:
                    b.isAlive = False
                    for se in hitEnemyList:
                        se.isAlive = False
```

22.3.10　分数处理

这个比较简单，当有敌机被击中后，根据敌机分数进行累加，将累加后的结果绘制到分数区域，实现动态累加效果。

具体代码如下。

```
#绘制文字
textSurface = textFont.render("Score:%d" % (score), True, (255, 255, 255))
windowSurface.blit(textSurface, (10, 10))
#精灵碰撞检测
for b in bList:
    if b.isAlive:
        hitEnemyList = pygame.sprite.spritecollide(b, seGroup, False, pygame.sprite.collide_mask)
        if len(hitEnemyList) > 0:
            b.isAlive = False
            for se in hitEnemyList:
                se.isAlive = False
                score += 100  #打死一个敌人加100分
#刷新界面
```

22.3.11　游戏最终逻辑

通过以上步骤，最终会完成这款飞机大战游戏，这部分是整体游戏逻辑代码，其中包括界面绘制，角色、敌机、子弹绘制，以及按钮被单击后的游戏暂停与开始。

具体代码如下。

```
import pygame
import sys
from Bullet import Bullet
from Button import PauseButton
from Enemy import SmallEnemy
from Hero import Hero
#全局初始化
pygame.init()
pygame.mixer.init()
#设置窗口大小和标题
```

```python
resolution = width, height = 480, 700
windowSurface = pygame.display.set_mode(resolution)    #设置分辨率并得到全局的绘图表面
pygame.display.set_caption("飞机大战")
#加载背景图
bgSurface = pygame.image.load("./images/background.png").convert()
#加载背景音乐
pygame.mixer.music.load("./sound/game_music.ogg")
pygame.mixer.music.play(-1)
pygame.mixer.music.set_volume(0.4)
#加载音效
bombSound = pygame.mixer.Sound("./sound/use_bomb.wav")
bulletSound = pygame.mixer.Sound("./sound/bullet.wav")
#加载字体
textFont = pygame.font.Font("./font/font.ttf", 30)
#创建时钟对象
clock = pygame.time.Clock()
#系统常量
ENEMY_NUM = 10
BULLET_NUM = 10
#业务变量
score = 0    #统计得分
paused = False
if __name__ == '__main__':
    #创建角色实例
    hero = Hero(width, height)
    #创建敌机Group
    seGroup = pygame.sprite.Group()
    for i in range(ENEMY_NUM):
        se = SmallEnemy(width, height)
        seGroup.add(se)
    #创建子弹
    bList = []
    bIndex = 0
    for i in range(BULLET_NUM):
        b = Bullet()
        bList.append(b)
    #创建暂停按钮
    pauseBtn = PauseButton(width,height,paused)
    count = 0
    #开启消息循环
    while True:
        #处理用户输入
        for event in pygame.event.get():
            #处理退出事件
            if event.type == pygame.QUIT:
                pygame.quit()
                sys.exit()
            #感应和处理鼠标事件
            if event.type == pygame.MOUSEBUTTONDOWN:
                #print("MOUSEBUTTONDOWN @ ", event.pos)
                if hero.rect.collidepoint(event.pos):
                    print("别摸我")
            if event.type == pygame.MOUSEBUTTONUP:
                print("MOUSEBUTTONUP @ ", event.pos)
```

```
                    if pauseBtn.rect.collidepoint(event.pos):
                        paused = not paused
                        pauseBtn.onBtnClick(paused)
                if event.type == pygame.MOUSEMOTION:
                    #print("MOUSEMOTION @ ", event.pos)
                    if pauseBtn.rect.collidepoint(event.pos):
                        pauseBtn.onBtnHover()
                    else:
                        pauseBtn.onBtnOut()
            #处理键盘事件
            if event.type == pygame.KEYDOWN:
                if event.key == pygame.K_SPACE and not paused:
                    print("开炮!")
                    #把窗口内的敌人全杀死
                    for se in seGroup:
                        if se.rect.bottom > 0:
                            se.isAlive = False
                            score += 100
    #绘制背景
    windowSurface.blit(bgSurface, (0, 0))
    if paused == False:
        pygame.mixer.music.unpause()
        count += 1
        #检测当前按下的键有哪些
        bools = pygame.key.get_pressed()
        #print(bools)
        if bools[pygame.K_w]:
            hero.moveUp()
        if bools[pygame.K_s]:
            hero.moveDown()
        if bools[pygame.K_a]:
            hero.moveLeft()
        if bools[pygame.K_d]:
            hero.moveRight()
        #每10帧在机头射出一颗子弹
        if count % 10 == 0:
            b = bList[bIndex]                        #取出一颗子弹
            b.reset(hero.rect.midtop)               #立即装载到当前机头位置
            #windowSurface.blit(b.mSurface, b.rect) #画子弹
            bulletSound.play()                      #呼啸声
            bIndex = (bIndex + 1) % BULLET_NUM      #序号递增
        #精灵碰撞检测
        for b in bList:
            if b.isAlive:
                hitEnemyList = pygame.sprite.spritecollide(b, seGroup, False, pygame.sprite.
collide_mask)
                if len(hitEnemyList) > 0:
                    b.isAlive = False
                    for se in hitEnemyList:
                        se.isAlive = False
                        score += 100                #打死一个敌人加100分
    else:
        pygame.mixer.music.pause()
    #绘制角色
```

```
    if count % 3 == 0:
        windowSurface.blit(hero.mSurface1, hero.rect)
    else:
        windowSurface.blit(hero.mSurface2, hero.rect)
    #绘制敌机
    for se in seGroup:
        if se.isAlive:
            windowSurface.blit(se.mSurface, se.rect)
            #每一帧都让敌机飞行5千米
            if not paused:
                se.move()
        else:
            se.destroy(count, windowSurface, bombSound)
    #每帧都让子弹飞
    for b in bList:
        if b.isAlive:
            windowSurface.blit(b.mSurface, b.rect)   #画子弹
            if not paused:
                b.move()
    #绘制文字
    textSurface = textFont.render("Score:%d" % (score), True, (255, 255, 255))
    windowSurface.blit(textSurface, (10, 10))
    #绘制按钮
    windowSurface.blit(pauseBtn.currentSurface, pauseBtn.rect)
    #刷新界面
    pygame.display.flip()
    #时钟停留一帧的时长
    clock.tick(60)
```

游戏运行后的效果如图 22-2 所示。

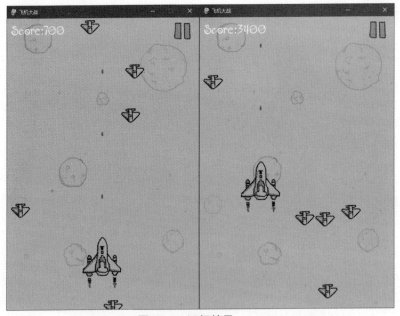

图 22-2　运行效果

第 23 章

网上购物系统

学习指引

本章将通过 Python 结合 Django 开发一套网络购物系统，通过网络购物项目熟悉 Django 网络开发。

重点导读

- 了解项目的开发背景。
- 掌握用户系统的制作方法。
- 掌握购物车系统的制作方法。
- 掌握商品系统的制作方法。
- 掌握指令系统的制作方法。

23.1 开发背景

目前网络购物已经不是什么新鲜事物，当人们的生活水平不断提高，网上购物不断成熟，这便催生了购物类网站的开发，因此掌握购物类网站的设计开发对于日后工作学习都会有非常大的帮助。

23.2 系统功能

系统功能设计如图 23-1 所示。

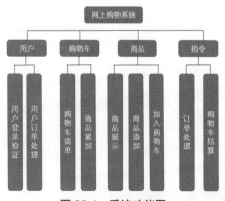

图 23-1 系统功能图

23.3 用户系统

用户系统提供用户的注册登录，记录用户详细信息、用户操作指令、用户选择商品加入购物车操作等。

23.3.1　用户信息数据

用户信息数据需建立数据库表，数据库表位于 **df_user** 文件夹下的 **models.py** 文件中。用户信息包括用户姓名、用户密码、用户邮件、用户地址信息、电话信息等。

具体代码如下。

```
class User(models.Model):
    uname = models.CharField(max_length=20)
    upwd = models.CharField(max_length=40)
    uemil = models.CharField(max_length=30)
    urelname =models.CharField(max_length=20,default='')
    uadr = models.CharField(max_length=100,default='')
    uphone = models.CharField(max_length=11,default='')
```

23.3.2　用户处理函数

用户处理函数协助用户操作的各种逻辑处理，位于 **df_user** 文件夹下的 **views.py** 文件中，视图处理函数主要用于处理用户登录判断、密码加密、登录后 Cookie 信息的保存，以便于页面之间的跳转。

具体代码如下。

```
def register(request):
    return render(request, 'df_user/register.html')
def register_handle(request):
    #接收用户输入
    post = request.POST
    uname = post.get('user_name')
    pwd = post.get('pwd')
    cpwd = post.get('cpwd')
    uemail = post.get('email')
    #allow = post.get('allow')
    #判断密码是否相等
    if pwd != cpwd:
        return redirect('/user/register')
    #密码加密
    #使用 sha1 加密
    s1 = sha1()
    #sha1 加密前,要先编码为比特
    s1.update(pwd.encode('utf8'))
    pwd = s1.hexdigest()
    #存入数据库
    user = User()
    user.uname = uname
    user.upwd = pwd
    user.uemil = uemail
    user.save()
    print(user.uname)
    return redirect('/user/login')
def register_exist(request):
    uname = request.GET.get('uname')    #通过 url 传参的方式
    count = User.objects.filter(uname=uname).count()
```

```python
    #print(count)
    #返回 json 字典,判断是否存在
    return JsonResponse({'count': count})
def login(request):
    uname = request.COOKIES.get('uname','')
    pwd = request.COOKIES.get('upwd','')
    context = {'uname': uname,
               'pwd': pwd,
               'error': 0}
    try:
        url = request.META['HTTP_REFERER']
    except:url = '/'
    response = render(request, 'df_user/login.html', context)
    #render 方法返回 httpesponse 方法
    response.set_cookie('url', url)
    return response
def login_handle(request):
    #接收表单数据
    post = request.POST
    uname = post.get('username')
    upwd1 = post.get('pwd')
    #设置默认值
    remember = post.get('remember', '0')
    #加密
    s1 = sha1()
    s1.update(upwd1.encode('utf8'))
    upwd = s1.hexdigest()
    #验证用户是否正确
    user = User.objects.filter(uname=uname).filter(upwd=upwd).first();
    if user:
        url = request.COOKIES.get('url', '/')   #第二个参数为默认参数,如果 url 没有,则跳首页
        red = HttpResponseRedirect(url)
        #如果记住密码则将用户名和密码写入 cookies
        if remember == '1':
            red.set_cookie('uname', user.uname)
            red.set_cookie('upwd', upwd1)
        else:
            red.set_cookie('uname', '',max_age=-1)
            red.set_cookie('upwd', '',max_age=-1)
            #request.COOKIES['userinfo']=[user.uname,user.upwd]
        request.session['username'] = uname
        request.session['uid'] = user.id
        return red
    else:
        #如果没有用户,则返回错误参数
        context = {'error': 1,
                   'uname': uname}
        return render(request, 'df_user/login.html', context)
def logout(request):
    request.session.flush()  #清空所有 session
```

```
        return redirect('/')
    @user_decorator.login
    def user_center_info(request):
        username = request.session.get('username')
        user = User.objects.filter(uname=username).first()
        #获取最近浏览的商品
        goodids = request.COOKIES.get('goodids','')    #获得 cookie 存的记录
        if goodids != '':
            goodidsl = goodids.split(',')                    #拆分为列表
            #这样查询可以得到所需商品,但顺序无法维护,无法为原先设定顺序
            #GoodInfo.objects.filter(id__in=goodids)
            goods_list = []#用来存放商品列表,并维持顺序不变
            for good_id in goodidsl:
                goods = GoodInfo.objects.filter(pk=good_id).first()
                goods_list.append(goods)
        else:
            goods_list = []
        context = {'title': '用户中心', 'username': username, 'phone': user.uphone, 'adress': user.uadr,
                    'good_list':goods_list,'tag':1}
        return render(request, 'df_user/user_center_info.html', context)
    def user_center_site(request):
        username = request.session.get('username')
        user = User.objects.filter(uname=username).first()
        if request.method == 'POST':
            adr = request.POST.get('area')
            username = request.POST.get('user')
            phone = request.POST.get('phone')
            user.uadr = adr
            user.uphone =phone
            user.urelname = username
            user.save()
        context = {'adr':user.uadr,
                    'user':user.urelname,
                    'phone':user.uphone,
                    'tag':3}
        return render(request,'df_user/user_center_site.html',context)
    def user_center_order(request,pindex):
        uid = request.session.get('uid')
        #根据用户获得所有订单
        orders = Order.objects.filter(user_id=int(uid)).order_by('-odate')
        paginator = Paginator(orders,2)
        page = paginator.page(int(pindex))
        context = {'tag':2,
                    'page':page,
                    'paginator':paginator}
        return render(request,'df_user/user_center_order.html',context)
```

23.3.3 用户登录页面

静态页面提供用户的各种操作界面，位于 templates 文件夹下的 df_user 文件夹下。用户登录页面是一

个独立的静态页面，提供用于登录输入的两个编辑框以及记住密码复选框，如果初次登录可以选择注册链接跳转至注册页面。

具体代码如下。

```
{% extends 'base_foot.html' %}
{% block head %}
<script>
$(function () {
    if ({{error}}==1){
        $('.user_error').html('用户名或者密码错误').show()
    }
})
</script>
{% endblock %}
{% block body %}
    <div class="login_top clearfix">
        <a href="index.html" class="login_logo"><img src="images/logo02.png"></a>
    </div>
    <div class="login_form_bg">
        <div class="login_form_wrap clearfix">
            <div class="login_banner fl"></div>
            <div class="slogan fl">日夜兼程 · 急速送达</div>
            <div class="login_form fr">
                <div class="login_title clearfix">
                    <h1>用户登录</h1>
                    <a href="/user/register">立即注册</a>
                </div>
                <div class="form_input">
                    <form action="/user/login_handle" method="post">
                        {% csrf_token %}
                      <input type="text" name="username" class="name_input" value="{{ uname }}"
placeholder="请输入用户名">
                        <div class="user_error">输入错误</div>
                        <input type="password" name="pwd" class="pass_input" value="{{ pwd }}"
placeholder="请输入密码">
                        <div class="pwd_error">输入错误</div>
                        <div class="more_input clearfix">
                            <input type="checkbox" name="remember" value="1">
                            <label>记住用户名</label>
                            <a href="#">忘记密码</a>
                        </div>
                        <input type="submit" name="" value="登录" class="input_submit">
                    </form>
                </div>
            </div>
        </div>
    </div>
{% endblock %}
```

用户登录页面如图 23-2 所示。

登录之前需要先进行注册，用户注册页面如图 23-3 所示。

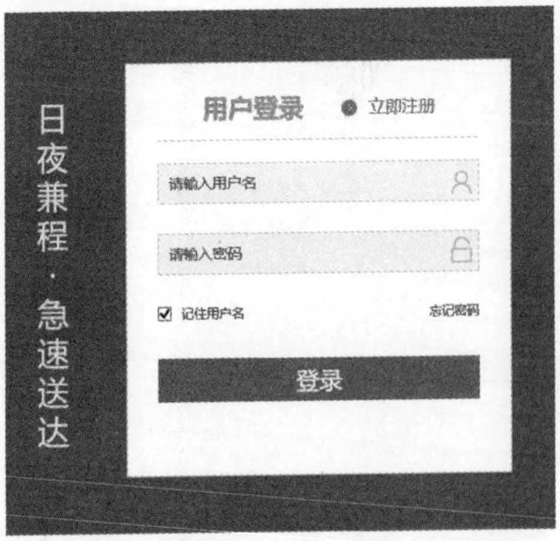

图 23-2　用户登录

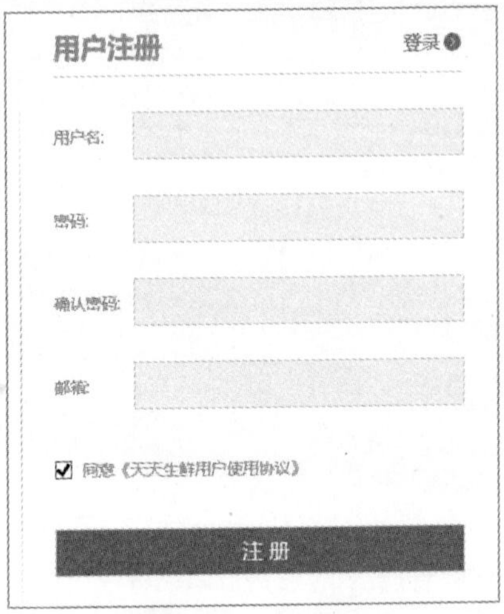

图 23-3　用户注册

23.4　购物车系统

用户与商品的联系是多对多的，购物车充当中间环节，与用户一对多，同时与商品一对多。

23.4.1　购物车数据

购物车数据建表位于 df_cart 文件夹下的 models.py 文件中，购物车是一个一对多的表结构，一个购物车对应多个商品，每一个客户应该有一个独立的购物车，因此在设计购物车数据表时需要考虑这些因素。

具体代码如下。

```
class Cart(models.Model):
    user = models.ForeignKey('df_user.User')
    goods = models.ForeignKey('df_goods.GoodInfo')
    count = models.IntegerField()
```

23.4.2 处理函数

购物车处理函数位于 df_cart 文件夹下的 views.py 文件中，购物车逻辑涉及购物车中货物的计数、展示、累加计算等操作。

具体代码如下。

```python
@user_decorator.login
def cart(request):
    uid = request.session.get('uid')
    carts = Cart.objects.filter(user_id=uid)
    context = {'title': '购物车',
               'name': 1,
               'carts': carts}
    return render(request, 'df_cart/cart.html', context)
@user_decorator.login
def add(request,gid,gcount):
    gid = int(gid)
    gcount = int(gcount)
    uid = request.session.get('uid')
    carts = Cart.objects.filter(goods_id=gid,user_id=uid)
    #先判断该用户购物车中是否存在该商品
    #如果存在,则仅作数量上的加法
    if len(carts) >= 1:
        cart = carts[0]
        cart.count += gcount
    else:
        cart = Cart()
        cart.user_id = uid
        cart.goods_id =gid
        cart.count =gcount
    cart.save()
    #判断请求方式是否是ajax,若是则返回json格式的商品数量即可
    if request.is_ajax():
        count = Cart.objects.filter(user_id=uid).count()
        return JsonResponse({'count':count})
    else:
        return  redirect('/cart')
def edit(request,cid,gcount):#传入 cart id 和 count 改变 Cart
    try:
        cart = Cart.objects.get(pk=int(cid))
        cart.count = int(gcount)
        cart.save()
    except:
        return JsonResponse({'count':gcount})
    return JsonResponse({'count':0})
def delete(request,cid):
    try:
        cart=Cart.objects.get(pk=int(cid))
        cart.delete()
        data ={'ok':1}
```

```
except:
    data={'ok':0}
return JsonResponse(data)
```

23.4.3　购物车页面

购物车静态页面主要用于向用户展示所选商品，以及累计商品价格，静态页面位于 templates 文件夹下 df_cart 文件夹中。

具体代码如下。

```
{% extends 'base.html' %}
{% block head %}
    <script>
$(function () {
    total();
    {#  全选全消#}
    $('#check_all').click(function () {
{#      获取当前全选框的状态#}
        state=$(this).prop('checked');
{#      将其他的选框都设置成这个状态#}
        $(':checkbox:not(#ckeck_all)').prop('checked',state)
    });
    //选择
    $(':checkbox:not(#check_all)').click(function () {
        if($(this).prop('checked')){
            alert($(':checked').length)
            if($(':checked').length+1==$(':checkbox').length
            ){ $('#ckeck_all').prop('checked',true)
            }
        }
        else{
            $('#check_all').prop('checked',false)
        }
    });
    //数量加
    //为所有的 add绑定单击事件
    $('.add').click(function () {

        txt=$(this).next();
        //数值加1,同时取消焦点
        txt.val(parseFloat(txt.val())+1).blur()
    });
     $('.minus').click(function () {
        txt=$(this).prev();
        //数值减1,同时取消焦点
        txt.val(parseFloat(txt.val())-1).blur()
    });
    //在 blur事件里 ajax提交
    $('.num_show').blur(function () {
        count=$(this).val();
```

```
        if(count<=0){
            alert('数量不能小于0');
            return
        }else {};
        id = $(this).parents('.cart_list_td').attr('id');
        $.get('/cart/edit_'+id+'_'+count,function (data) {
            if(data.count==0){
                //修改成功,计算总价
                alert('ok')
                total();
            }
            else {
                //修改失败,改为原来的值(回到原来的值)
                $(this).val(data.count)
            }
        })
    })
})
function cart_del(cart_id) {
        del = confirm('确定删除');
        if(del){
            $.get('/cart/delete/'+cart_id,function (data) {
                if(data.ok==1){
                    //删掉哪一行商品
                    $('ul').remove('#'+cart_id);
                    total();
                }
            })
        }
    }
function total(){
    total1=0;
    total_count=0;
        $('.col07').each(
            function () {
            //获取数量
            count=$(this).prev().find('input').val();
            //获取单价
            price = $(this).prev().prev().text();
            //计算小计
            total0=parseFloat(count)*parseFloat(price);
            //显示小计
            $(this).text(total0.toFixed(2));
            //加到总计上
            total1 += total0;
            total_count++;
        });
        //显示总计
        $('#total').text(total1.toFixed(2));
        $('.total_count1').text(total_count);
```

```
        }
    function go_order() {
        s = '';
        $(':checked:not(#check_all)').each(function () {
            id = $(this).parents('.cart_list_td').attr('id');
            s = s +'cart_id='+id + '&'
        })
        //删掉最后一个&
        s=s.substring(0,s.length-1);
        alert(s);
        location.href = '/order?'+s ;
        }
    </script>
{% endblock %}
    {% block center_body %}
    <div class="total_count">全部商品<em>{{ carts|length }}</em>件</div>
    <ul class="cart_list_th clearfix">
        <li class="col01">商品名称</li>
        <li class="col02">商品单位</li>
        <li class="col03">商品价格</li>
        <li class="col04">数量</li>
        <li class="col05">小计</li>
        <li class="col06">操作</li>
    </ul>
        {% for cart in carts %}
    <ul class="cart_list_td clearfix" id="{{ cart.id }}">
        <li class="col01"><input type="checkbox" name="" checked></li>
        <li class="col02"><img src="/static/{{ cart.goods.gpic }}"></li>
        <li class="col03">{{ cart.goods.gtitle }}<br><em>{{ cart.goods.gprice }} 元
/{{ cart.goods.gunit }}</em></li>
        <li class="col04">{{ cart.goods.gunit }}</li>
        <li class="col05">{{ cart.goods.gprice }}元</li>
        <li class="col06">
          <div class="num_add">
            <a href="javascript:;" class="add fl">+</a>
            <input type="text" class="num_show fl" value="{{ cart.count }}">
            <a href="javascript:;" class="minus fl">-</a>
          </div>
        </li>
        <li class="col07">25.80元</li>
        <li class="col08"><a href="javascript:cart_del({{ cart.id }});">删除</a></li>
    </ul>
        {% endfor %}
    <ul class="settlements">
        <li class="col01"><input type="checkbox" name="" checked="true" id="check_all"
href="javascript:;" ></li>
        <li class="col02" >全选</li>
        <li class="col03"> 合 计 ( 不 含 运 费 ) : <span>¥</span><em id="total"></em><br> 共 计 <b
class="total_count1"></b>件商品</li>
        <li class="col04"><a href="javascript:go_order();">去结算</a></li>
```

```
        </ul>
{% endblock center_body %}
```

23.5　商品系统

商品系统主要用于增加、修改、删除、展示物品，给用户提供商品展示供用户挑选，当用户选中商品时可以进一步展示商品详细内容，需购买时可以加入购物车。

23.5.1　商品数据

商品数据位于 df_goods 文件夹下的 models.py 文件中，商品数据主要用于展示物品信息，其中包括物品名称、图片信息、物品类型、物品上下架、物品访问量、简介、详情、库存等信息。

具体代码如下。

```
class TypeInfo(models.Model):
    ttitle = models.CharField(max_length=20)
    isDelete = models.BooleanField(default=False)
    def __str__(self):
        return self.ttitle
class GoodInfo(models.Model):
    gtitle = models.CharField(max_length=50)
    gpic = models.ImageField(upload_to='df_goods')
    gprice = models.DecimalField(max_digits=5, decimal_places=2)
    isDelete = models.BooleanField(default=False)
    gunit = models.CharField(max_length=20,default='500g')
    gclick = models.IntegerField()                      #点击量
    gintro = models.CharField(max_length=100)           #简介
    gdetial = HTMLField()
    gtype = models.ForeignKey("TypeInfo")
    gkucun = models.IntegerField(default=0)             #库存
    #gadv = models.BooleanField(default=False)          #推荐广告商品
    def __str__(self):
        return self.gtitle
```

23.5.2　商品处理函数

商品处理函数位于 df_goods 文件夹下的 views.py 文件中。

具体代码如下。

```
def index(request):
    context = {'guest_cart': 1,
               'title': '首页'}

    #获得最火的 4 个商品
    hot = GoodInfo.objects.all().order_by('-gclick')[0:4]
    context.setdefault('hot',hot)
    #****获得各分类下的单击商品************
```

```python
    #先获得所有分类
    typelist = TypeInfo.objects.all()
    for i in range(len(typelist)):
        #获得type对象
        type = typelist[i]
        #根据type对象获取商品列表
        #通过外键关联获取商品
        #获取对应列表中的通过id倒序排列的前四个
        goods1 = type.goodinfo_set.order_by('-id')[0:4]
        goods2 = type.goodinfo_set.order_by('-gclick')[0:4]
        key1 = 'type' + str(i)          #根据id倒序排列
        key2 = 'type' + str(i) + str(i)  #根据点击量倒序排列
        context.setdefault(key1, goods1)
        context.setdefault(key2, goods2)
    print(context)
    return render(request, 'df_goods/index.html', context)
#商品列表界面,要接受多个参数
#1,type id
#2. 排序的方式
#3. 分页的页码
def list(request,tid,sid,pindex):
    from django.core.paginator import Paginator,Page
    type = TypeInfo.objects.get(pk=int(tid))
    news = type.goodinfo_set.order_by('-id')[0:2]
    if sid == '1':
        good_list = type.goodinfo_set.order_by('-id')#按时间最新的排列
    if sid == '2':
        good_list = GoodInfo.objects.filter(gtype_id=int(tid)).order_by('-gprice')#按价格
    if sid == '3':
        good_list = GoodInfo.objects.filter(gtype_id=int(tid)).order_by('-gclick')
    #创建paginator分页对象
    paginator = Paginator(good_list,10)
    #返回Page对象,包含商品信息
    page = paginator.page(int(pindex))
    context = {'title':'商品列表',
                'guest_cart':1,
                'page':page,
                'paginator':paginator,
                'typeinfo':type,
                'sort':sid,#排序方式
                'news':news,
                }
    return render(request,'df_goods/list.html',context)
def detail(request,id):
    goods = GoodInfo.objects.filter(pk=int(id)).first()
    goods.gclick += 1 #点击量加1
    goods.save()
    from df_cart.models import Cart
    #返回用于显示购物车内商品总数
    cart_count = Cart.objects.filter(user_id=request.session.get('uid',0)).count()
```

```
news = goods.gtype.goodinfo_set.order_by('-id')[0:2]
context = {'title':goods.gtype.ttitle,
            'goods':goods,
            'cart_count':cart_count,
            'news':news,
            'guest_cart':1,
            'typeinfo':goods.gtype
            }
response = render(request,'df_goods/detail.html',context)
#接下来,要将浏览信息存入 cookie ,以便最近浏览功能使用
#存入 cookie 的形式为{ 'gooids':'1,5,6,7,8,9'}
#id 间用逗号隔开
goodids = request.COOKIES.get('goodids','')
if goodids != '':
    goodidsl = goodids.split(',')        #将字符串拆分成列表
    if goodidsl.count(id) >=1 :          #先判断是否已经存在列表里
        #如果已经存在,则删除存在的元素,之后会插入新的
        goodidsl.remove(id)
    #将新的 id 放在列表的第一个
    goodidsl.insert(0,id)
    if len(goodidsl) >=6:                #如果超过 6 个,则删除最后一个,相当于长度为 5 的队列
        del goodidsl[5]
    goodids = ','.join(goodidsl)         #将列表以逗号分隔的形式拼接为字符串
else:#如果为空则直接添加
    goodids = id
response.set_cookie('goodids',goodids)
return  response
```

23.5.3　商品列表页面

商品列表页面用于展示商品信息,商品操作的页面较多,位于 **templates** 文件夹下的 **df_goods** 文件夹中。由于商品页面顶部信息与底部信息多数相同,因此这里采用模板继承的方式处理,将相同部分单独抽取出来作为一个页面。

具体代码如下。

```
{% extends 'df_goods/base.html' %}
{% block center_content %}
<div class="main_wrap clearfix">
    <div class="l_wrap fl clearfix">
        <div class="new_goods">
            <h3>新品推荐</h3>
            <ul>
                {% for goods in news %}
                <li>
                    <a href="/{{ goods.id }}"><img src="/static/{{ goods.gpic }}"></a>
                    <h4><a href="/{{ goods.id }}">{{ goods.gtitle }}</a></h4>
                    <div class="prize">￥{{ goods.gprice }}</div>
                </li>
                {% endfor %}
            </ul>
```

```
          </div>
        </div>
        <div class="r_wrap fr clearfix">
          <div class="sort_bar">
              <a href="/list_{{ typeinfo.id }}_1_1"
                 {% if sort == '1' %}
                 class="active"
                 {% endif %}
                 >默认</a>
              <a href="/list_{{ typeinfo.id }}_2_1" {% if sort == '2' %}
                 class="active"
                 {% endif %}>价格</a>
              <a href="/list_{{ typeinfo.id }}_3_1" {% if sort == '3' %}
                 class="active"
                 {% endif %}>人气</a>
          </div>
          <ul class="goods_type_list clearfix">
              {% for goods in page %}

              <li>
                  <a href="/{{ goods.id }}"><img src="/static/{{ goods.gpic }}"></a>
                  <h4><a href="/{{ goods.id }}">{{ goods.gtitle }}</a></h4>
                  <div class="operate">
                      <span class="prize">￥{{ goods.gprice }}</span>
                      <span class="unit">{{ goods.gunit }}</span>
                      <a href="/cart/add_{{ goods.id }}_1" class="add_goods" title="加入购物车"></a>
                  </div>
              </li>
              {% endfor %}
          </ul>
          <div class="pagenation">
  {#       判断是否是第一页#}
              {% if page.has_previous %}
              <a href="/list_{{ typeinfo.id }}_{{ sort }}_{{ page.previous_page_number }}">上一页</a>
              {% endif %}
  {#       paginator.page_range 为页码总数#}
              {% for pindex in paginator.page_range %}
  {#              是否为当前页#}
              {% if page.number == pindex %}
              <a href="/list_{{ typeinfo.id }}_{{ sort }}_{{pindex}}" class="active">{{ pindex }}
</a>
              {% else %}
              <a href="/list_{{ typeinfo.id }}_{{ sort }}_{{pindex}}">{{ pindex }}</a>
              {% endif %}
              {% endfor %}
              {% if page.has_next %}
              <a href="/list_{{ typeinfo.id }}_{{ sort }}_{{ page.next_page_number }}">下一页></a>
              {% endif %}
          </div>
        </div>
```

```
        </div>
        {% endblock center_content %}
```

商品展示页面，这里加入了一些测试数据，如图 23-4 所示。

图 23-4　商品展示页面

单击某一商品会跳转到单独商品详细页面，如图 23-5 所示。

图 23-5　商品详细页面

23.6　指令系统

指令系统主要是系统内部运作指令，提供订单编号、订单提交时间、商品结算等操作。

23.6.1 指令数据

指令数据位于 df_order 文件夹下的 models.py 文件中。

具体代码如下。

```python
class Order(models.Model):
    oid = models.CharField(max_length=20,primary_key=True)      #订单号
    user = models.ForeignKey('df_user.User')
    odate = models.DateTimeField(auto_now=True)                 #订单提交时间
    oisPay = models.BooleanField(default=False)
    ototal = models.DecimalField(max_digits=6,decimal_places=2) #小数为2位,一共6位
    oadress = models.CharField(max_length=150)
class OrderDetail(models.Model):
    goods = models.ForeignKey('df_goods.GoodInfo')
    order = models.ForeignKey(Order)
    price = models.DecimalField(max_digits=5,decimal_places=2)
    count = models.IntegerField()
```

23.6.2 指令处理函数

指令处理函数位于 df_order 文件夹下的 views.py 文件中，涉及结算操作一定要使用事物，避免异常导致数据丢失。

具体代码如下。

```python
@login
def order(request):
    uid = request.session.get('uid')
    user = User.objects.get(id = uid)                   #获得用户对象信息
    cartids = request.GET.getlist('cart_id')            #获取多个同名的参数
    carts = []                                          #取出对应的所有cart对象
    totalprice = 0
    for cid in cartids:
        cart = Cart.objects.get(id=cid)
        carts.append(cart)
        totalprice = totalprice + float(cart.count) * float(cart.goods.gprice)
        totalprice = float('%0.2f'%totalprice)
    context = {'user':user,
               'carts':carts,
               'total_price':totalprice}
    return render(request,'df_order/place_order.html',context)
```

这些步骤中，任何一个环节出错都不允许，要使用事务提交。

（1）创建订单对象；

（2）判断商品库存充足；

（3）创建、订单、订单详情绑定；

（4）修改库存；

（5）删除购物车。

```python
@transaction.atomic()
@login
```

```python
def order_handle(request):
    tran_id = transaction.savepoint()        #保存点,回退到这里
    cart_ids=request.POST.get('cart_ids')    #取得购物车


    #从这里开始为一个事物,任何一环节出错,都会回退
    try:
        #创建订单
        order = Order()
        now = datetime.now()
        uid = request.session['uid']          #时间和 uid 组成订单号
        order.oid='%s%d'%(now.strftime('%Y%m%d%H%M%S'),uid)
        order.odate=now
        order.user_id = int(uid)
#从客户端传来总价格不安全,应该再次计算得出来
        order.ototal = Decimal(request.POST.get('total'))
        order.save()
        for cartid in cart_ids.split(','):
            cart = Cart.objects.get(pk=cartid)
            detail = OrderDetail()
            detail.order = order              #将详情与订单绑定
            goods = cart.goods
            #判断商品的数量是否大于内存
            if cart.count <= goods.gkucun:    #库存充足
                #减少商品库存
                goods.gkucun -= cart.count
                goods.save()
                #将购物车里的东西写入到订单详情页
                detail.goods = goods
                detail.price = goods.gprice
                detail.count = cart.count
                detail.save()
                #删除购物车数据
                cart.delete()
            else:#库存不足
                transaction.savepoint_rollback(tran_id)   #会滚到点
                return HttpResponse('false')
    except Exception as e:
        print('*********************%s'%e)
#任何一环节出错,之前做的事全部撤销
        transaction.savepoint_rollback(tran_id)
        return HttpResponse('false')
    else:
        transaction.savepoint_commit(tran_id)      #没发生异常,提交事务
    return HttpResponse('ok')
```

23.6.3　指令页面

指令页面提供用户邮寄地址、结算方式等操作，位于 templstes 文件夹中的 df_order 文件夹中。
具体代码如下。

```
    {% extends 'base.html' %}
{% block head %}
    <script>
    $(function () {
        $('.col07').each(function () {
            count = $(this).prev().text();
            price = $(this).prev().prev().text();
            $(this).html(parseFloat(count,2)*parseFloat(price,2)+'元')
        })
    })
    </script>
{% endblock %}
    {% block center_body %}
    <h3 class="common_title">确认收货地址</h3>
    <div class="common_list_con clearfix">
        <dl>
            <dt>寄送到: </dt>
            <dd><input type="radio" name="" checked="">{{ user.uadr }} （{{ user.urelname }} 收）
{{ user.uphone|slice:':3' }}****{{ user.uphone|slice:'8:' }}</dd>
        </dl>
        <a href="/user/user_center_site" class="edit_site">编辑收货地址</a>
    </div>
    <h3 class="common_title">支付方式</h3>
    <div class="common_list_con clearfix">
        <div class="pay_style_con clearfix">
            <input type="radio" name="pay_style" checked>
            <label class="cash">货到付款</label>
            <input type="radio" name="pay_style">
            <label class="weixin">微信支付</label>
            <input type="radio" name="pay_style">
            <label class="zhifubao"></label>
            <input type="radio" name="pay_style">
            <label class="bank">银行卡支付</label>
        </div>
    </div>
    <h3 class="common_title">商品列表</h3>
    <div class="common_list_con clearfix">
        <ul class="goods_list_th clearfix">
            <li class="col01">商品名称</li>
            <li class="col02">商品单位</li>
            <li class="col03">商品价格</li>
            <li class="col04">数量</li>
            <li class="col05">小计</li>
        </ul>
        {% for cart in carts %}
        <ul class="goods_list_td clearfix" id="{{ cart.id }}">
            <li class="col01">{{ forloop.counter }}</li>
            <li class="col02"><img src="/static/{{ cart.goods.gpic }}"></li>
            <li class="col03">{{ cart.goods.gtitle }}</li>
            <li class="col04">{{ cart.goods.gunit }}</li>
```

```
                <li class="col05">{{ cart.goods.gprice }}</li>
                <li class="col06">{{ cart.count }}</li>
{#          <li class="col07">{% widthratio cart.goods.gprice 1 cart.count %}元</li>#}
                <li class="col07"></li>
        </ul>
        {% endfor %}
    </div>
    <h3 class="common_title">总金额结算</h3>
    <div class="common_list_con clearfix">
        <div class="settle_con">
            <div class="total_goods_count">共<em>{{ carts|length }}</em>件商品,总金额<b>{{ total_
price }}</b></div>
            <div class="transit">运费: <b>10 元</b></div>
            <div class="total_pay">实付款: <b>52.60 元</b></div>
        </div>
    </div>
    <div class="order_submit clearfix">
        <a href="javascript:;" id="order_btn">提交订单</a>
    </div>
    <div class="popup_con">
        <div class="popup">
            <p>订单提交成功! </p>
        </div>
        <div class="mask"></div>
    </div>
    <script type="text/javascript">
        $('#order_btn').click(function() {
            //获取所有id,拼接成字符串
            cartids = '';
            $('.goods_list_td').each(function () {
                cartids = cartids + $(this).attr('id') +','
            });
            cartids = cartids.substring(0,cartids.length-1);
            total = {{ total_price }};
            data = {'cart_ids':cartids,
                    'total':total,
                    'csrfmiddlewaretoken':'{{ csrf_token }}'};
            //先发请求
            $.post('/order/push',data,function (res) {
                //成功
                alert(res);
                if (res == 'ok'){
                    localStorage.setItem('order_finish',2);
            $('.popup_con').fadeIn('fast', function() {
                setTimeout(function(){
                    $('.popup_con').fadeOut('fast',function(){
                        window.location.href = '/user/user_center_info';
                    });
                },3000)
            });
```

```
                }
                else {
                    alert('订单提交失败')
                };
            })
        });
    </script>
{% endblock center_body %
```